CAD/CAM 工程范例系列教材
国家职业技能培训用书

逆向造型与快速成型技术应用

钟平福　编著

机械工业出版社

本书从逆向工程与快速成型技术的应用能力要求出发，以案例为导向，引入 Imageware、Geomagic Studio、UG NX 逆向造型软件，详细介绍了逆向工程的工作流程与应用技巧，并与快速成型技术相结合完成产品的制造。

本书共5章，内容包括逆向工程技术概述、逆向工程数据测量与处理、逆向建模案例分析、快速成型技术概述、快速成型操作与后处理。本书语言简练，图例丰富，讲解直观，操作性强。

本书可作为职业院校机电类专业的教学用书，也可供相关工程技术人员学习使用。

图书在版编目（CIP）数据

逆向造型与快速成型技术应用/钟平福编著. —北京：机械工业出版社，2019.8

CAD/CAM 工程范例系列教材 国家职业技能培训用书

ISBN 978-7-111-63690-8

Ⅰ.①逆… Ⅱ.①钟… Ⅲ.①快速成型技术-计算机辅助设计-教材 Ⅳ.①TB4-39

中国版本图书馆 CIP 数据核字（2019）第 196373 号

机械工业出版社（北京市百万庄大街 22 号 邮政编码 100037）
策划编辑：汪光灿 责任编辑：汪光灿 赵文婕
责任校对：张 征 封面设计：陈 沛
责任印制：郜 敏
涿州市京南印刷厂印刷
2019 年 11 月第 1 版第 1 次印刷
184mm×260mm · 9 印张 · 217 千字
0001—1900 册
标准书号：ISBN 978-7-111-63690-8
定价：26.00 元

电话服务 网络服务
客服电话：010-88361066 机 工 官 网：www.cmpbook.com
010-88379833 机 工 官 博：weibo.com/cmp1952
010-68326294 金 书 网：www.golden-book.com
封底无防伪标均为盗版 机工教育服务网：www.cmpedu.com

前　言

逆向工程（reverse engineering）是一种产品设计技术再现过程，是将实物转变为CAD模型的相关数字化技术、几何模型重建技术、产品制造技术的总称。

快速成型技术（rapid prototyping，RP）又称3D打印技术。它集机械工程、CAD、逆向工程技术、分层制造技术、数控技术、材料科学、激光技术于一体，可以自动、直接、快速、精确地将设计思想转变为具有一定功能的原型或直接制造零件，从而为零件原型制作、新设计思想的校验等提供了一种高效低成本的实现手段。

本书在编写过程中，力求做到以实用、够用为原则，减少理论性知识，增加实际操作应用，尽量做到技术理论与实际操作相结合。本书从逆向工程与快速成型技术的应用能力要求出发，根据企业的产品开发流程，以案例为导向，将逆向工程（设计）和快速成型技术（制作）相糅合，使读者在较短时间内，获得逆向工程与快速成型技术的基本应用能力。

在编写数据处理及逆向建模案例时，引入Imageware、Geomagic Studio、UG NX三大工程软件，为读者提供更多的软件选择。在快速成型制作过程中引入了北京太尔时代科技有限公司的UP BOX+及美国3D Systems有限公司的ProJet® MJP 2500 Plus设备，前者采用目前应用广泛的FDM技术，后者采用目前较先进的多喷嘴喷射式技术，全面介绍桌面级打印机和工业级打印机的操作流程、后处理方法，使读者更全面地掌握各类打印机的应用方法，从而在以后的产品制作过程中能正确选择打印方式。

编写本书的出发点是因为走访各大书店，发现这一类的书籍并不多，而3D打印技术专业又在各行各业兴起。为了让更多的人了解这些新工艺、新技术，也尽自己的微薄之力，编写了本书。

本书在编写过程中，得到了深圳第二高级技工学校领导的大力帮助和支持，也得到了马路科技顾问股份有限公司、广东睿志智能装备有限公司、思瑞测量技术（深圳）有限公司的技术支持，在此一并表示衷心的感谢。

限于作者理论与实践经验有限，书中难免有疏漏和欠妥之处，恳请专家和读者批评指正。

编　者

目　　录

前言

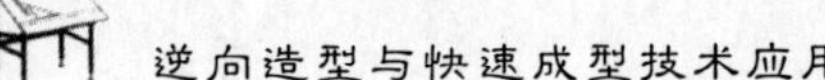

第 1 章　逆向工程技术概述

1.1　逆向工程的定义

逆向工程（reverse engineering，RE）是将实物转变为 CAD 模型的相关数字化技术、几何模型重建技术、产品制造技术的总称。

逆向工程与传统产品的开发方式有些不同，它是经由测量设备测量产品原型或实体模型，并取得产品的设计数据（如点云数据），利用 CAD/CAM 技术建立 CAD 模型，运用快速成型技术制作原型或是由数控机床加工制造产品，如图 1-1 所示。

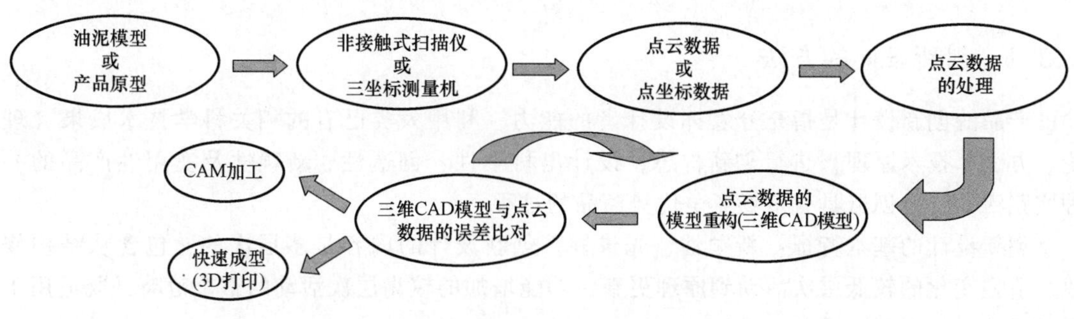

图 1-1　逆向工程一般工作流程

1.2　逆向工程的应用

逆向工程是近年来发展起来的消化、吸收和提高先进技术的一系列分析方法以及应用技术的组合，其主要目的是为了改善技术水平，提高生产率，增强市场竞争力。逆向工程主要应用于以下领域：

1. 新产品的开发领域

为了方便从审美角度评价产品的外形，设计师利用油泥、黏土或木头等材料制作产品的实体模型，并通过逆向工程将实体模型转化为 CAD 模型，加快了产品设计的实现过程。

2. 航空航天、汽车领域

为了使产品符合空气动力学的要求，在实体动力模型上经过风洞试验等各种性能测试后，建立符合要求的产品模型。此类产品通常是由复杂的自由曲面拼接而成，最终确认的实验模型需借助逆向工程转换为产品的 CAD 模型及模具。

3. 快速原型制造领域

快速原型制造（rapid prototyping manufacturing，RPM）综合了数控、激光、材料等多种技术，已成为新产品设计和生产的有效手段。产品原型的制造过程是在 CAD 模型的基础上进行的。逆向工程可为原型提供上游的 CAD 模型。

4. 模具制造领域

在模具制造过程，由于需要反复修改原始设计的模具型面，以得到符合要求的模具，可采用逆向工程对已符合要求的模具进行测量，重建其 CAD 模型，并在此基础上生成模具加工程序。

5. 文物与艺术品的修复领域

逆向工程也广泛用于破损文物、艺术品的修复，可以方便地生成基于实物模型的虚拟场景等。

6. 产品的仿制和改型设计领域

在只有实体但缺乏技术资料的情况下，可利用逆向工程技术对国内外先进产品进行结构性能分析、设计模型重构和改造，实现产品的仿制和改进。

1.3 创新设计与逆向工程

1.3.1 创新设计的方法

产品的创新设计是指充分发挥设计者的能力，利用人类已有的相关科学技术成果（理论、方法、技术原理）进行创新构思，设计出科学性、创造性、新颖性及实用性产品的一种实践活动，是创造具有市场竞争优势商品的过程。

创新设计的基本特征：新颖性、先进性。创新设计的内容是多层次的，包含从结构修改、造型变化的较低层次活动到原理更新、功能增加的较高层次活动的整个范畴，既适用于产品设计，也适用于零部件设计。

创新设计可分为原创性设计与基于原型的创新设计。原创性设计是指从无到有，创造发明一种全新的技术和产品的过程，例如爱迪生发明的锡箔筒式留声机、伽利略发明的温度计。

基于原型的创新设计是指对引进的国内外先进技术和产品进行深入研究，在掌握其关键技术的基础上对产品进行再设计和再创作，进而开发出同类型的创新产品。例如 1858 年，美国人汉密尔顿·史密斯在匹兹堡制成了世界上第一台洗衣机，1910 年，美国的费希尔在芝加哥试制成功世界上第一台电动洗衣机，费希尔的创新设计可归为基于原型的创新设计。

创新设计可通过以下方法实现。

1. 组合创新法

组合创新是依据一定目的、按照一定方式，将两种以上的技术思想或物质产品进行适当的组合，从而进行新的技术创造，形成一种新的结果。目前，大多数创新的成果都是采用这种方法取得的，组合创新法示例如图 1-2 所示。

组合创新法主要有以下几种形式：

（1）功能组合　功能组合就是把不同物品的不同功能、不同用途组合到一个新的物品上，使之具有多种功能和用途。例如，按摩椅就是将按摩仪的功能和坐椅的功能结合起来。Apple Watch 整合了手表与移动通信设备的功能。

（2）意义组合　完成意义组合后，产品的功能不变，但组合之后的产品被赋予了新的意义。例如在文化衫上印制旅游景区的标志景点或名称，该文化衫就变成了具有纪念意义的旅游商品。同样，一本著作有了作者的亲笔签名，其意义也会不同。

图 1-2　组合创新设计示例

（3）构造组合　构造组合就是把两种以上不同结构的东西组合在一起，使之具有新的结构并带来新的实用功能。例如，房车就是房屋与汽车的组合，它不仅可以作为交通工具，还可以作为居住的场所。

（4）成分组合　成分组合是指两种物品的成分不相同，将它们组合在一起后，就构成了一种新的产品。比如，将柠檬和红茶组合在一起，就开发出了柠檬茶。调酒师调制鸡尾酒采用的也是成分组合。

（5）原理组合　原理组合就是把原理相同的两种物品组合在一起，产生一种新产品。组合音响共用一套功率放大器和声频系统。

（6）材料组合　材料组合就是把不同的材料组合在一起，构成一种新的产品。材料组合不仅可以改善原物品的功能，还能带来新的经济效益。例如，电缆是由一根或多根相互绝缘的导体，外包绝缘体和保护层制成，将电力和信息从一处传输到另一处的导线，其材料包括金属、PVC、橡胶、PP 绳等。

2. 类比创新法

类比创新法是根据两个或两类对象之间在某些方面的相同或相似而推出它们在其他方面也可能相同的一种思维形式和逻辑方法。例如对秋千采用类比的方法进行结构修改，设计出新产品，其过程如图 1-3 所示。

类比创新法又称综摄法，是由麻省理工学院（Massachusetts Institute of Technology）教授威

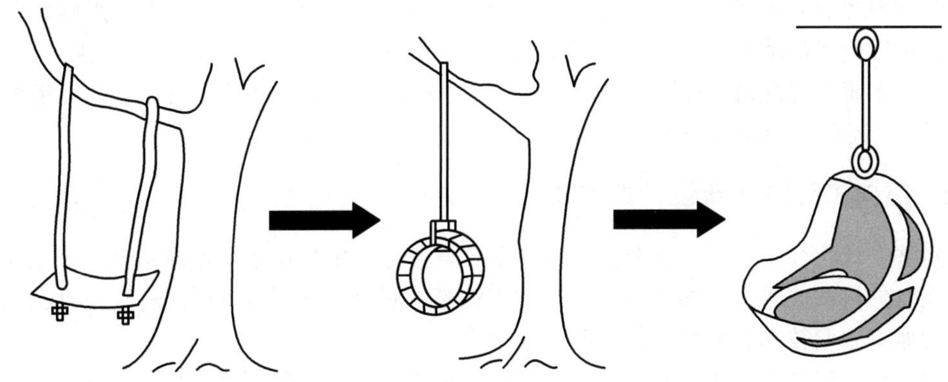

图 1-3　类比创新法设计示例

兼·戈登（W. J. Gordon）于1944年提出的一种利用外部事物启发思考、开发创造潜力的方法。

根据类比的对象、方式等的不同，类比创新法大致可以分为以下几种类型：

（1）直接类比　直接类比是从自然界或者已有的成果中找寻与创造对象相类似的东西。例如，设计水上汽艇的控制系统，人们可以将它同汽车类比。将汽车上的操纵机构、制动机构等经过适当改造，运用到汽艇的设计中，这样比依靠凭空想象去设计一种东西容易获得成功，如图1-4所示。

图1-4　直接类比举例

（2）拟人类比　拟人类比是指在进行创造活动时，人们常常将创造的对象“拟人化”。例如，模拟人体手臂动作设计挖掘机，它的主臂如同人的上下臂，可以左右上下弯曲，挖土斗似人的手掌，可以插入土中，将土挖起。在机械设计中，可以采用“拟人化”的设计方法，从人体某一部分的动作中得到启发，实现设计目标，达到追求的效果。

工业设计，也经常应用拟人类比。著名的薄壳建筑罗马体育馆的设计，就是一优秀例证。设计师将体育馆的屋顶与人脑头盖骨的结构、性能进行了类比：头盖骨由数块骨片组成，形薄、体轻，但却极坚固，那么，体育馆的屋顶是否可做成头盖骨状呢？这种创意获得了巨大成功，同时薄壳建筑也就风行起来，如图1-5所示。

图1-5　拟人类比举例

（3）象征类比　所谓象征类比是一种用具体事物表示某种抽象概念或思想感情的表现手法。在进行创造活动时，人们也常赋予创造对象一定的象征性，使它们具有独特的风格。例如设计纪念碑、纪念馆，需要赋予其“宏伟”“庄严”的象征格调，设计音乐厅需要赋予其“文艺”“高雅”的象征格调。

1.3.2　逆向工程对创新设计的作用

在经济全球化的条件下，企业面临的竞争日趋激烈，市场竞争机制渗透到各个领域。充分利用现有的科技成果，并加以消化、吸收、创新，进而实现技术的突破，已经成为更快、更好地发展本企业技术、提高经济效益的手段之一。

逆向工程是制造业实现快速产品创新设计的重要途径。实物原型的再现仅仅是逆向工程的初步阶段，在此基础上进行的基于原型的再设计、再提高，从而实现重大改型的创新设

计，也是逆向工程的真正意义和价值所在。通过逆向工程，在消化、吸收先进技术的基础上，建立和掌握自己的产品开发设计技术，进行产品的创新设计。

面向创新设计的逆向工程是一个认识原型—再现原型—超越原型的过程，即运用设计人员的创新思维、设计经验和专业知识，通过对重构产品模型进行原始设计参数还原、性能分析及虚拟仿真、设计综合评价后，根据产品特点在功能、原理、结构、尺寸、工艺、材料等各方面加以改进提高，从而实现真正的创新设计。逆向工程是一种综合运用多种先进技术，以实现创新、提高产品美观性和实用性为最终目的的设计方法。

1.4 常用逆向工程软件

伴随着逆向工程及相关技术理论研究的深入进行，其成果的商业化应用也逐渐受到重视，而逆向工程技术应用的关键是开发专用的逆向工程软件及结合产品设计的结构设计软件。

迄今为止，在国际市场上出现了很多与逆向工程相关的软件系统，主要有德国 Siemens PLM Software 公司出品的 Imageware，英国 Delcam 公司出品的 CopyCAD，美国 3D Systems 公司出品的 Geomagic Studio，韩国某公司出品的 RapidForm。

1.4.1 Imageware

Imageware 由美国 EDS 公司出品，后被德国 Siemens PLM Software 公司所收购，现在并入旗下的 NX 产品线，是著名的逆向工程软件。Imageware 具有强大的点云处理能力、曲面编辑能力和 A 级曲面的构建能力，被广泛应用于汽车、航空、航天、模具等设计与制造领域。

Imageware 采用 NURBS 技术，软件功能强大，易于应用。Imagewear 对硬件要求不高，可运行于各种平台：UNIX 工作站、PC，操作系统可以是 UNIX、NT、Windows 10、Windows Server 及其他平台。Imageware 由于在逆向工程方面具有技术先进性，产品一经推出就占领了很大市场份额，且如今仍以较稳定的速度增长。Imageware 逆向工程软件的主要产品：Surfacer 逆向工程工具和 class1 曲面生成工具；Verdict 对测量数据和 CAD 数据进行对比评估；Buildit 提供实时测量能力，验证产品的制造性；RPM 生成快速成型数据；View 功能与 Verdict 相似，主要用于提供三维报告。

Imageware 凭借新颖、完善的处理能力，可对产品的反设计提供众多的思路。它对曲面造型的超光滑处理与误差检测，吸引了更多的企业对它的重视。与其同时，该软件并不限制用户的创意想法，可以凭直觉随意地构思作品，并且提供了 3D 环境下快速的探究和评估。该软件同时提供了直接的数据交换能力和标准 3D、CAD 接口，允许用户很容易地将模型集成到任何环境。它的核心竞争力包括三维检测、高级曲面、多边形造型和逆向工程。因此，Imageware 特别适用以下情况：

1）对现有零件工装等建立数字化图库。

2）企业只能拿出真实零件而没有图样，又要求对此零件进行修改、复制及改型。

3）在汽车、家电等行业要分析油泥模型，对油泥模型进行修改，行到满意结果后将此模型的外形在计算机中建立电子样机。

4）在模具行业，往往要用手工建模，修改后的模具型腔必须要及时反映到相应的 CAD 设计中，这样才能最终制造出符合要求的模具。

5）在计算机辅助检验中得到应用。

1.4.2 RapidForm

RapidForm 是韩国某公司出品的逆向工程软件，它提供了新一代运算模式，可实时将点云数据运算出无接缝的多边形曲面，使它成为 3D Scan 后处理之最佳化的接口。RapidForm 能够提升用户的工作效率，使 3D 扫描设备的运用范围扩大，改善扫描品质。

RapidForm 主要有以下功能：

1. 多点云数据记忆管理技术

使用高级光学 3D 扫描仪扫描实体模型或产品后，会产生大量的点云数据（可达 100000~200000 点）。由于点云数据非常庞大，用户处理数据的时间较长，对其计算机的配置也有很高的要求，而 RapidForm 提供的记忆管理技术（使用更少的系统资源），可缩短用户处理点云数据的时间。

2. 多点云数据处理技术

RapidForm 可以迅速处理庞大的点云数据，其中的过滤点云工具以及分析表面偏差的技术可以消除 3D 扫描仪所产生的不良点云。不论是稀疏的点云还是跳点，都可以被轻易地转换成非常好的点云数据。

3. 快速将点云数据转换成多边形曲面的计算法

RapidForm 提供一个特别的计算技术，对三维点云数据和二维点云数据采用同类型计算的处理办法，将点云数据快速计算出多边形曲面，而不是三角面片。同时，RapidForm 能处理点云数据的顺序排列。

4. 彩色点云数据处理

RapidForm 支持彩色 3D 扫描仪，将扫描生成的点云转换成最佳化的多边形，并将颜色信息映像在多边形模型中。在曲面设计过程中，RapidForm 将颜色信息完整保存，用户可以运用 RP 成型机制作出有颜色信息的实体模型。RapidForm 也提供上色功能，通过实时上色编辑工具，用户可以直接对 3D 模型进行颜色编辑。

5. 可将点云数据合并

在扫描实体模型或产品时，有时需要以手动方式将特殊的点云加以合并。RapidForm 可以使用户方便地对点云进行各种各样的合并。

1.4.3 Geomagic Studio

Geomagic Studio 由美国 Raindrop（雨滴）公司出品，后被 3D 打印领域巨头 3D Systems 公司收购。Geomagic Studio 可轻易地通过扫描所得的点云数据创建出准确的多边形模型和网格，并可自动转换为 NURBS 曲面。

Geomagic Studio 具有如下技术优点：

1. 简化工作流程

Geomagic Studio 具有的自动化的特征简化了用户的工作流程和培训时间，减小了用户的工作强度。

2. 提高了生产率

Geomagic Studio 与传统计算机辅助设计（CAD）软件相比，大幅提高了在处理复杂的或自由曲面的形状时生产效率。

3. 实现了即时定制生产

订制同样的生产模型，利用传统的方法（CAD）可能要花费几天的时间，但 Geomagic Studio 可以在几分钟内完成模型的定制。并且该软件还具有高精度和兼容性强的特点。

4. 兼容性强

Geomagic Studio 可与主流 3D 扫描仪、计算机辅助设计（CAD）软件、常规制图软件及快速设备制造系统配合使用。

5. 曲面封闭

Geomagic Studio 允许用户在物理目标及数字模型之间进行工作，封闭目标和软件模型之间的曲面。用户可以导入一个由 CAD 软件专家制作的表面层作为模板，并且将它应用到对艺术家创建的泥塑模型（油泥模型）扫描所捕获的点云数据，使物理目标和数字模型完全匹配。整个改变设计过程只需花费极少的时间。

6. 支持多种数据格式

Geomagic Studio 提供包括点、多边形及非均匀有理 B 样条曲面（NURBS）模型等多种建模方式。数据的完整性与精确性可以确保生成高质量的模型。Geomagic Studio 可以输出行业标准格式，包括 STL、IGES、STEP 和 CAD 等文件格式。

1.4.4 CopyCAD

CopyCAD 是由英国 Delcam 公司出品的功能强大的逆向工程系统软件，它能允许从已存在的零件或实体模型中产生 CAD 模型。CopyCAD 采用全球首个 Tribrid Modelling 三角形、曲面和实体三合一混合造型技术，集三种造型方式为一体，创造性地引入了逆向/正向混合设计的理念，成功地解决了传统逆向工程中不同系统间的相互切换等问题，为用户提供了人性化的创新设计工具，从而使得“逆向重构+分析检验+造型修饰+创新设计”在同一系统下完成。

CopyCAD 具有高效的点云数据运算和编辑能力，并提供了独特的点对齐定位工具，可快速、轻松地对齐多组扫描点组群组，快速产生整个模型。CopyCAD 具有的自动三角形化向导可通过扫描数据自动产生三角形网格，最大限度避免了人为错误；交互式三角形雕刻工具可轻松、快速地修改三角形网格，可增加/删除特征或对模型进行光滑处理；精确的误差分析工具可在设计的任何阶段帮助用户对照原始扫描数据对生成模型进行误差检查；Tribrid Modelling 三合一混合造型方法不仅可进行多种方式的造型设计，同时可对几种造型方式混合布尔运算，提供了灵活而强大的设计方法。

CopyCAD 主要有如下功能：

1. 数字化点的输入与处理

数字化点的输入与处理包括数据输入和数字化数据的变换与处理。

2. 三角形划分

CopyCAD 可以根据用户定义的允许误差生成三角形数字化模型。

3. 特征曲线的生成

CopyCAD 以手动或自动的方式从三角形模型中提取特征线，用户也可利用其他软件输入特征线。

4. 特征线构成网格面

CopyCAD 利用特征线构成网格构造曲面片，然后通过指定曲面片之间的连续性要求实现曲面之间的光滑拼接。

5. 曲面模型精度、品质分析，曲面错误检查

CopyCAD 比较曲面与数字化点云数据，报告最大限、中间值和标准值的错误背离；将错误图形形象地显示。

1.5 逆向工程的限制因素

逆向工程虽然可以解决许多问题，但是基于测量设备的精度与逆向软件功能的限制，逆向工程仍有许多限制因素。

以测量设备来说，不管是接触式还是非接触式的测量设备，逆向工程最大的限制，在于精度的要求。一般而言，测量设备都有一定的误差，再加上在使用软件重新建模时，使用者能否将点云与曲面误差控制得当，是非常困难的。测量所得的点云资料，依照实际情况来说，通常是无法得到很好的真圆度、真直线度等几何形状。所以曲面建模时需要注意，如果要保证曲面的光滑性与连续性，就很难确保与点云之间的误差，要拿捏它们之间的关系，便需要设定一个可接受的误差范围，而误差范围的设定，关键在于测量设备。

目前逆向工程的限制因素大概可总结如下：

(1) 点云数据数量大，软件必须要能读取，并能运算这些点云数据。

(2) 测量设备的精度影响所测得的点云数据，而点云数据的精度、数量直接影响后续的曲面建模。

(3) 点云数据的品质直接影响曲面的品质，点云数据的误差值与曲面品质的取舍需要依靠工程人员的经验判断与操作技巧。

(4) 如何由点云数据直接获得适用的特征线无法以参数或数值来量化的，或者分割曲面、规划曲面建模流程，需要工程人员依据经验判断。

(5) 曲面建模完成后，需要进行误差对比，如果误差值不在规定范围，则需要微调。因此所需的时间较多。

第 2 章　逆向工程数据测量与处理

逆向工程的操作过程主要包括三维数字的数据采集、数据的处理、模型的重建等，其中数据处理是逆向工程中的关键环节，它的结果将直接影响后期模型重构的质量。当我们完成点云数据采集后，要对点云数据进行 CAD 模型的重建，但在此之前，需要对采集的点云数据进行对齐、噪点处理等工作，以提高后续建模的工作效率。

2.1　逆向工程的数据采集

数据采集也称零件的数字化，是通过特定的测量设备和测量方法获取零件表面离散点的几何坐标，在此基础上进行复杂曲面的建模、评价、改进和制造。选择快速而精确的数据采集系统，是逆向工程实现的前提条件。目前市面上常见的数据采集系统有三坐标测量机、关节臂测量机、激光测量系统等。其测量原理不同，所达到的测量精度、数据采集效率及投入的成本也各不相同。

根据测量时，测量头是否与被测对象接触，将测量方法分为接触式和非接触式两大类，如图 2-1 所示。

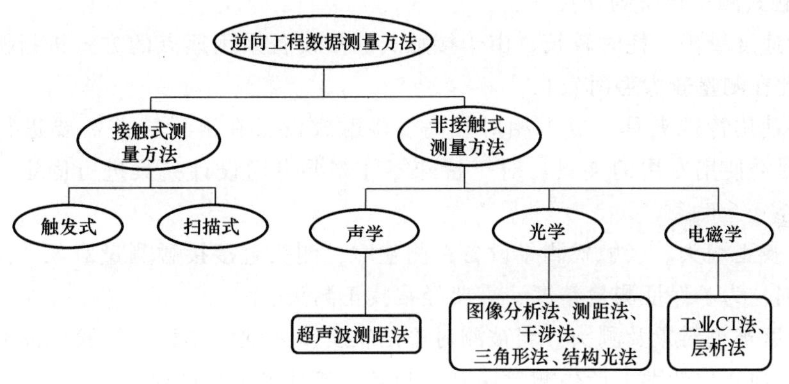

图 2-1　逆向工程数据测量方法分类

1. 接触式测量方法

传统的三坐标测量机（coordinate measuring machine，CMM）是接触式测量的典型三维数据采集仪器。在逆向工程应用的初期，CMM 是实物三维数据采集的主要工具，按结构的不同主要分为龙门式、桥式、关节臂式测量机等，如图 2-2 所示。

CMM 的工作过程是由预先编制好的程序或手动控制各坐标轴的运动，由数控装置发出移动脉冲，经位置伺服进给系统驱动移动部件运动，再由位置检测装置（旋转变压器、感应同步器、角度编码器、光栅尺、磁栅尺等）检测运动部件实际位置。当检测头接触到被测对象表面时产生信号，读取各坐标轴位置寄存器的数值，经数据处理后得出测量结果。

（1）接触式测量设备的优点

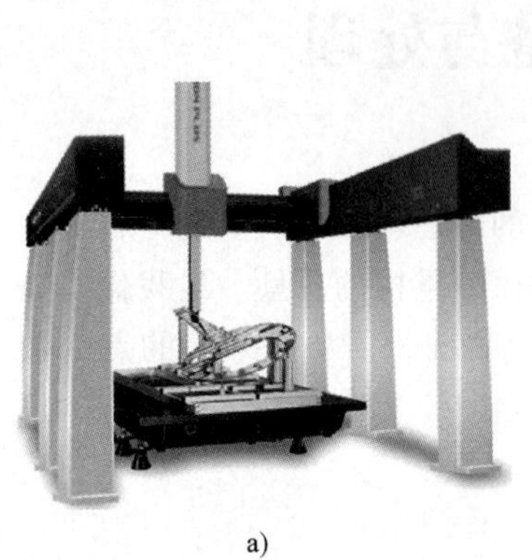
a)

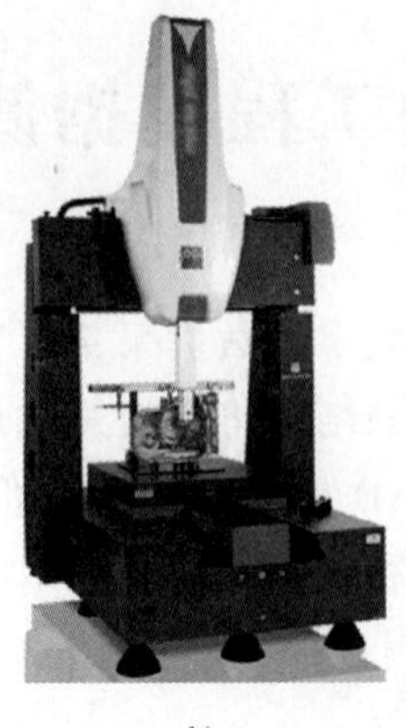
b)

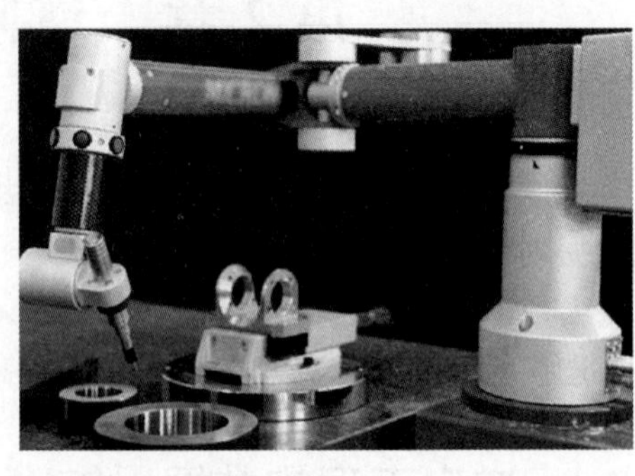
c)

图 2-2　三坐标测量机的结构类型

1）测量精度高。接触式测量方式的发展时间较长，技术相对成熟，机械结构稳定，信号读取较非接触式简单稳定，干扰较少，因此测量数据准确。

2）适合测量简单几何形状。接触式测量设备可直接用于简单几何特征（如圆柱、圆锥等）的测量，并且测量速度较快。

3）被测对象外形及颜色对测量数据影响不大。接触式设备可通过手臂式结构取得数据，同时其在触发时死角较小，不必考虑被测对象是否会反光。

（2）接触式测量设备的缺点

1）测量速度较慢，耗时较长。由于接触式测量设备采用逐点的方式进行测量，测量速度较慢，因此在测量较大型时较长。

2）需要使用特殊夹具，成本相对较高。接触式设备在测量之前需要进行基准点的找正，在找正时需使用专用的夹具，对于特殊零件需要专门设计夹具进行固定，提高了测量成本。

3）需要找正测头。接触式测量设备在测量时，测头直接接触测量对象，过程中容易造成一定的磨损，为了保证测量精度，需要经常找正测头。

4）易损害被测对象及测头。当被测对象是软质体（油泥模型、橡胶成品）时，测力会使被测对象表面发生变形，产生测量误差，测量头本身也容易被损坏。

5）测头直径需小于被测对象。使用接触式测量设备检测内径时，由于限制因素，被测对象的内径必须大于测头直径，否则无法完成检测。

2. 非接触式测量方法

此方法利用光、声、磁等原理进行数据采集，其中光学方法细分有三角形法、测距法、干涉法、结构光法、图像分析法等。非接触式数据采集排除了由测量摩擦力和接触压力造成的测量误差，避免了接触式测头与被测对象表面由于曲率干涉产生的伪劣点问题，获得的密集点云数据量大、精度高，测头产生的光斑也可以做得很小，以便探测到一般机械测头难以测量的部位，最大限度地反映被测表面的真实形状。

非接触式扫描仪又可分为拍照式 3D 扫描仪（白光）与手持式 3D 扫描仪（激光），如图 2-3 所示。非接触拍照式 3D 扫描仪利用照相式原理，进行非接触式 3D 拍照式扫描，得到被测对象表面三维数据。一般手持式 3D 扫描仪使用传统的圆点标记实现视觉定位，由于视觉定位需要的是一个“理想点”，即没有大小，因此实际使用的是圆点的圆心，而圆心的坐标通过提取圆点边界进行拟合。

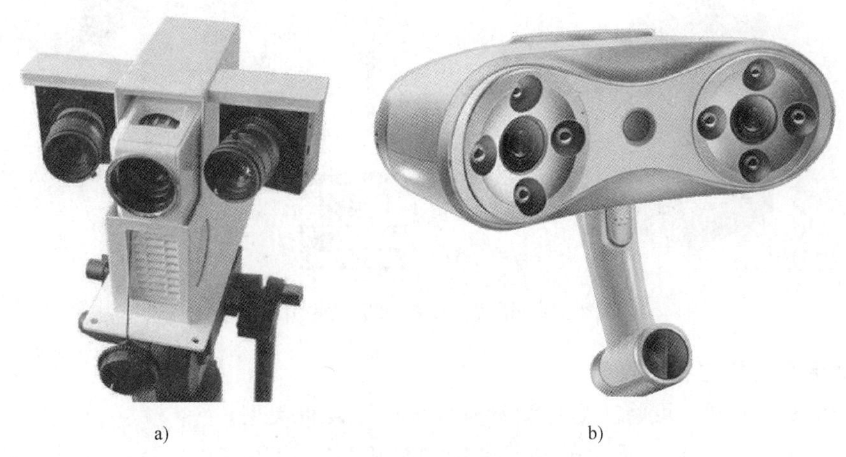

a)　　b)

图 2-3　非接触式扫描仪

（1）非接触式测量设备的优点

1）测量速度快，耗时较短　不需要耗费太多人力，不需要以逐点的方式进行测量，测量速度快。

2）测量头无须找正　不必做测头的半径补偿，光带投影的位置就是工件表面的位置。

3）被测对象范围较广　可直接测量软材质件、塑料薄件、不可直接接触的高精密物体等。

（2）非接触式测量设备的缺点

1）测量精度较低。非接触式测量设备大部分由三角测距的方式计算点云数据坐标，测量误差较接触式测量设备的大。

2）易受工件表面的反射性影响。非接触式测量设备的光学测头都是依靠被测对象表面对光的反射来接收数据的，若被测对象表面易反光，则会造成测量干扰。通常我们会在反光体表面喷涂反差剂，以减少光线散射。

3）不能对几何形状做精确测量。

非接触式测量设备对于一些细节位置（如边缘、凹孔、薄壳肉厚等）的测量容易丢失数据。

2.1.1　三坐标测量机的工作原理与组成

三坐标测量机通过探测传感器（测头）与测量空间轴线运动的配合，对被测对象进行离散的空间点坐标的获取，然后通过相应的数学计算定义，完成对所测点（点群）的拟合计算，还原出被测对象，并在此基础上进行其与理论值（名义值）之间的偏差计算与后续评估，从而完成对被测对象的检验工作。

桥式三坐标测量机由主机、计算机数据处理系统、电气（控制）系统和测头系统组成，如图 2-4 所示。

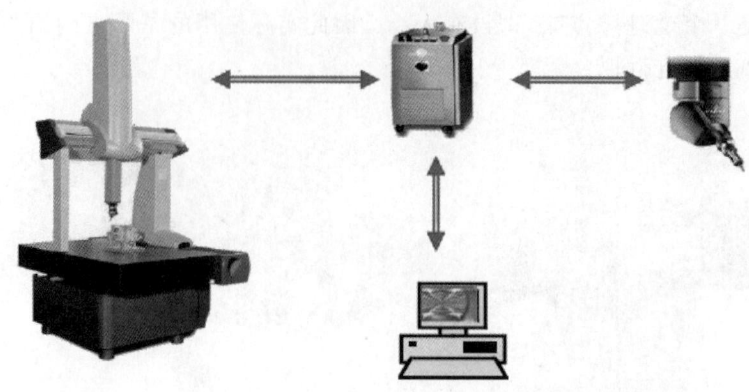

图 2-4　桥式三坐标测量机的组成

1. 三坐标测量机主机的类型

按结构形式的不同，可将三坐标测量机分为以下几种类型。

（1）活动桥式测量机　活动桥式三坐标测量机目前使用较为广泛，其结构如图 2-5 所示。该测量机的特点是结构简单，操作方便，测量速度快，测量精度比较高。

（2）固定桥式三坐标测量机　固定桥式三坐标测量机结构如图 2-6 所示。该测量机具有刚性好，中心光栅误差小，测量精度高等特点，是高精度和超高精度的测量机的首选结构。

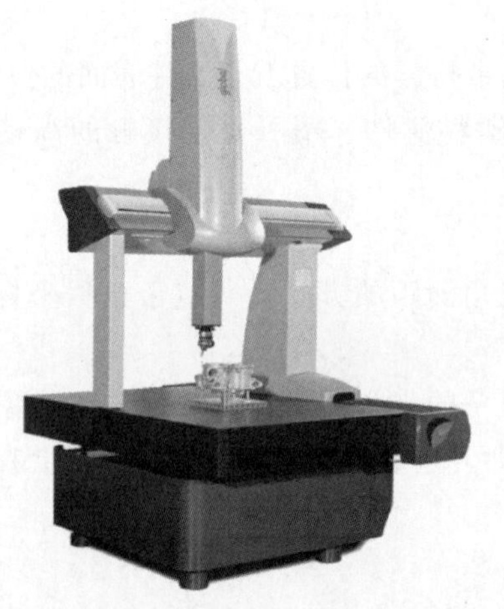

图 2-5　活动桥式三坐标测量机

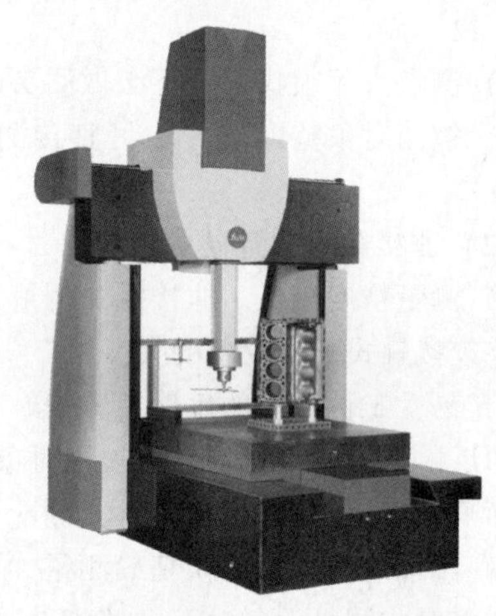

图 2-6　固定桥式三坐标测量机

（3）高架桥式三坐标测量机　高架桥式三坐标测量机适用于航空航天、船舶、汽车等领域的大型零件或大型模具的测量。该测量机一般采用双光栅、双驱动等技术，以提高其检测精度。高架桥式三坐标测量机的结构如图 2-7 所示。

（4）水平臂式三坐标测量机　水平臂式三坐标测量机结构如图 2-8 所示。该测量机的开敞性好，测量范围大，可以由两台机器共同组成双臂测量机，尤其适合汽车工业钣金件的测量。

（5）关节臂式三坐标测量机　关节臂式三坐标测量机结构如图 2-9 所示。该测量机结构简单，轻巧便捷，灵活性高，对工作环境要求比较低，适合携带到现场进行测量。

图 2-7　高架桥式三坐标测量机

图 2-8　水平臂式三坐标测量机

2. 活动桥式三坐标测量机的构成及功能

活动桥式三坐标测量机的主机主要由工作台、桥架、滑架、导轨与光栅系统、驱动系统与空气轴承气路系统等组成，如图 2-10 所示。

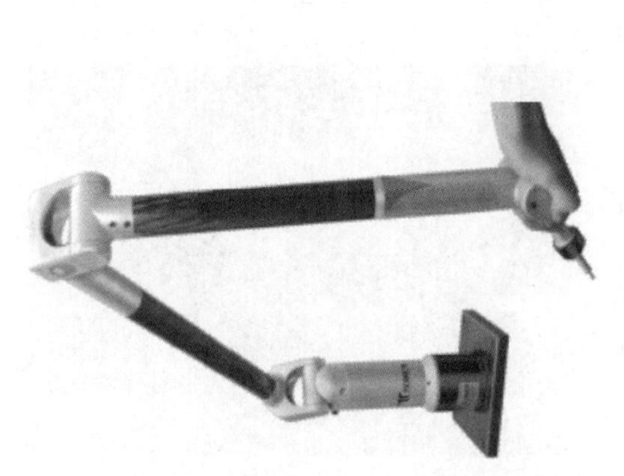

图 2-9　关节臂式三坐标测量机

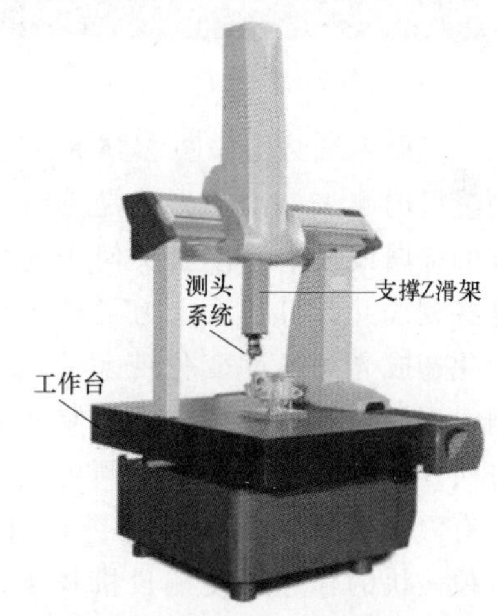

图 2-10　活动桥式三坐标测量机

(1) 工作台　桥式三坐标测量机的工作台一般选用花岗石材质（图 2-11），用于摆放零件、支撑桥架。在工作台上放置零件时，一般要根据零件的形状和检测要求，选择适合的夹具或支撑。要求零件固定要可靠，不使零件受外力变形或其位置发生变化。大零件可在工作台上垫等高块进行测量，小零件可以放在工作台上的方箱上固定后进行测量。

(2) 桥架　桥架是测量机的重要组成部分，由主立柱、横梁、滑架等组成，如图 2-12 所示。桥架的驱动部分和光栅基本都在主立柱一侧，立柱主要起辅助支撑的作用。一般桥式测量机的横梁长度不超过 2. 5m，超过 2. 5m 就要使用双光栅等措施对附腿滞后的误差进行补偿或采用其他机械结构形式。

(3) 滑架　滑架（图 2-13）连接横梁和 Z 轴，其上有两轴的全部气浮块和光栅的读数头、分气座。气浮块和读数头直接影响测量机的测量精度，由于调整过程比较复杂，一般情况下不允许调整气浮块和读数头。

(4) 导轨与光栅系统　导轨是气浮块运动的轨道，是测量机的基准之一，如图 2-14 所示。压缩空气中的油和水及空气中的灰尘会污染导轨，使测量机的系统误差增大，影响测量

精度。因此，应保持导轨完好，避免磕碰，并且定期清洁导轨。

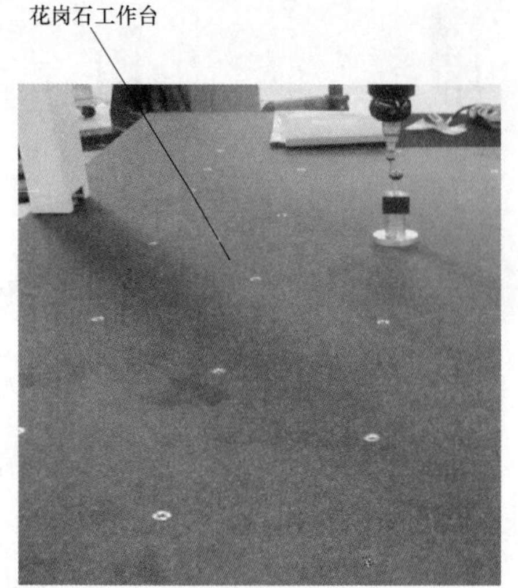

图 2-11　花岗石工作台

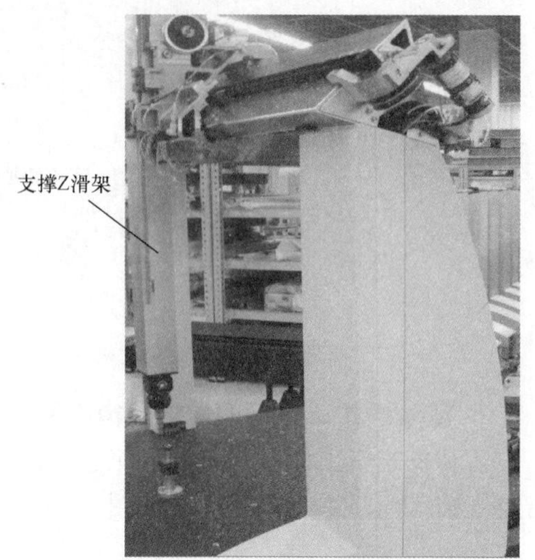

图 2-12　桥架

光栅系统结构如图 2-15 所示。光栅系统是测量机的测长基准。光栅是刻有细密等距离刻线的金属或玻璃，读数头使用光学的方法读取这些刻线并计算长度。为了便于计算由于温度变化造成光栅长度变化带来的误差，常采用光栅一端固定，另一端放开，使光栅自由伸缩的方法。另外，在光栅尺座预置温度传感器，便于有温度补偿功能的系统进行自动温度补偿。零位磁块的作用是使测量机找到机器零点。机器零点是机器坐标系的原点，是测量机进行误差补偿和控制行程终点的基准。

图 2-13　滑架

（5）驱动系统与空气轴承气路系统　桥式三坐标测量机的驱动系统由直流伺服电动机

图 2-14　导轨

图 2-15　光栅系统

(图 2-16)、减速器、传动带、带轮等组成。驱动系统的状态会影响控制系统的参数，不能随便调整。

空气轴承气路系统结构如图 2-17 所示。空气轴承（又称气浮块）是测量机的重要部件，主要功能是保持测量机的各运动轴相互无摩擦。由于气浮块的浮起高度有限，而且气孔很小，要求压缩空气压力稳定且其中不能含有杂质、油，也不能有水。过滤器系统是气路中的最后一道关卡，由于其过滤精度高，非常容易被压缩空气中的油污染，所以一定要有前置过滤装置和管道进行前置过滤处理。气路中连接的空气开关和空气传感器都具有保护功能，不能随便调整。

图 2-16　伺服电动机

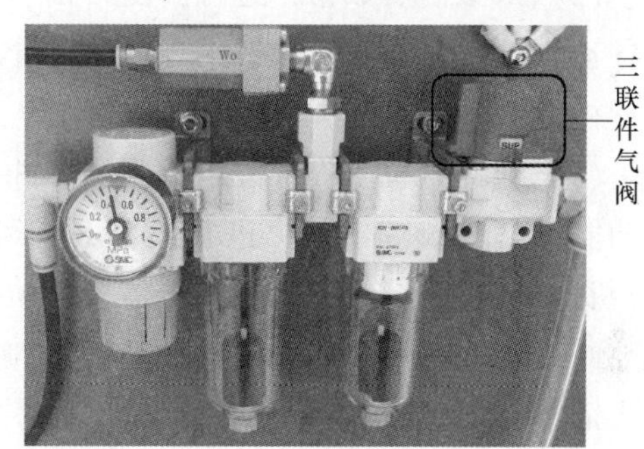

图 2-17　空气轴承气路系统

3. 电气控制系统

电气控制系统是测量机的控制中枢，其结构如图 2-18 所示。

电气控制系统主要有如下功能：

(1) 控制、驱动测量机的运动　操纵盒或计算机指令通过系统控制单元，按照设置的速度、加速度，驱动三轴直流伺服电动机转动，并通过光栅和电动机的反馈电路对运行速度和电动机的转速进行控制，使三轴同步平稳地按指定轨迹运动。运动轨迹有飞行测量、点定位两种方式。飞行方式测量效率高，运动时停顿少；点定位方式适合指定截面或指定位置的测量，可以通过语句进行设置。在进入计算机指令指定触测的探测距离时，控制单元会控制测量机的运行速度模式由位置运动速度转换到探测速度，使测头慢速接近被测对象。

图 2-18　电气控制系统

（2）采集数据，对光栅读数进行处理　当通过操纵盒或计算机指令控制运动的测量机测头传感器与被测对象接触时，测头传感器（简称“测头”）就会发出被触发的信号。信号传送到控制单元后，立即令测量机停止运动（测头保护功能），同时锁存此刻的三轴光栅读数，该读数为测量机测量的一个点的坐标。

（3）根据补偿文件，对测量机进行误差补偿　测量机在制造组装完成后，要使用激光干涉仪和其他检测工具对 21 项系统误差（各轴的两个直线度、两个角摆误差、自转误差、位置误差，三轴之间的垂直度误差等）进行检测，生成误差补偿文件，并使用软件对误差进行补偿，以保证测量机的测量精度符合要求。测头触发后锁存的每一个点的坐标都要经过误差计算、补偿后再传送至测量软件。

（4）采集温度数据，进行温度补偿　有温度补偿功能的测量机，可以根据设定自动采集各轴的光栅数据和被测零件的温度，对测量机和零件温度由于偏离 20℃带来的长度误差进行补偿，以保持高精度。

（5）对测量机工作状态进行监测，并采用相应的保护措施　控制系统内部设有故障诊断功能，对测量机各部位进行检测，当发现这些有异常现象时，系统就会采取保护措施（停机，断驱动电源），同时发出信息通知操作人员。

（6）对扫描测头的数据进行处理，并控制扫描　配备有扫描功能的测量机，由于扫描测头采集的数据量非常大，必须有专用的扫描数据处理单元进行处理，并控制测量机按照被测对象表面形状，保持扫描接触的方式运动。

（7）与计算机进行各种信息交流　虽然控制系统本身就是一台计算机，但是没有与外界进行交互的界面，其内部的数据都要通过与上位计算机的通信才能进行输入和设置。

4. 测头、测座系统

测头、测座系统是数据采集的传感器系统，分为手动方式和自动方式两种类型，如图 2-19 所示。测头、测座系统各部分功能如下：

（1）测座根据指令旋转至指定角度　测座控制器可以用计算机指令或程序控制并驱动自动测座旋转到指定位置，手动的测座只能由人工旋转测座。测头（针）更换架可以在程序运行中自动更换测头（针），避免程序中的人工干预，提高测量效率，如图 2-20 所示。

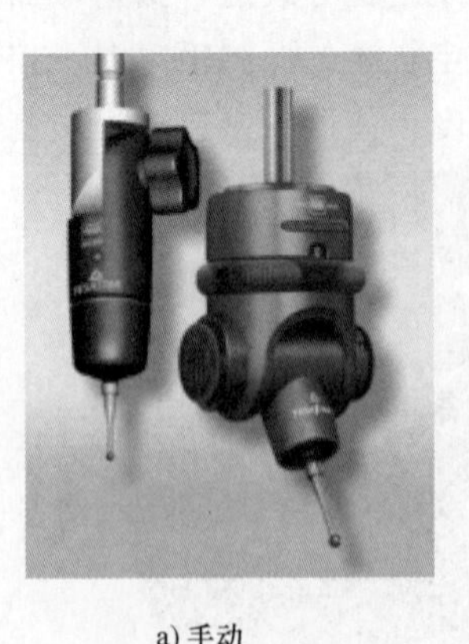

a) 手动

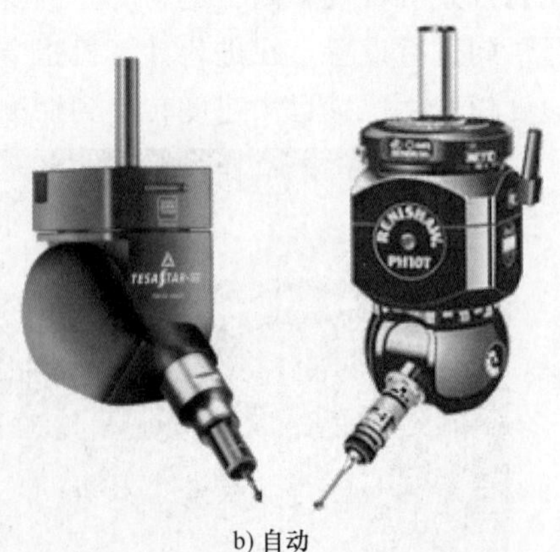

b) 自动

图 2-19　测头、测座系统

(2) 测头控制器（PI200）控制测头（TP200）工作方式转换　TP200 测头是高精度测头，它的特点是灵敏度高，可以连接较长的测针。但是高灵敏度会使测量机在高速运动时出现误触发。测头控制器控制测头在测量机高速运动时处于高阻（不灵敏）状态，在触发时进入灵敏状态。在手动方式时一般都是以操纵盒的速度控制键进行控制转换，即低速运动时是测头的灵敏状态。图 2-21 所示为 PI200 测头控制器与 TP200 传感器。

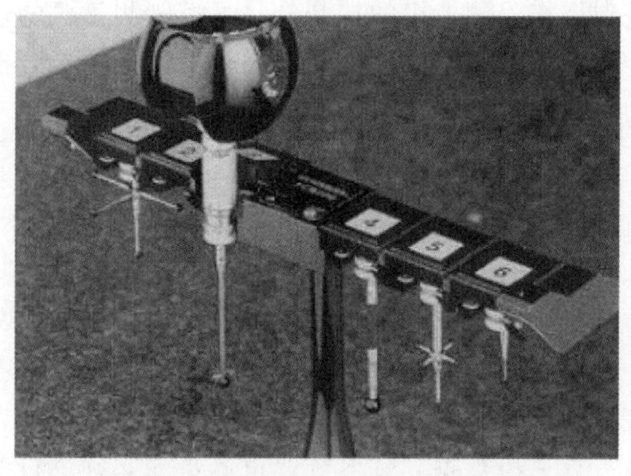

图 2-20　测头（针）更换架

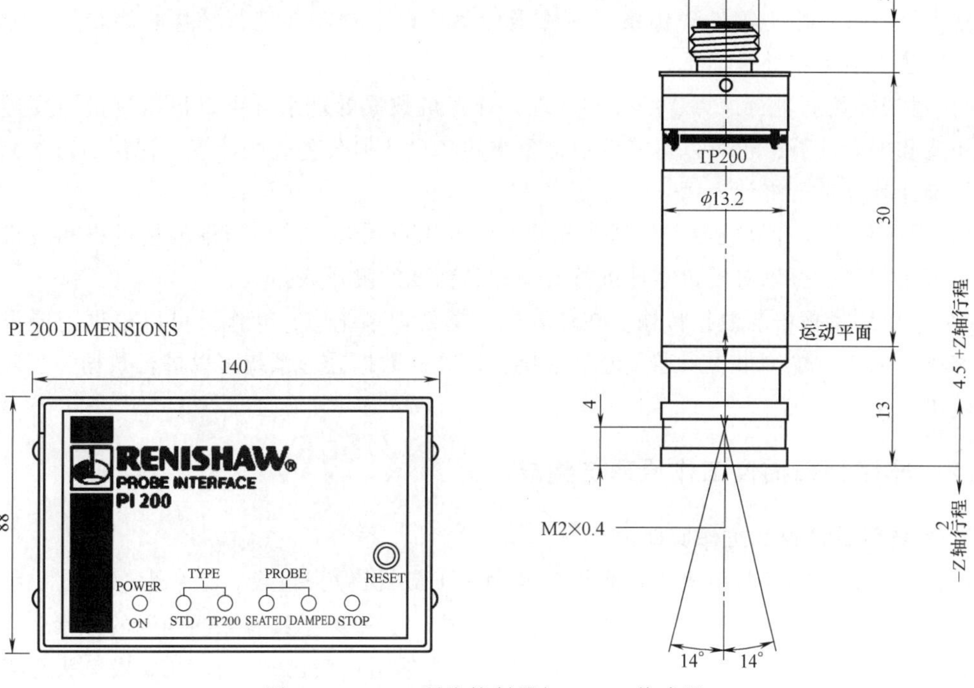

图 2-21　PI200 测头控制器与 TP200 传感器

(3) 测头传感器在测针接触被测点时发出触发信号　测头部分是测量机的重要部件，根据测头功能的不同，可将其分为触发式、扫描式、非接触式（激光、光学）等类型。触发式测头是使用最多的一种测头，其工作原理是一个高灵敏的开关式传感器。当测针与零件因接触而产生角度变化时，测针会发出一个开关信号，这个信号传送到控制系统后，电气控制系统对此刻的光栅计数器中的数据锁存，经处理后传送给测量软件，完成了一个点的测量。

扫描式测头有两种工作模式：一种是触发模式，一种是扫描模式。扫描式测头内置三个相互垂直的距离传感器，可以自动识别测头与零件的接触距离和矢量方向，并生成数据，这些数据作为测量机的控制分量，控制测量机的运动轨迹。扫描式测头在与零件表面接触、运动的过程中会定时发出采点信号，采集光栅数据，并可以根据设置过滤粗大误差，该过程称为“扫描”。

5. 计算机数据处理系统

计算机（又称上位机）数据处理系统的主要功能如下：

1）对控制系统进行参数设置。上位计算机通过“超级终端”方式，与控制系统进行通信并实现参数设置等操作，可以使用专用软件对系统进行调试和检测。

2）进行测头定义和测头找正，以及测针半径补偿。不同的测头配置和不同的测头角度，测得的坐标数值是不一样的。为使不同配置和不同角度的测头测量的结果都能够统一计算，计算机数据处理系统要求测量前必须进行测头的找正，以获得测头配置和测头角度的相关信息，便于在测量时对每个测点进行测针半径补偿，并把不同测头角度的测点坐标都转换到“基准”测头位置上。

3）建立零件坐标系（零件找正）。为了测量的需要，计算机数据处理系统以零件的基准建立坐标系统，称为零件坐标系。零件坐标系可以根据需要进行平移和旋转。为方便测量，可以建立多个零件坐标系。

4）对扫描数据进行计算、统计和处理。计算机数据处理系统可以根据测量需要进行投影、构造和拟合计算，也可以对零件图样要求的各项几何公差进行计算、评价，对各测量结果使用统计软件进行统计。

5）编制程序。计算机数据处理系统可以根据用户需要，采用记录测量过程和脱机编程等方法编制程序，可以对批量零件进行自动和高精度的测量或扫描。

6）输出测量报告与数据传输。在计算机数据处理系统中，操作员可以根据需要设置模板，并将结果生成检测报告。通过网络连接，计算机数据处理系统可以进行数据、程序的输入和输出。

2.1.2　非接触扫描仪工作原理与组成

1. 非接触扫描仪的工作原理

非接触激光扫描仪是由光栅投影设备及两个 CCD 摄像头组成。整个影像的数位编码工作是由 8 张数位编码投影和 4 张相位位移投影完成。在影像上具有相同编码的像素，表示投影落在被测对象的相同点上，此时两个 CCD 摄像头的距离为已知，且 CCD 摄像头至被测对象表面目标点的角度又可以由获得的高解析影像求得。因此，被测对象表面的点数据就可以被测量出来，同时测头的坐标系统也可以被计算出来。就好像在三角形中，已知一条边长和两个角度，则可以根据正弦定理求得另外两条边长，因此这种测量也称为三角测距法，其工作原理如图 2-22 所示。线光源产生狭窄的激光平面（宽度小于 0.4mm），投射于被测对象表面，形成一条光条纹，摄像机光轴与激光投射面 L 成一个角度 α。这样，摄像机拍摄的光条纹图像不是一条直线，其形状就反映了被测对象表面的形状，在一幅图像中可以算出所有位于激光照射线上的点的深度和高度。当被测对象以固定的角速度 ω 旋转一周，激光投射面 L 扫过被测对象表面，其上所有点的深度和高度信息都可以算出，如果用柱坐标系，取 h 轴与被测对象旋转轴重合，那么被测对象表面上每一点的极角坐标可以从角速度 ω 算出。

2. 非接触扫描仪的组成

以思瑞测量技术（深圳）有限公司生产的 SEREIN 三维激光抄数机为例，介绍非接触扫描仪的结构组成，如图 2-23 所示。

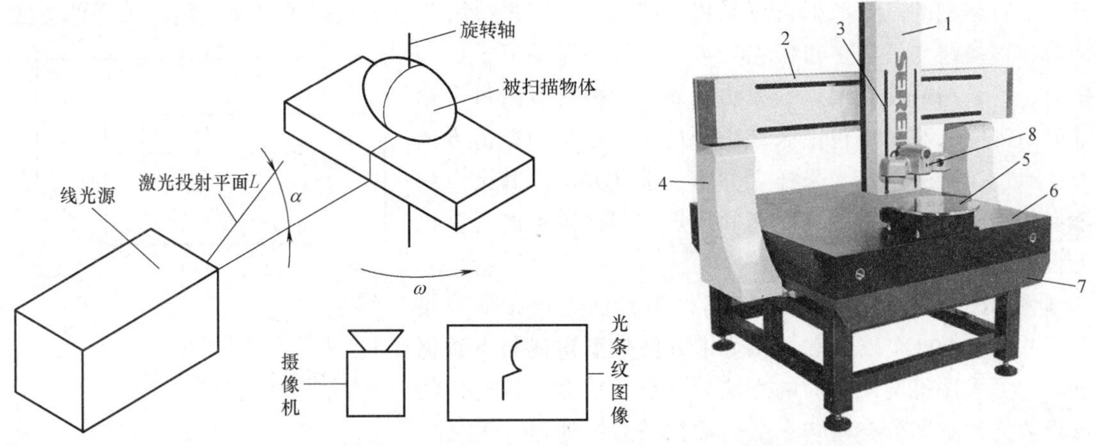

图 2-22　非接触激光扫描仪的工作原理

图 2-23　SEREIN 三维激光抄数机的结构组成

1—Z 轴　2—Y 轴横梁　3—镜头杆　4—立柱　5—转台　6—工作台　7—底座　8—数据采集系统

2.2　扫描数据处理流程

产品外形数据是通过测量机来获取的，一方面，无论是接触式的数控测量机还是非接触式的激光扫描仪，不可避免地会引入数据误差，尤其是尖锐边和边界附近的测量数据，测量数据中的坏点，可能使该点及其周围的曲面片偏离原曲面。另外，由于激光扫描的应用，曲面测量会产生海量的数据点，在造型之前应对数据进行精简。因此，扫描数据的处理流程主要包括坏点去除，数据精简，数据插补，数据平滑，数据分割等内容。

2.2.1　坏点去除

坏点又称噪点，通常是由测量设备的标定参数发生改变和测量环境突然变化造成的，人工测量过程中的误操作会使测量数据失真。坏点对曲线、曲面的光滑性影响较大，因此测量数据的预处理就是要去除数据集中的坏点。常用的去除坏点的方法有直观检查法、曲线检查法及弦高差法，如图 2-24 所示。

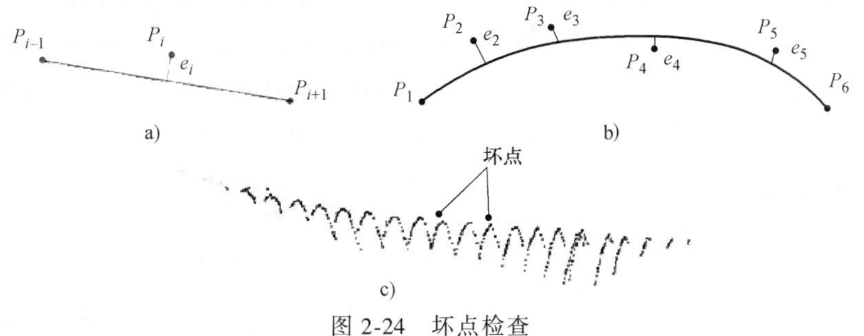

图 2-24　坏点检查

2.2.2 数据精简

为提高高密度点云数据在曲面重构时的效率和质量，需要按一定要求精简测量点的数量。不同类型的点云数据可以采用不同的精简方式，散乱点云数据可以通过随机采样的方法精简；扫描线点云和多边形点云可采用等间距精简、倍率精简、等量精简和弦偏差等方法精简；网格化点云可采用等分布密度法和最小包围区域法等精简。在均匀精简方法中，通过以某一点定义采样立方体，求立方体内其余点到该点的距离，再根据平均距离和用户指定保留点的百分比进行精简，如图 2-25 所示。

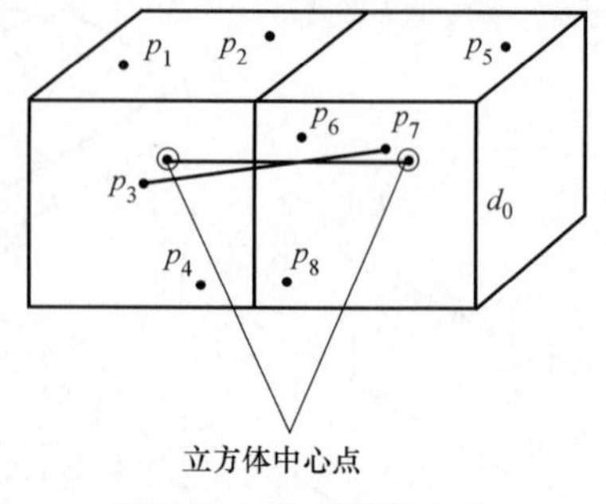

图 2-25 均匀精简方法

例如图 2-26 所示叶轮片模具模型，在进行数据采集时，共有 24500 个点云数据，为了方便模型重建与点数据运算，可采用等间距精简的方法处理点云数据，精简后的点云数据在空间分布均匀，适合数据的后续处理。

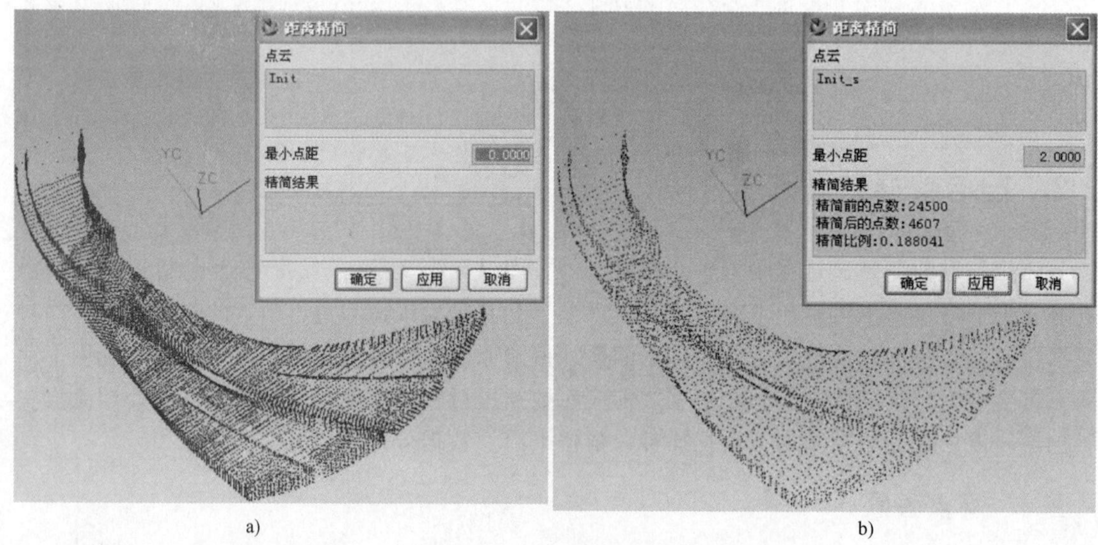

a) b)

图 2-26 点云数据精简示例

2.2.3 数据插补

由于被测对象的拓扑结构以及测量机的限制，一方面在对被测对象进行数字化时存在一些探头无法测到的区域，另一方面在被测对象中存在表面凹边、孔及槽等，使曲面出现缺口，这样在造型时就会产生数据空白的现象，影响曲面的逆向建模。目前应用于逆向工程的数据插补方法或技术主要有实物填充法、造型设计法和曲线、曲面插值补充法。

2.2.4 数据平滑

由于在数据测量过程中受到各种人为和随机因素的影响，使得测量结果包含噪点，为了降低或消除噪点对后续建模质量的影响，需要对数据进行平滑滤波。数据平滑主要针对扫描

线数据，如果数据点是无序的，将影响平滑的效果。

数据平滑通常采用标准（gaussian 高斯）、平均（averaging）或中值（median）滤波算法。高斯滤波器在指定域内的权重为高斯分布，其平均效果较小，故在滤波的同时能较好地保持原数据的形貌。平均滤波器采样点的值取滤波窗口内各数据点的统计值，这种滤波器能很好地消除数据毛刺。在实际使用时，可根据点云数据的质量和后续的建模要求灵活选择滤波算法。

2.2.5　数据分割

数据分割是根据组成实物外形曲面的自曲面的类型，将属于同一子曲面类型的数据成组，这样将全部数据划分为特征单一、互不重叠的区域，为后续的曲面模型重建提供方便，如图 2-27 所示。

目前数据分割方法主要有基于边的方法、基于面的方法、基于群簇的方法。

a) 数据点

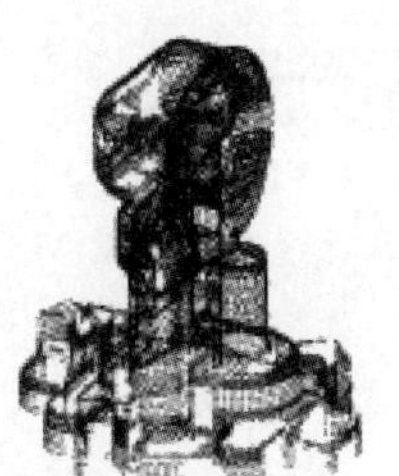

b) 数据点分割

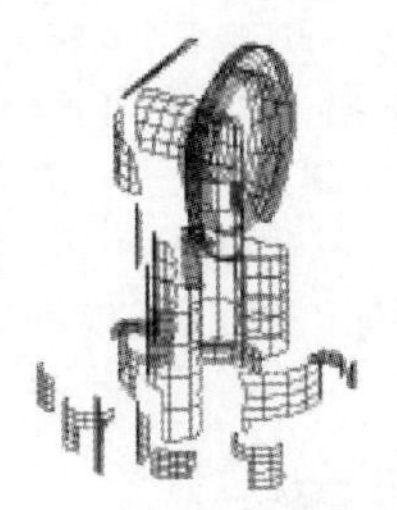

c) 拟合二次曲面

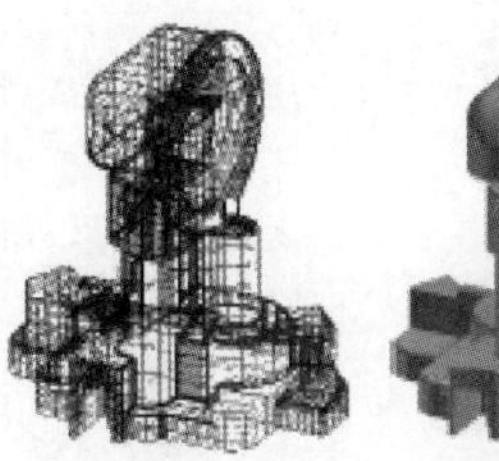

d) 重建模模型结果

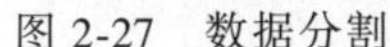

图 2-27　数据分割

1. 基于边的方法

该方法是根据数据点的局部几何特性从一点集中检测到边界点，然后进行边界点的连接，最后根据检测的边界将整个数据集分割为独立的多个点集。该方法计算量大，计算过程复杂。

2. 基于面的方法

该方法是根据指定的曲面方程拟合数据点集，此过程是个迭代的过程，迭代过程可以分为自底向上、自顶向下两种方式。自底向上是从一些种子点开始，按某种规则不断加进周围点。此方法的关键在于种子的选择、扩充策略。自顶向下是假设所有点属于同一个面，拟合过程中如果误差超出要求，则把原集合分为两个子集。

3. 群簇方法

该方法是通过群簇技术把局部几何特征参数相似的数据点聚集为一类，但聚类方法需要预先指定分类的个数。使用该方法分割数据容易出现细碎面片，往往要对碎片做进一步处理。

2.2.6　多视点云的对齐

在逆向工程实际操作的过程中，由于坐标测量都有一定的测量范围，因此无论采用什么测量方法，都很难在同一坐标系下将被测对象的几何数据一次全部测出。被测对象的数字化不能在同一坐标系下完成，而在模型重建的时候又必须将这些不同坐标下的数据统一到一个坐标系下，这个数据处理过程就是多视数据定位对齐或称数据拼合。

2.3 Imageware 点云数据处理

2.3.1 Imageware 点云数据的噪点处理

步骤 1：双击桌面上的 Imageware 快捷图标，打开 Imageware 软件。

步骤 2：选择菜单栏中的【文件】|【打开】命令，系统弹出【打开数据文件】对话框，选择放置素材文件的文件夹 ch2 并选择【1. imw】文件，单击【确定】按钮进入 Imageware 用户界面，如图 2-28 所示。

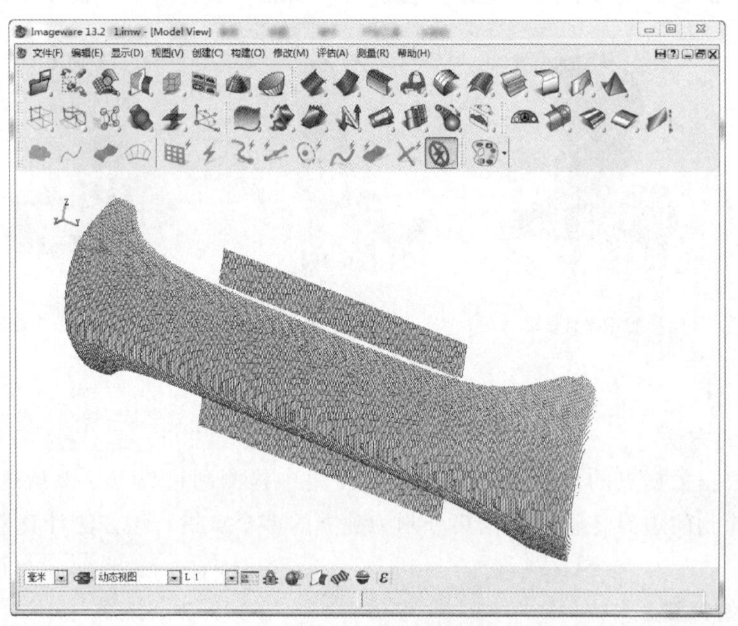

图 2-28 打开【1. imw】文件

步骤 3：将光标移至点云对象处右击，弹出图 2-29 所示快捷工具条，单击圈选点按钮，系统弹出【圈选点】对话框，如图 2-30 所示。

步骤 4：在【圈选点】对话框中选中【屏幕上的点之间】单选按钮，在视图区选择图 2-31 所示对象为清除对象，然后在【保留点云】选项区域中选中【外侧】单选按钮，其余参数按系统默认，单击【应用】按钮，完成点云数据的清除，结果如图 2-32 所示。

利用相同的方法，完成另一侧点云数据的清除操作，最终结果如图 2-33 所示。

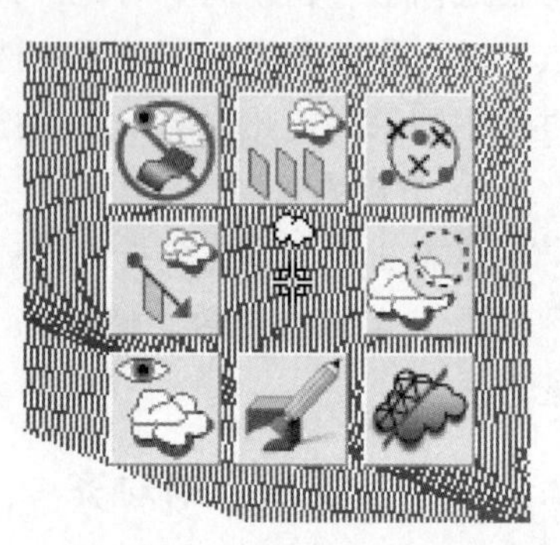

图 2-29 快捷工具条

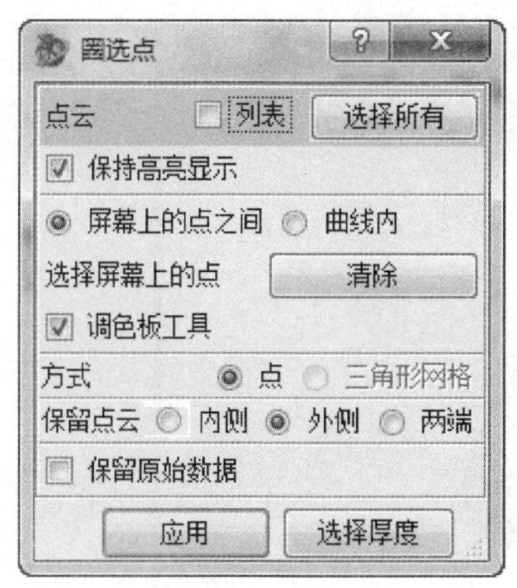

图 2-30 【圈选点】对话框

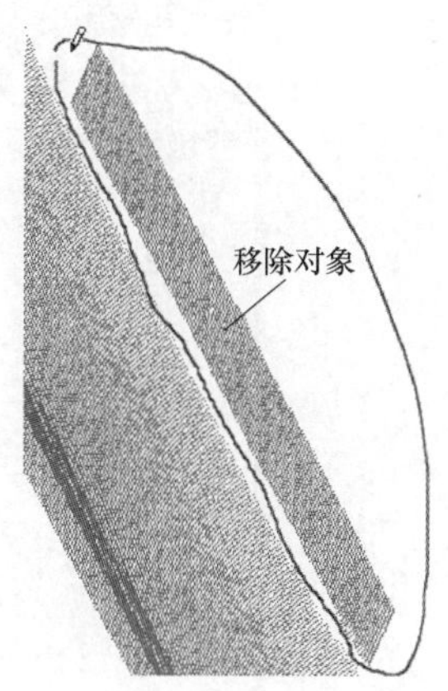

图 2-31　选择清除对象

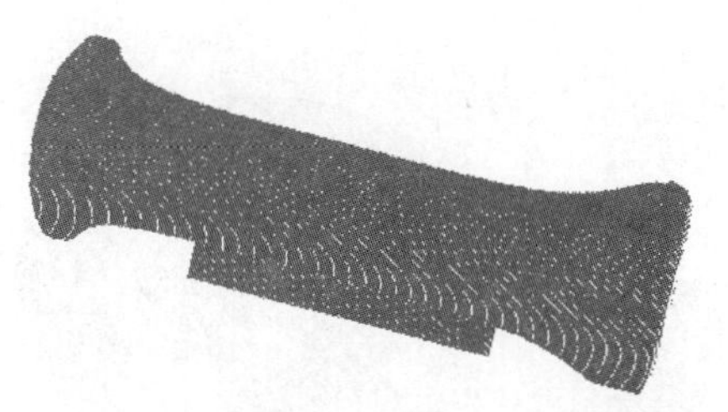

图 2-32　点云清除结果

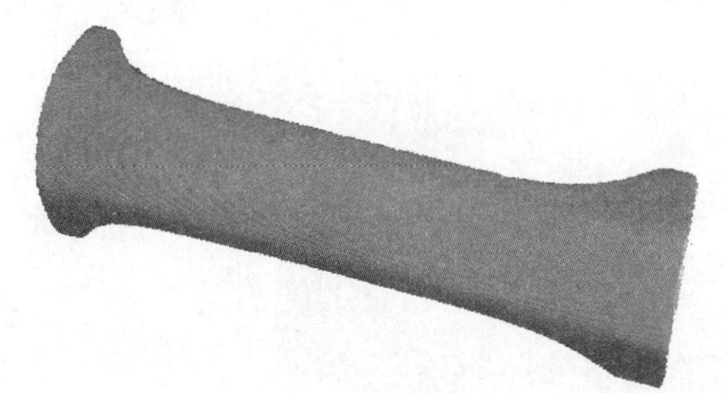

图 2-33　噪点处理结果

2.3.2　Imageware 点云数据的摆正

步骤 1：双击桌面上的 Imageware 快捷图标，打开 Imageware 软件。

步骤 2：选择【文件】|【打开】命令，打开【2. imw】文件，如图 2-34 所示。

步骤 3：在视图区将点云旋转一定角度，结果如图 2-35 所示。将指针移至点云对象处右击，弹出图 2-29 所示快捷工具条，单击【圈选点】按钮，系统弹出【圈选点】对话框，如图 2-30 所示。

步骤 4：在【圈选点】对话框中选中【屏幕上的点之间】单选按钮，在视图区选择图 2-36 所示对象为清除对象，然后在【保留点云】选项区域中选中【内侧】单选按钮，其余参数按系统默认，单击【应用】按钮 应用 ，完成点云的分割，结果如图 2-37 所示。

步骤 5：选择菜单栏的【创建】|【点】命令，系统弹出【点】对话框，同时选择【锁定捕捉器开关】命令，在视图区选择图 2-38 所示点云表面对象，其余参数按系统默认，单击【应用】按钮 应用 完成点的创建。

步骤 6：选择菜单栏的【构建】|【由点云构建曲面】|【拟合平面】命令，系统弹出【拟合平面】对话框，在此不做任何更改，单击【应用】按钮 应用 完成拟合平面的创建，结果如图 2-39 所示。

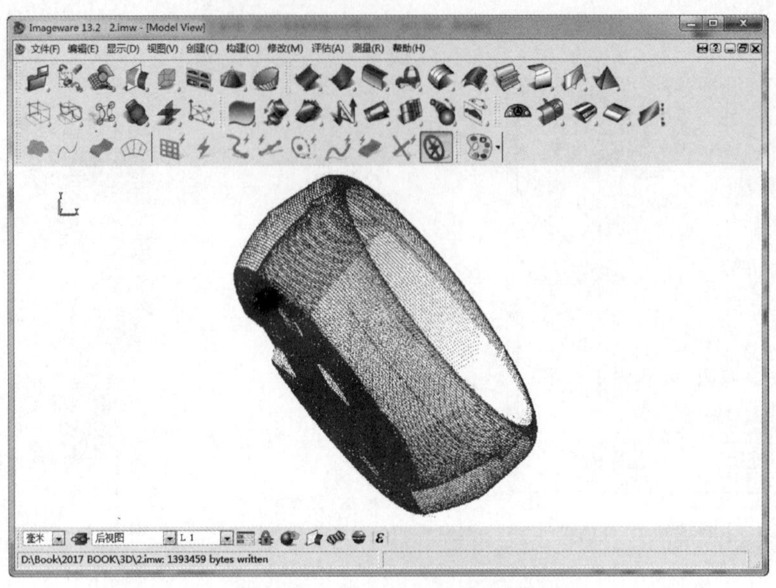

图 2-34　打开【2. imw】文件

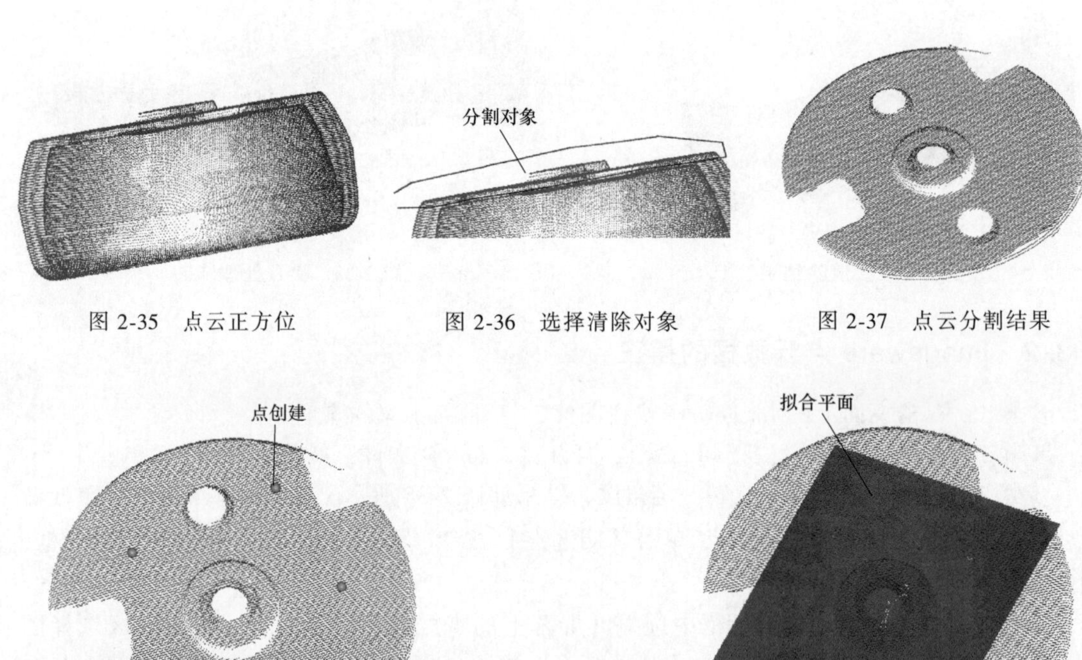

图 2-35　点云正方位　　图 2-36　选择清除对象　　图 2-37　点云分割结果

图 2-38　点创建对象　　图 2-39　拟合平面创建结果

步骤 7：将鼠标移至【主要栏目管理】工具条中的模型管理图标中，长按左键弹出快捷键，如图 2-42 所示。接着选择剪切按钮，系统弹出【剪切对象】对话框，如图 2-40 所示，单击【选择所有】按钮，将所有点云数据选为剪切对象，在视图区只保留拟合曲面，

单击【剪切】按钮，结果如图 2-41 所示。

图 2-40　【剪切对象】对话框

图 2-41　保留拟合曲面结果

步骤 8：选择菜单栏的【创建】|【平面】|【中心/法向】命令，系统弹出【平面（中心/法向】对话框，如图 2-42 所示。在此不做任何更改，单击【应用】按钮 应用 完成中心/法向平面的创建，结果如图 2-43 所示。

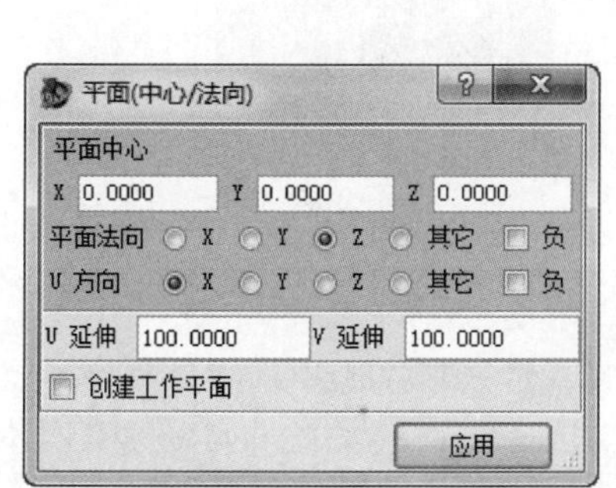

图 2-42　【平面（中心/法向）】对话框

图 2-43　创建中心/法向平面结果

步骤 9：选择菜单栏的【文件】|【打开】命令，再次打开【2. imw】素材文件。选择菜单栏的【编辑】|【创建群组】命令，系统弹出【创建群组】对话框，如图 2-44 所示。选择刚打开的点云数据与拟合曲面为一个群组，单击【应用】按钮 应用 完成群组的创建，结果如图 2-45 所示。

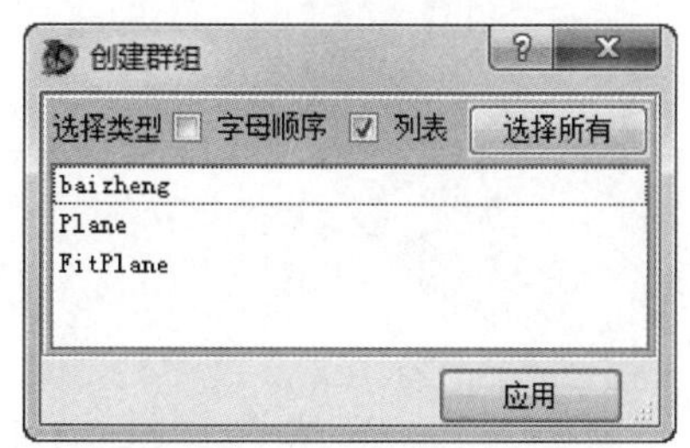

图 2-44　【创建群组】对话框

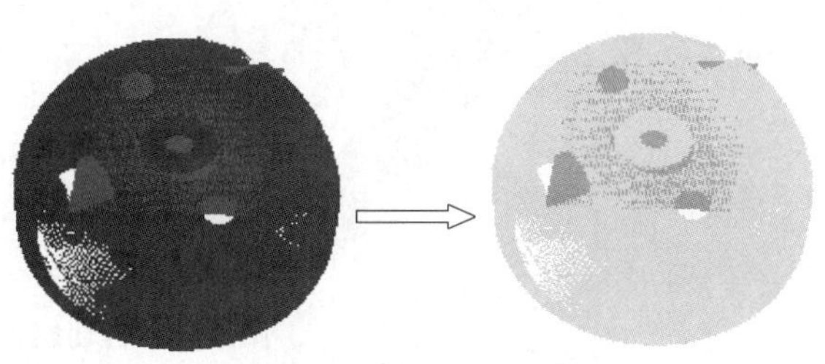

图 2-45　创建群组结果

步骤 10：选择菜单栏的【修改】|【定位】|【SPT 定位】命令，系统弹出【SPT 定位基准】对话框，如图 2-46 所示。在【SPT 定位基准】对话框中单击【增加】按钮 增加 ，将用户创建的点云数据与创建的中心平面对齐，单击【应用】按钮 应用 完成对齐操作，结果如图 2-47 所示。

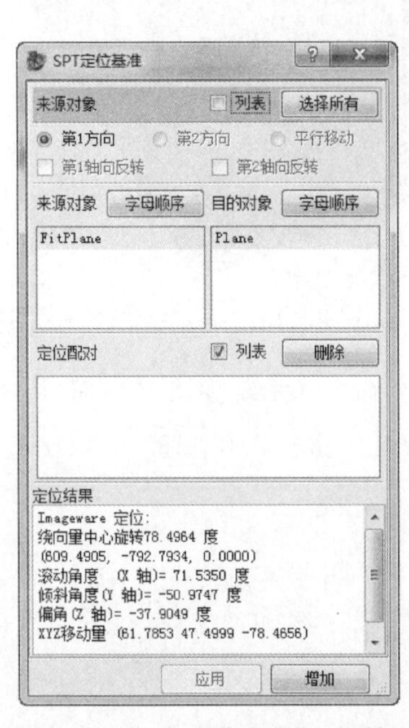

图 2-46 【SPT 定位基准】对话框

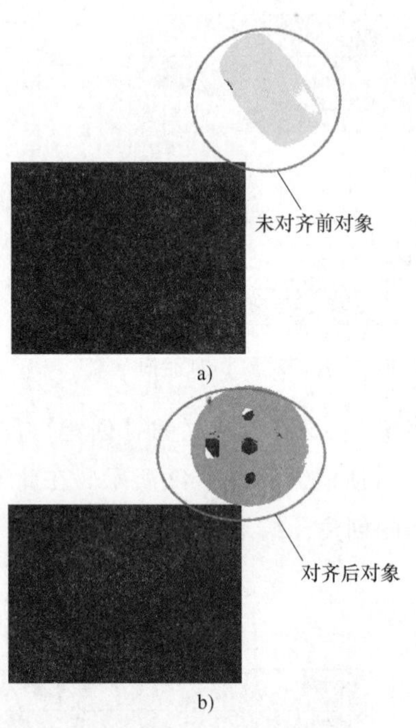

图 2-47 对齐结果

> 提示：
>
> 如果觉得用 STP 对齐方式进行摆正比较麻烦时，用户可以选择菜单栏的【修改】|【定位】|【自动定位点云】命令，系统弹出【自动定位扫描线】对话框，在此不做任何更改，单击【应用】按钮 应用 完成自动定位操作，对象会自动摆正，结果如图 2-48 所示。但这样会使对象有一定的倾斜，还需要用户进行微调。

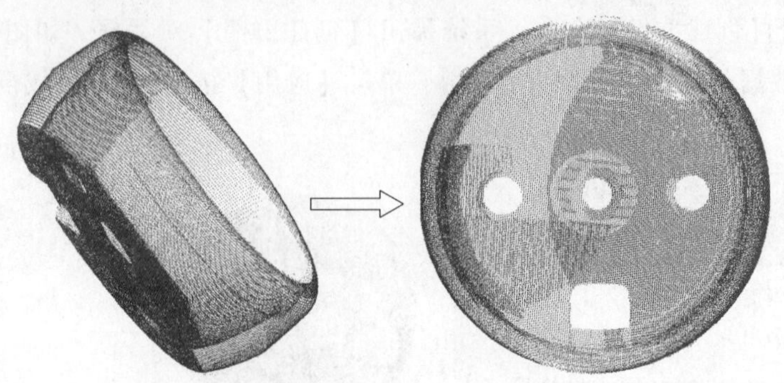

图 2-48 自动摆正点云结果

第 3 章　逆向建模案例分析

逆向工程在三维 CAD 造型重建时需要进前期的一些处理，例如第 2 章介绍的点云数据的摆正、噪点的处理等，当我们完成这些工作后，就可以进行点云数据的三维模型重构。本章将介绍使用 Geomagic Studio 进行点云数据的处理与摆正的操作方法，通过 3 个 UG NX 案例，详细介绍 UG NX8.5 的逆向建模的方法及建模过程、1 个案例介绍 Imageware 13 的操作方法与逆向建模处理，2 个异形面的拆面设计介绍异形曲面的处理过程及方法。

3.1　Geomagic Studio 点云数据处理

3.1.1　打开点云数据

步骤：双击桌面上的 Geomagic Studio 12 快捷图标，打开 Geomagic Studio 12 软件，单击主菜单栏中的【打开】按钮，系统将弹出【打开文件】对话框，选择放置素材文件的文件夹 ch3 并选择肥皂壳 . asc 文件，再单击【打开】按钮，系统弹出【文件选项】对话框，如图 3-1 所示。在【比率】下拉列表框中选择【100%】选项 100 %，其余参数按系统默认设置，单击【确定】按钮 确定，进入软件的用户界面，结果如图 3-2 所示。

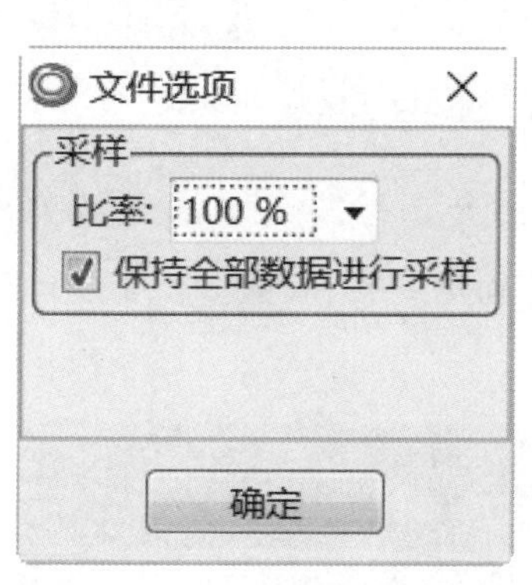

图 3-1　【文件选项】对话框

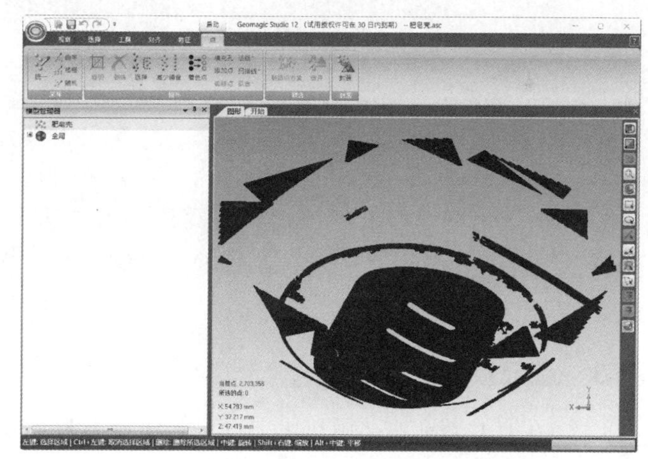

图 3-2　Geomagic Studio 12 用户界面

3.1.2　点云数据的噪点处理

步骤 1：打开素材文件【肥皂壳 . asc】为了方便查看点云数据，可在【修补】工具条中单击【着色点】按钮，系统开始计算着色点云，结果如图 3-3 所示。在视图区单击鼠标中键旋转点云数据，并摆放到方便编辑的位置，如图 3-4 所示。

图 3-3　点云数据着色结果

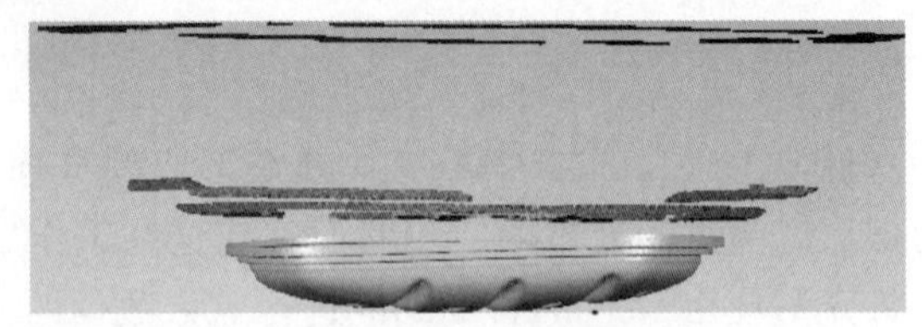

图 3-4　点云视图摆放结果

步骤 2：在视图区按住鼠标左键框选图 3-5 所示的点云数据作为删除对象，在【修补】工具条中单击删除图标按钮，系统将删除所选点云数据，结果如图 3-6 所示。

图 3-5　删除对象选择结果

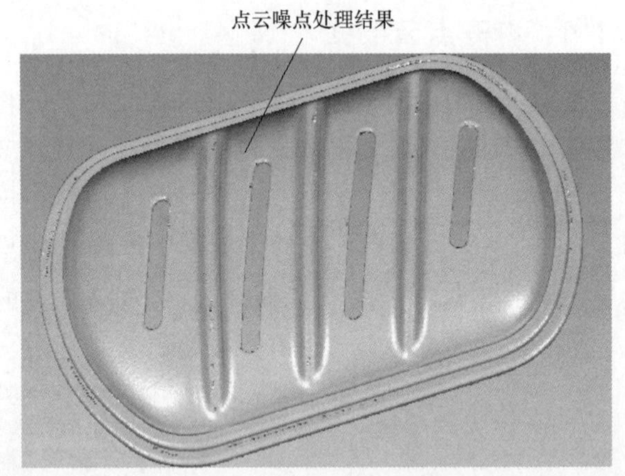

图 3-6　删除噪点结果

步骤 3：完成噪点的处理后，在【修补】工具条中单击封装图标按钮，系统弹出【封装】对话框，如图 3-7 所示，在此不做任何更改，单击【确定】按钮确定，完成点云数据的封装操作，并保存文件。

3.1.3　点云数据的摆正

步骤 1：打开封装后的肥皂壳文件，在主菜单栏中单击【特征】选项卡，在【创建】工具条中单击【平面】按钮，系统弹出图 3-8 所示下拉菜单，选择【最佳拟合】命令，系统弹出【创建特征】对话框，如图 3-9 所示。在视图区选择图 3-10 所示的 3 个点为平面拟合对象，单击【应用】按钮 应用 ，再单击【确定】按钮 确定 ，完成最佳拟合平面的创建，结果如图 3-11 所示。

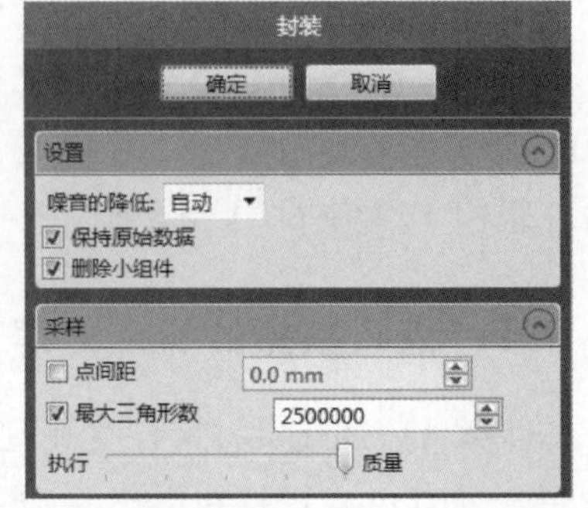

图 3-7　【封装】对话框

利用“3 个点”的平面创建方法，完成另一平面创建，结果如图 3-12 所示。

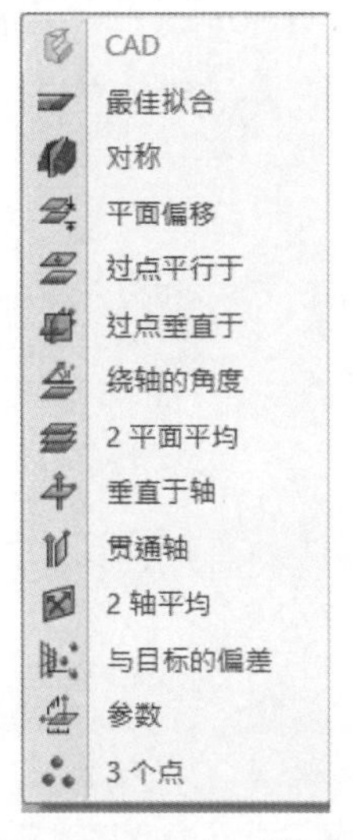

图 3-8 【平面】下拉菜单

图 3-9 【创建特征】对话框

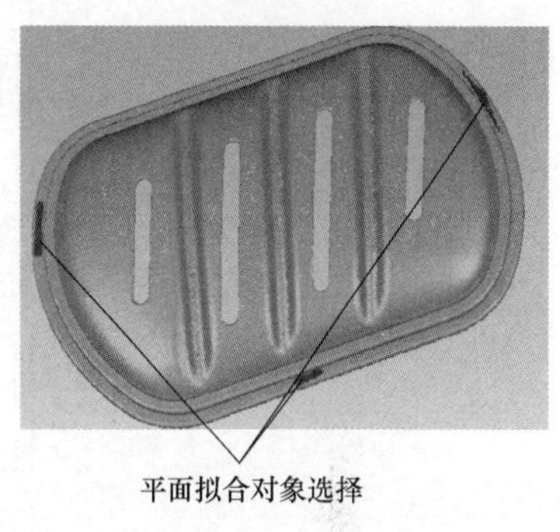

图 3-10 选择平面拟合对象

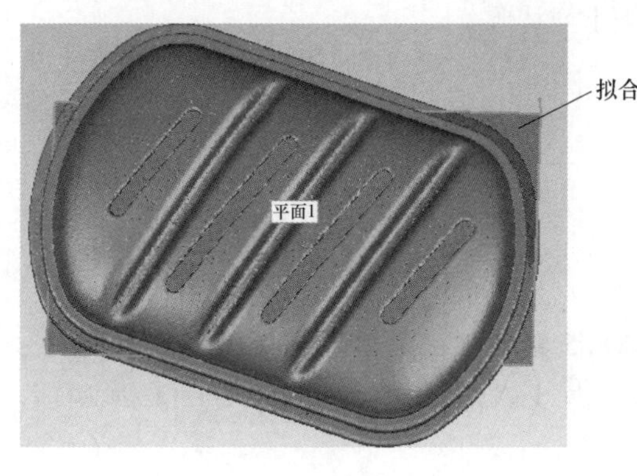

图 3-11 拟合平面结果

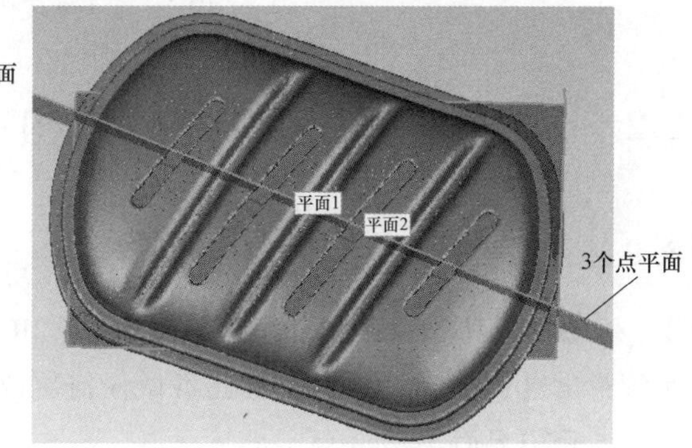

图 3-12 利用“3 个点”创建平面结果

步骤 2：在主菜单栏单击【对齐】选项卡，在【对象对齐】工具条中单击【对齐到全局】按钮，系统弹出【对齐到全局】对话框，如图 3-13 所示，同时视图区显示出 3 个视图。在【对齐到全局】对话框中的【固定：全局】下拉列表框中选择【XY 平面】选项，在【浮动：肥皂壳】列表框中选择【平面 1】选项，单击【创建对】按钮，完成 XY 平面与平面 1 的创建对操作，依此方法完成，YZ 平面与平面 2 的创建对操作，其余参数按系统默认，单击【确定】按钮 确定 ，完成点云数据的对齐创建。

至此，完成了点云数据的噪点处理、封装创建、对齐操作，接下来只要将点云进行保存就可以进行下一步的模型重构操作。(将本节文件保存为 STL 格式文档。)

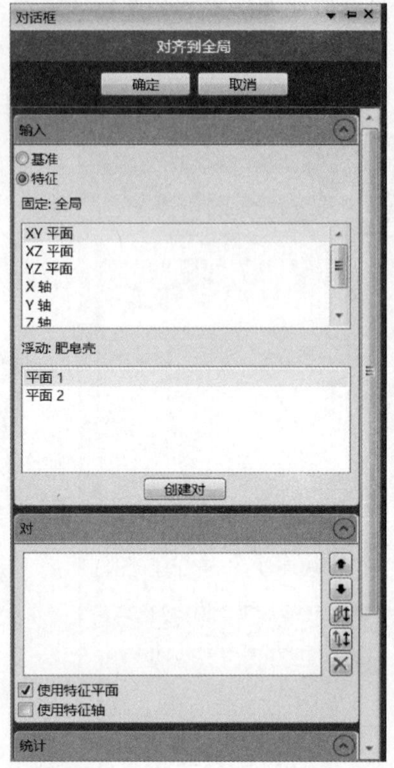

图 3-13 【对齐到全局】对话框

3.2 UG NX8.5 点云数据模型重构

3.2.1 图档导入

步骤 1：双击桌面上的快捷图标，打开 UG NX8.5 软件，在菜单栏选择【新建】命令，系统弹出【新建】对话框，在此不做任何更改，单击【确定】按钮 确定 ，进入 UG NX8.5 用户界面。

步骤 2：在菜单栏中选择【文件】|【导入】|【STL】命令，系统弹出【STL 导入】对话框，如图 3-14 所示。单击【浏览】按钮，选择放置素材文件的文件夹 ch3 并选择“1. stl”文件，其余参数按系统默认，单击【确定】按钮 确定 完成图档的导入操作，结果如图 3-15 所示。

3.2.2 数据重构

步骤 1：利用“移动对象”命令，将导入的图档进行相关的移动和旋转，结果如图 3-16 所示。

步骤 2：创建底部截面线 1。在菜单栏中选择【插入】|【在任务环境中绘制草图】命令，系统弹出【创建草图】对话框，如图 3-17 所示。利用草图工具中的相关命令，完成图 3-18 所示草图的绘制，单击【完成草图】 完成草图按钮。

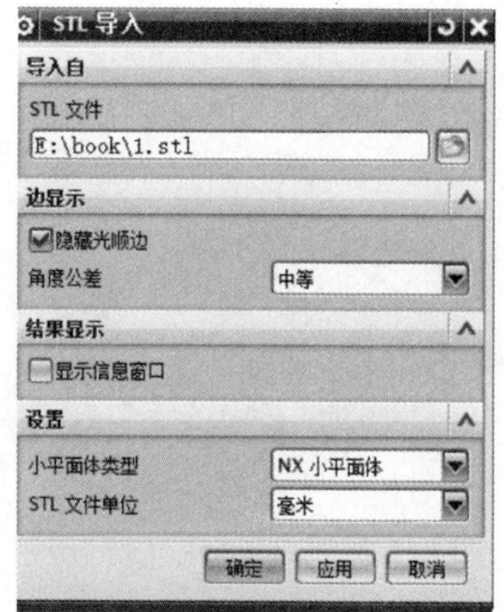

图 3-14 【STL 导入】对话框

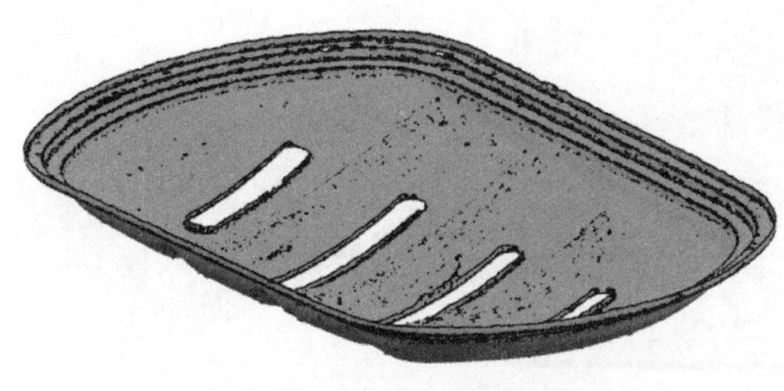

图 3-15　导入 1. stl 图档结果

步骤 3：创建底部截面线 2。在草图环境中选择【偏置曲线】命令，完成内侧底面截面线的创建，结果如图 3-19 所示。

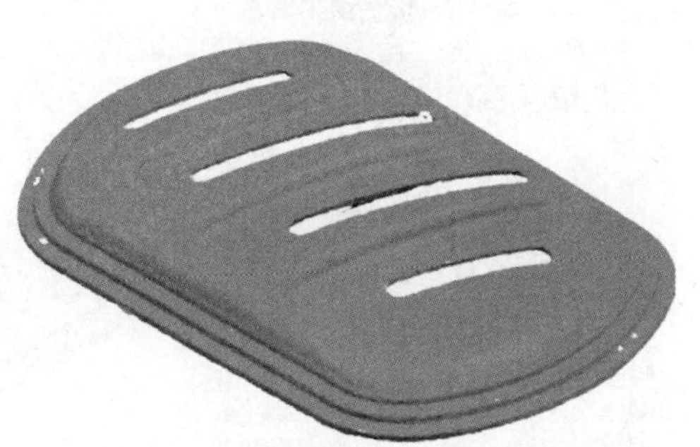

图 3-16　移动对象编辑结果

步骤 4：拉伸底面截面线 1。在菜单栏中选择【插入】|【设计特征】|【拉伸】命令或在【特征】工具条中单击【拉伸】按钮，系统弹出【拉伸】对话框，如图 3-20 所示。在视图区选择底部截面线 1 作为拉伸截面，在【限制】选项区域中的结束【距离】文本框中输入 0.65，其余参数按系统默认，单击【确定】按钮 确定 完成拉伸操作，结果如图 3-21 所示。

图 3-17 【创建草图】对话框

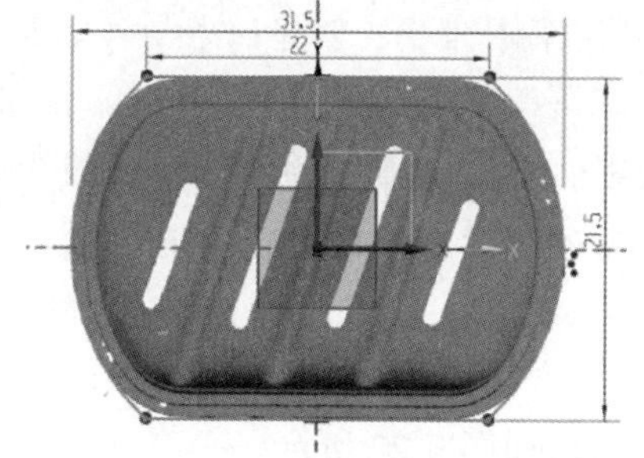

图 3-18　创建底部截面线 1

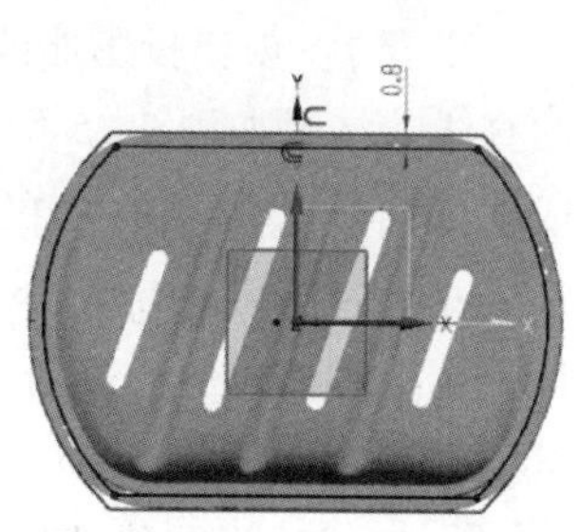

图 3-19　创建底部截面线 2

步骤 5：拉伸底面截面线 2。利用步骤 4 的方法，完成底面截面线 2 的拉伸操作，同时在结束【距离】文本框中输入 1.1，其余参数按系统默认，单击【确定】按钮 确定 完成拉伸操作，结果如图 3-22 所示。

步骤 6：倒圆。在菜单栏中选择【插入】|【细节特征】|【边倒圆】命令或在【特征】工具条中单击【边倒圆】按钮，系统弹出【边倒圆】对话框，如图 3-23 所示。在视图区选择要倒圆的边，倒圆结果如图 3-24 所示。

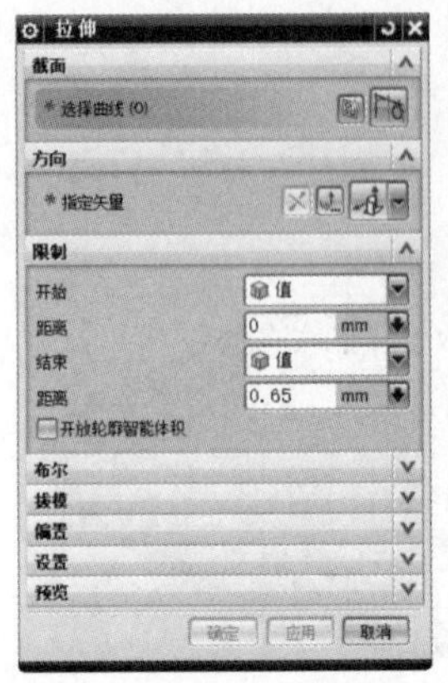

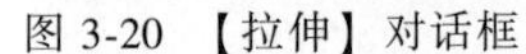

图 3-20 【拉伸】对话框

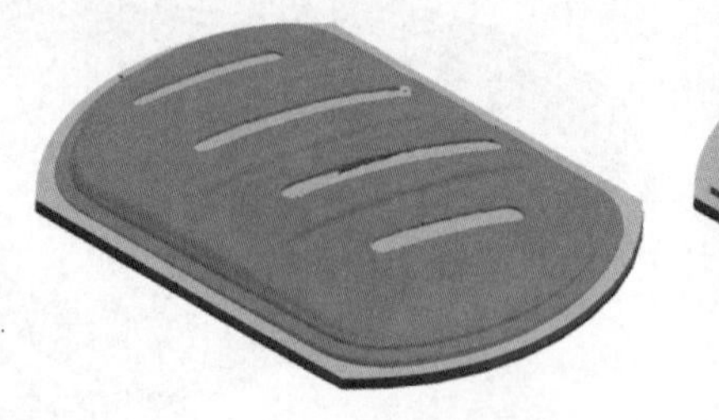

图 3-21 底面截面线 1 拉伸结果

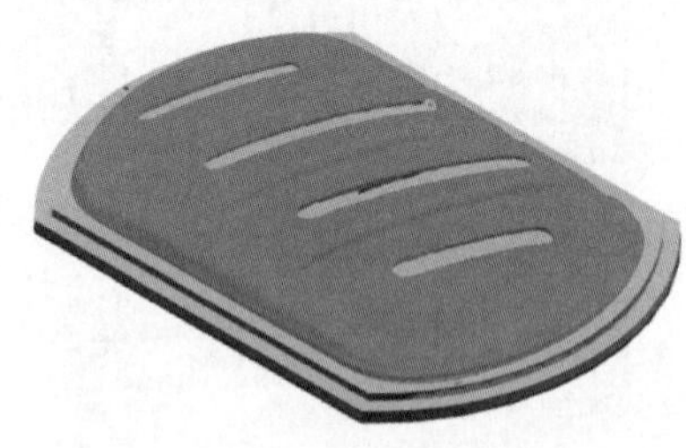

图 3-22 底面截面线 2 拉伸结果

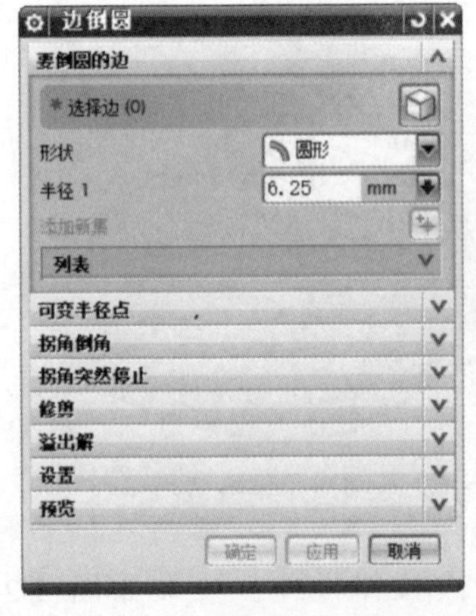

图 3-23 【边倒圆】对话框

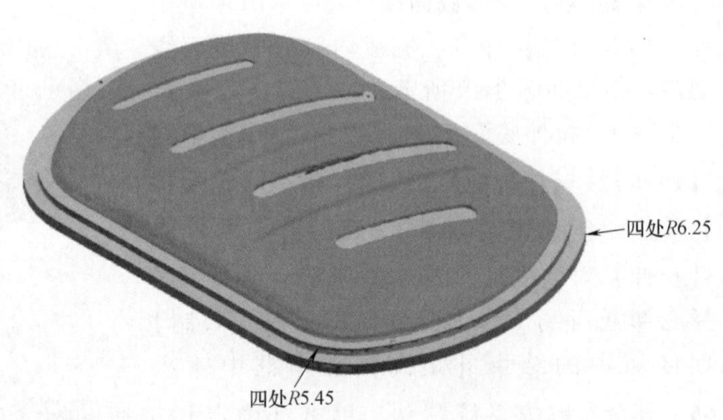

图 3-24 倒圆结果

步骤 7：创建投影曲线。利用草图命令，创建一条与 X 轴重合的直线、一条与 Y 轴重合的直线，结果如图 3-25 所示。在菜单栏中选择【插入】|【来自曲线集的曲线】|【投影】命令或在【曲线】工具条中单击投影曲线按钮，系统弹出【投影曲线】对话框，如图 3-26 所示。在视图区选择与 X 轴、Y 轴重合的直线作为要投影的曲线，然后在视图区选择小平面作为要投影的对象，最后在【投影方向】选项区域中的【方向】下拉列表框中选择【沿矢量】选项，在视图区选择 Z 轴作为投影方向，其余参数按系统默认，单击【确定】按钮确定完成投影曲线的操作，结果如图 3-27 所示。

步骤 8：创建艺术样条曲线。在菜单栏中选择【插入】|【曲线】|【艺术样条】命令或在【曲线】工具条中单击【艺术样条】按钮，系统弹出【艺术样条】对话框，如图 3-28 所示。在视图区选择投影曲线上的相关节点作为艺术样条曲线的通过点，并进行相关调整，创建结果如图 3-29 所示。

利用相同的方法，完成另一侧的艺术样条曲线的创建，结果如图 3-30 所示。

步骤 9：创建偏置曲线。在菜单栏中选择【插入】|【来自曲线集的曲线】|【偏置】命令或在【曲线】工具条中单击【偏置曲线】按钮，系统弹出【偏置曲线】对话框，如图

3-31 所示。在视图区选择肥皂壳中间凸台的边界线作为要偏置的曲线，在【偏置】选项区域中的【距离】文本框中输入 0.8，其余参数按系统默认，单击【确定】按钮 确定 完成偏置曲线的创建。

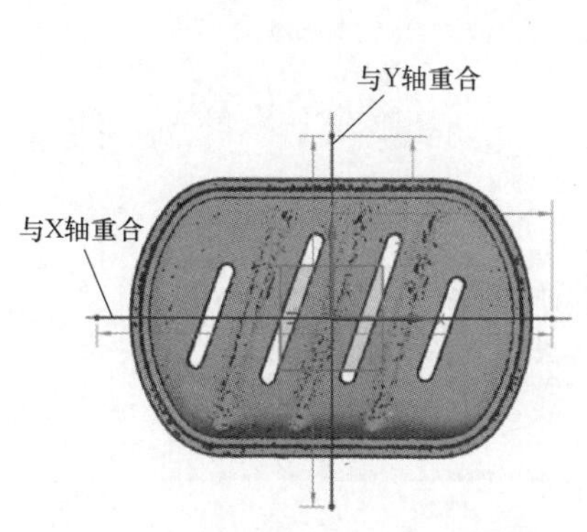

图 3-25　利用草图命令创建曲线结果

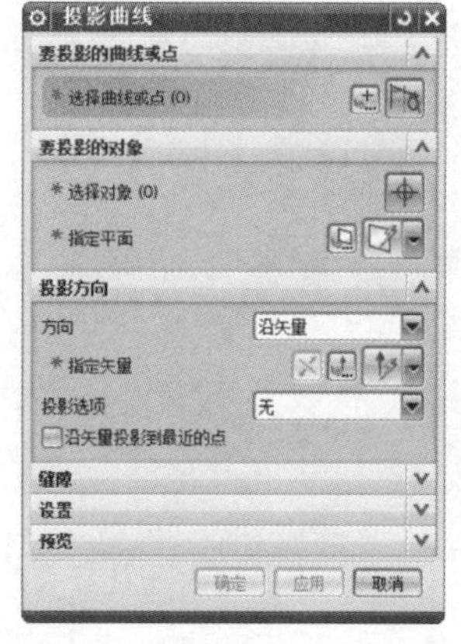

图 3-26　【投影曲线】对话框

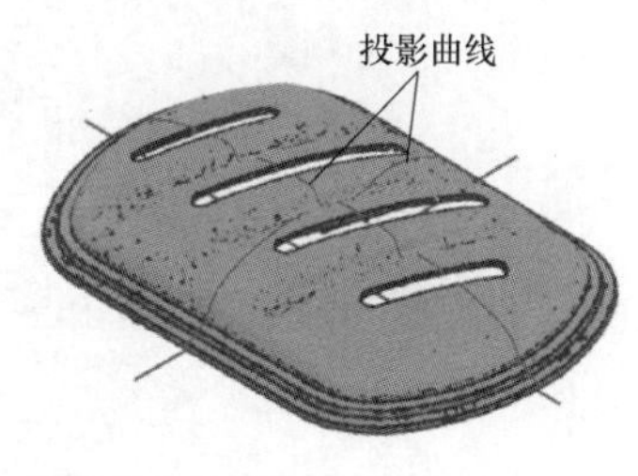

图 3-27　投影曲线结果

图 3-28　【艺术样条】对话框

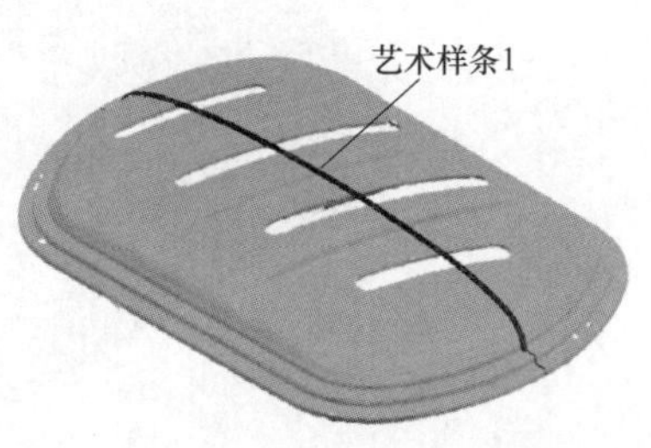

图 3-29　创建艺术样条曲线 1

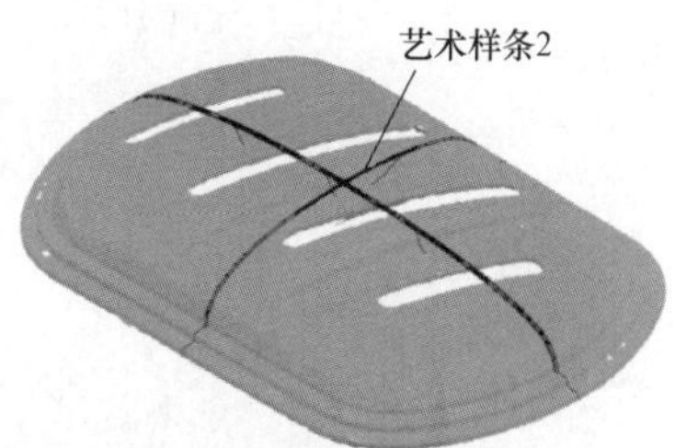

图 3-30　创建艺术样条曲线 2

> 提示：
>
> 如果方向往外，则可以在【偏置】选项区域中单击【反向】按钮，改变偏置方向。

步骤 10：创建通过曲线网格的曲面。在菜单栏中选择【插入】|【网格曲面】|【通过曲线网格】命令或在【曲面】工具条中单击【通过曲线网格】按钮，系统弹出【通过曲线网格】对话框，如图 3-32 所示。选择图 3-33 所示的样条曲线作为主曲线与交叉曲线，其余参数按系统默认，单击【确定】按钮 确定 完成曲面的创建，结果如图 3-34 所示。

> 提示：
>
> 由于在创建艺术样条曲线时未进行参数调整，在创建通过曲线网格曲面时系统会出现【线串不在公差范围内相交】的警告，为了避免这种情况的发生，可以在【通过曲线网格】对话框中更改公差参数，将【设置】选项区域中的【公差】设置为 0.1mm。

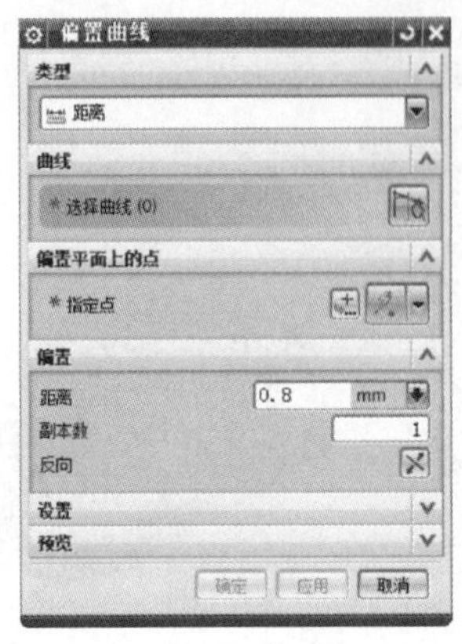

图 3-31 【偏置曲线】对话框

图 3-32 【通过曲线网格】对话框

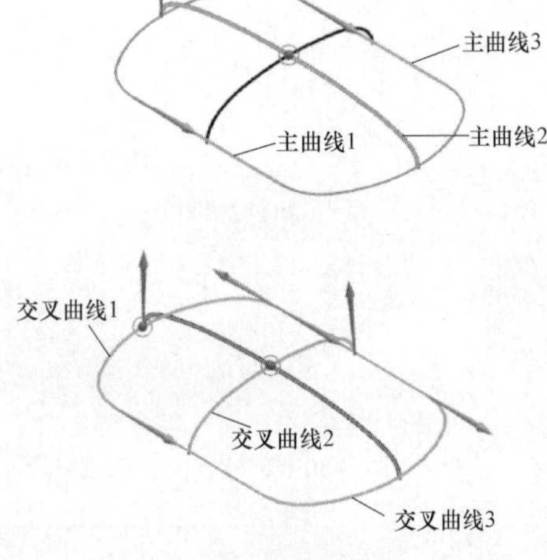

图 3-33 选择曲线段

图 3-34 通过曲线网格创建曲面结果

步骤 11：完成模型的实体化。在菜单栏中选择【插入】|【组合】|【补片】命令或在【特征】工具条中单击【补片】按钮，系统弹出【补片】对话框，如图 3-35 所示。在视图区选择实体作为要修补的体，然后选择图 3-34 所示的曲面作为用于修补的体，其余参数按系统默认，单击【确定】按钮 确定 完成实体补片的创建，结果如图 3-36 所示。

> 提示：
>
> 将【补片】对话框的中公差设置为 0.1mm；如果在补片时出现补片方向相反时，则在【要移除的目标区域】选项区域中更改方向。

如果本章节的点云数据有内部结构的扫描，则需要完成内部结构的重建。本例中点云数据的内部细节不在此处详细讲解，最终完成结果如图 3-37 所示。

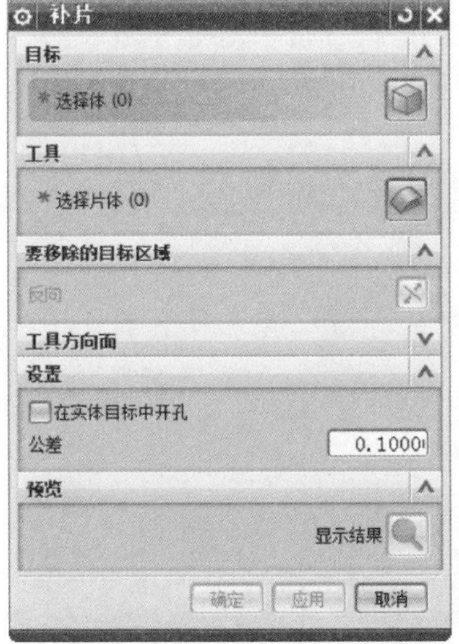

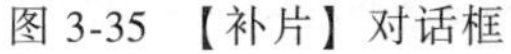
图 3-35　【补片】对话框

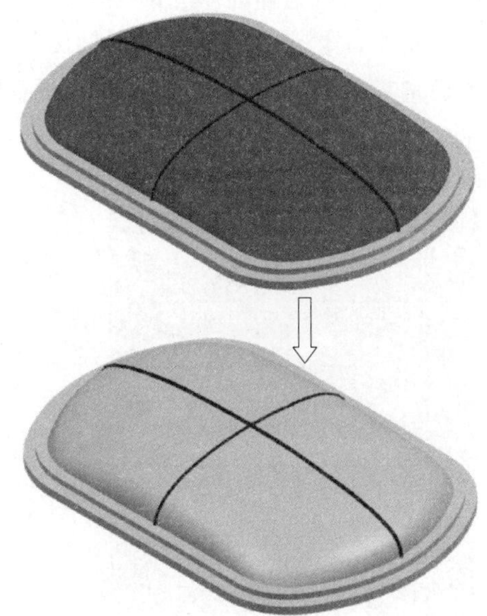

图 3-36　补片结果

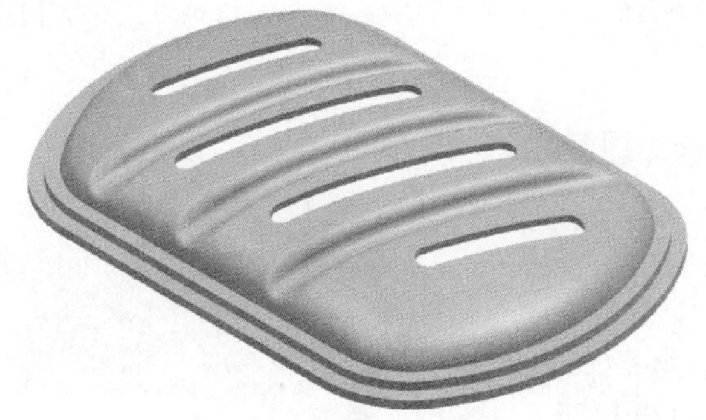

图 3-37　肥皂壳重构结果

3.3　UG NX8.5 拉手逆向建模

3.3.1　拉手图档导入

步骤 1：打开 NX8.5 软件，在菜单栏中选择【新建】命令，系统弹出【新建】对话框，在此不做任何更改，单击【确定】按钮 确定 ，进入 NX8.5 用户界面。

步骤 2：在菜单栏中选择【文件】|【导入】|【STL】命令，系统弹出【STL 导入】对话框，如图 3-38 所示。单击【浏览】按钮，选择放置素材文件的文件夹 ch3 并选择【ls. stl】文件，其余参数按系统默认，单击 确定 按钮完成图档的导入操作，结果如图 3-39 所示。

3.3.2　拉手数据重构

步骤 1：创建小平面体曲率。在菜单栏中选择【分析】|【形状】|【小平面体曲率】命令，

系统弹出【小平面体曲率】对话框，如图 3-40 所示。在视图区选择导入的图档文件，然后在【阈值半径】选项区域中的【凹的】文本框中输入 1，在【凸的】文本框中输入 15，其余参数按系统默认，单击【确定】按钮 确定 完成小平面体曲率的创建，结果如图 3-41 所示。

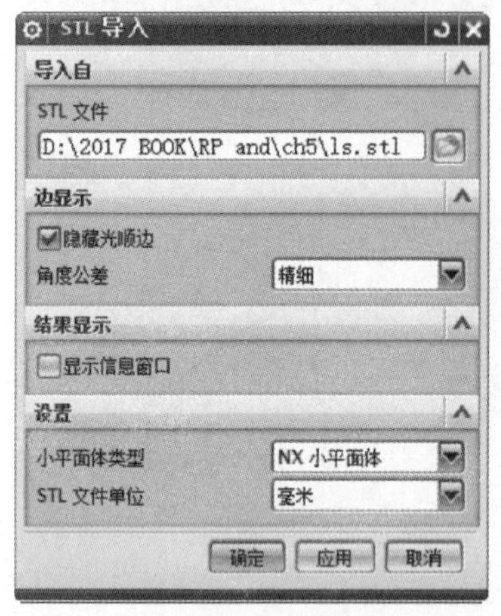

图 3-38 【STL 导入】对话框

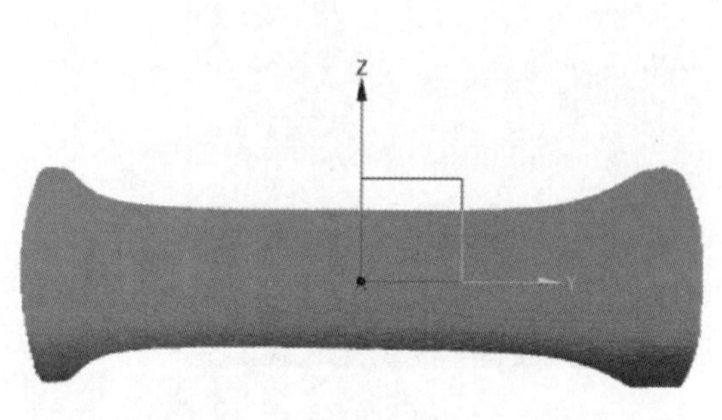

图 3-39 导入【1s. stl】图档结果

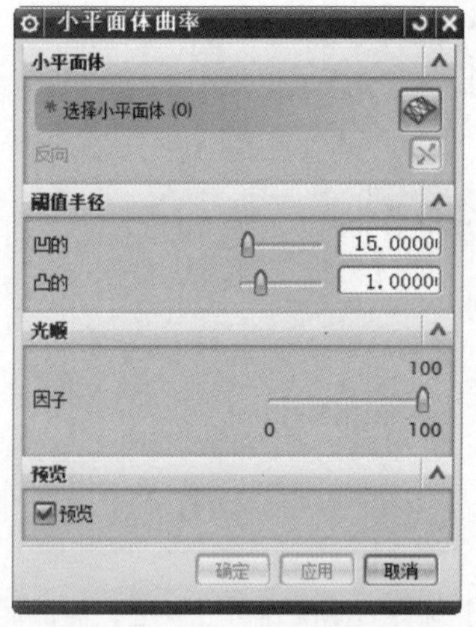

图 3-40 【小平面体曲率】对话框

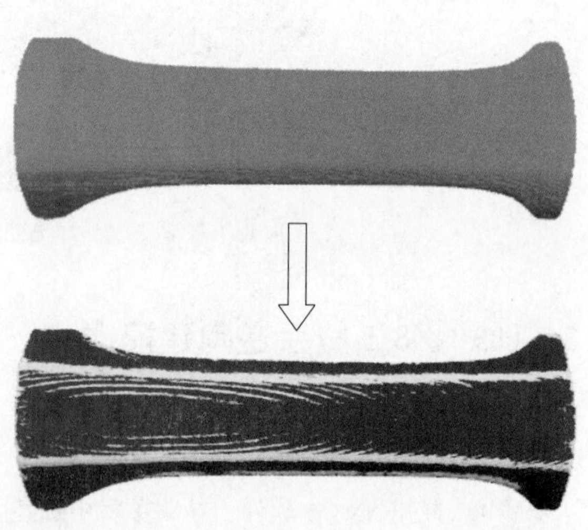

图 3-41 小平面体曲率创建结果

步骤 2：绘制艺术样条曲线。在菜单栏中选择【插入】|【曲线】|【艺术样条】命令或在【曲线】工具条中单击【艺术样条】按钮，系统弹出【艺术样条】对话框，如图 3-42 所示。在【类过滤器】工具中打开【点在面上】选项，然后在视图区沿着小平面体上的点创建图 3-43 所示的艺术样条曲线。

利用相同的方法，完成两边的艺术样条曲线的创建，最终结果如图 3-44 所示。

图 3-42 【艺术样条】对话框

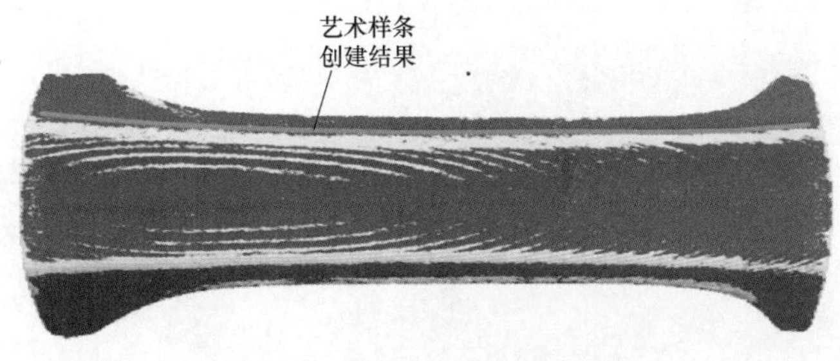

图 3-43　一侧艺术样条曲线创建结果

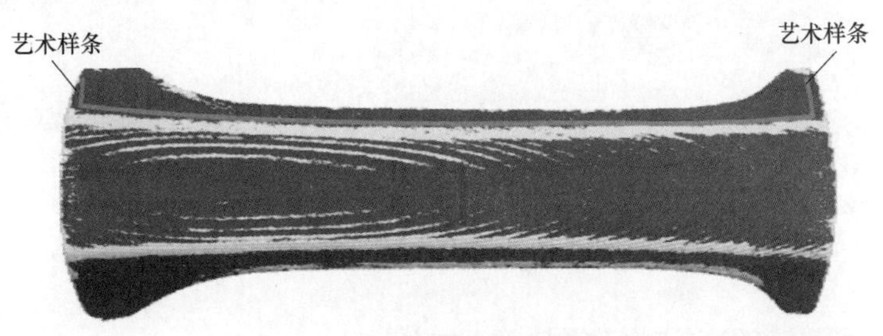

图 3-44　两侧艺术样条曲线创建结果

> 提示：
> 创建小平面体曲率的目的是为了区分凹凸区域，方便创建区域面范围。

步骤 3：创建艺术曲面。在菜单栏中选择【插入】|【网格曲面】|【艺术曲面】命令或在【曲面】工具条中单击【艺术曲面】按钮，系统弹出【艺术曲面】对话框，如图 3-45 所示。在视图区选择图 3-43 所示的艺术样条作为截面（主要）曲线，选择图 3-44 所示的艺术样条作为引导（交叉）曲线，其余参数按系统默认，单击【确定】按钮< 确定 >完成艺术曲面的创建，结果如图 3-46a 所示。

步骤 4：利用步骤 2 和步骤 3 的方法，完成其他两个面的创建，结果如图 3-46b 所示。

> 提示：
> 本节介绍的逆向建模是粗放的操作，要保证各个面的精度，需要花费时间进行微调和编辑，本节不再进行详细介绍。如果需要进行微调，则可以选择【编辑】|【曲面】|【X 成形】命令进行曲面微调，读者可自行操作。

由于各个面都未相交，可以通过扩大面的方法使用各个面相交。

步骤 5：扩大曲面。在菜单栏中选择【编辑】|【曲面】|【扩大】命令或在【扩大曲面】工具条中单击【扩大曲面】按钮，系统弹出【扩大】对话框，如图 3-47 所示。在视图区选择其中一个面作为要扩大的对象，按需进行拖拉扩大。

利用相同方法，完成其余面的扩大，最终结果如图 3-48 所示。

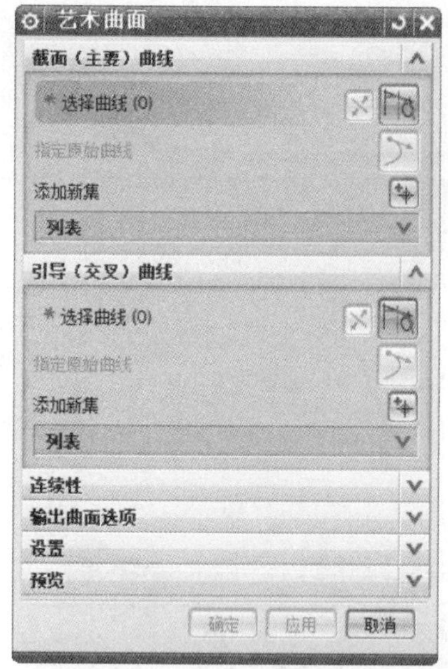

图 3-45 【艺术曲面】对话框

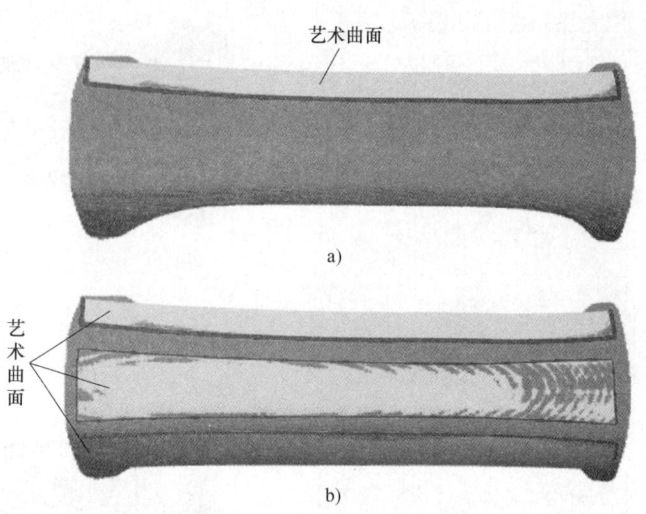

图 3-46 艺术曲面创建结果

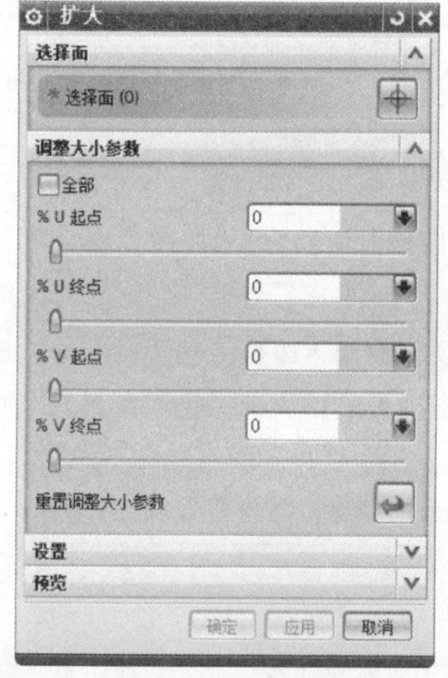

图 3-47 【扩大】对话框

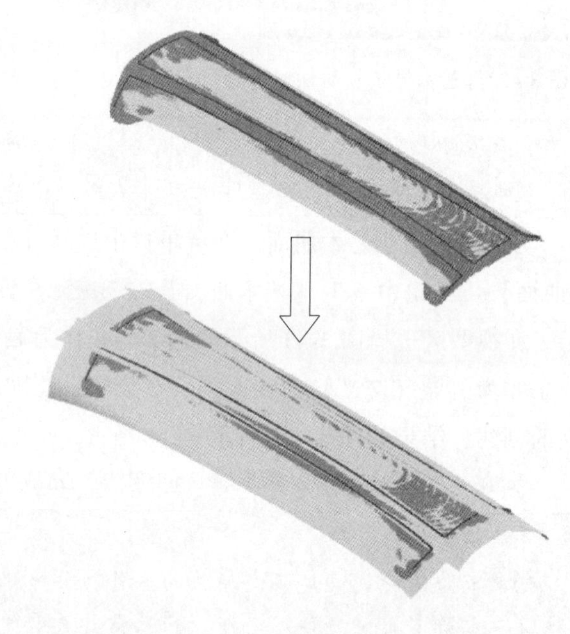

图 3-48 扩大曲面结果

步骤 6：创建面倒圆。在菜单栏中选择【插入】|【细节特征】|【面倒圆】命令或在【特征】工具条中单击【面倒圆】按钮，系统弹出【面倒圆】对话框，如图 3-49 所示。在视图区选择其中一个面作为要倒圆的对象 1，然后选择另一面作为要倒圆的对象 2。在【半径】文本框中输入 15，其余参数按系统默认，单击【确定】按钮确定完成面倒圆创建，结果如图 3-50a 所示。

利用相同方法，完成另一侧面倒圆的创建，最终结果如图 3-50b 所示。

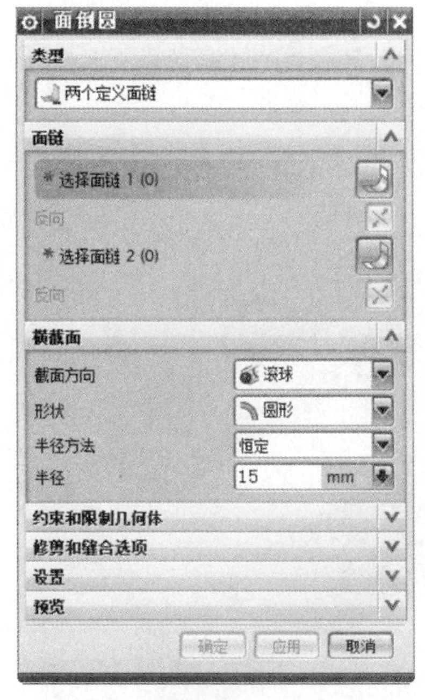

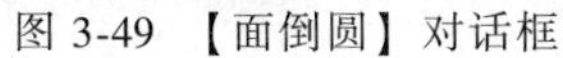

图 3-49 【面倒圆】对话框

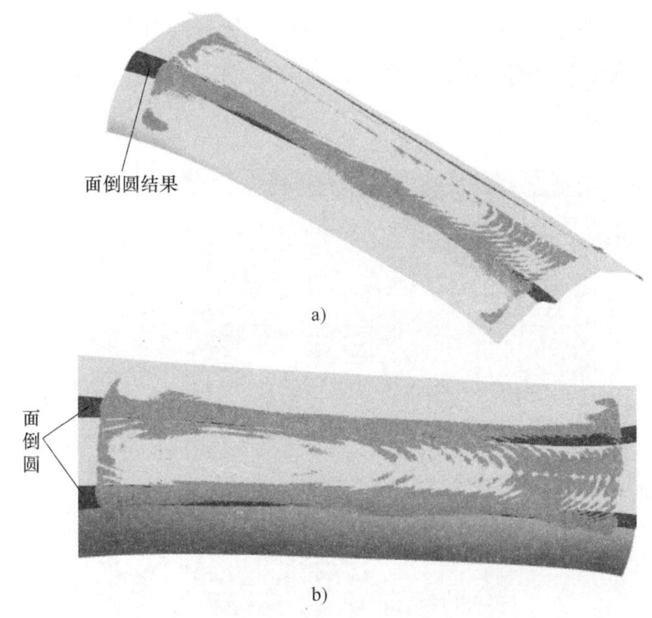

图 3-50　面倒圆创建结果

步骤 7：创建外形轮廓线段。在菜单栏中选择【插入】|【曲线】|【艺术样条】命令或在【曲线】工具条中单击【艺术样条】按钮，系统弹出【艺术样条】对话框，如图 3-43 所示。在视图区沿着小平面体的外轮廓进行线段描线，最终结果如图 3-51 所示。

步骤 8：创建拉伸体。在菜单栏中选择【插入】|【设计特征】|【拉伸】命令或在【特征】工具条中单击【拉伸】按钮，系统弹出【拉伸】对话框，如图 3-52 所示。在视图区选择图 3-51 所示的线段作为拉伸截面，并沿 Z 方向两侧进行拉伸，其余参数按系统默认，单击【确定】按钮 确定 完成拉伸体创建，结果如图 3-53 所示。

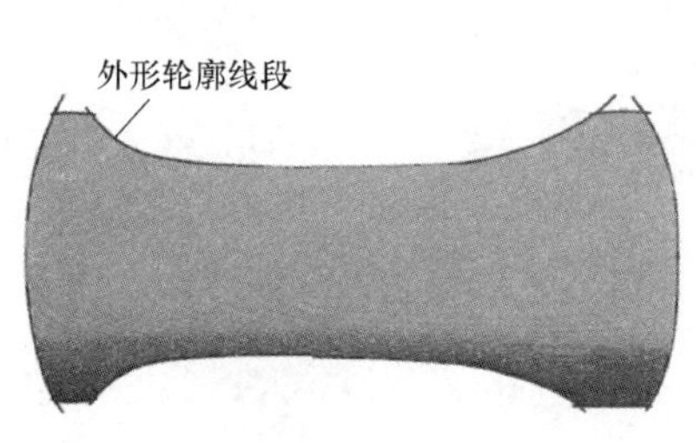

图 3-51　外轮廓线段创建结果

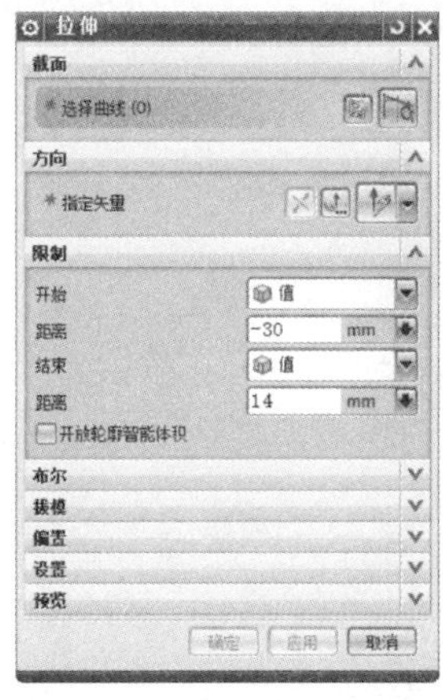

图 3-52 【拉伸】对话框

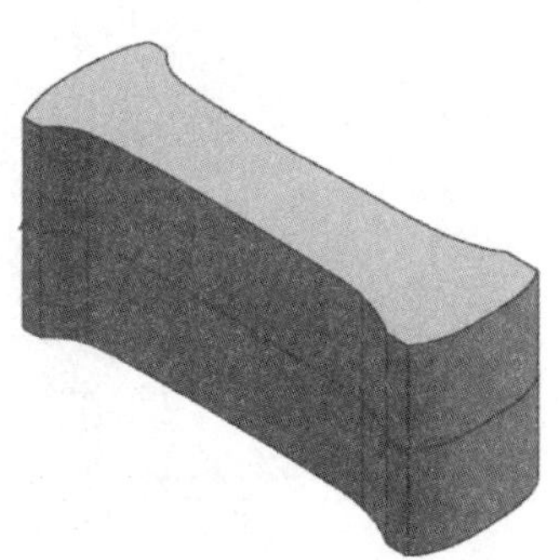

图 3-53　拉伸结果

步骤 9：创建修剪体。在菜单栏中选择【插入】|【修剪】|【修剪体】命令或在【特征】工具条中单击【修剪体】按钮，系统弹出【修剪体】对话框，如图 3-54 所示。在视图区选择实体作为要修剪的目标体，选择片体作为修剪的工具体，其余参数按系统默认，单击【确定】按钮确定完成修剪体的创建，结果如图 3-55 所示。

图 3-54 【修剪体】对话框

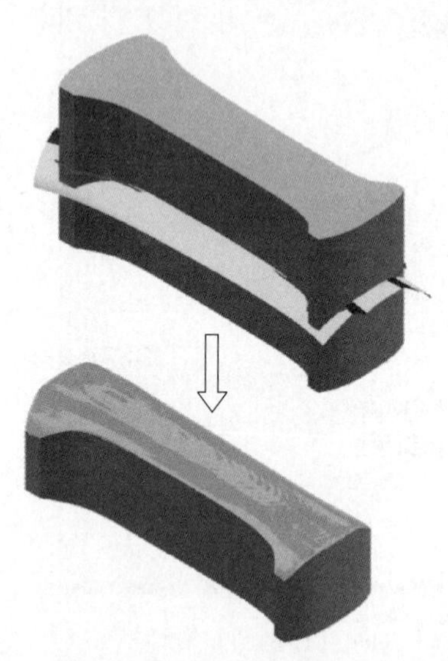

图 3-55 修剪体创建结果

步骤 10：创建抽壳。在菜单栏中选择【插入】|【偏置/缩放】|【抽壳】命令或在【特征】工具条中单击【抽壳】按钮，系统弹出【抽壳】对话框，如图 3-56 所示。在视图区选择 4 个侧面与底面作为要穿透的面，在【厚度】文本框中输入 2，其余参数按系统默认，单击【确定】按钮确定完成抽壳的创建，结果如图 3-57 所示。

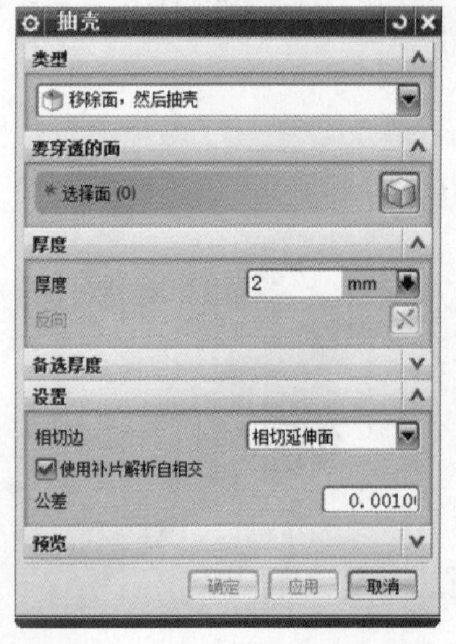

图 3-56 【抽壳】对话框

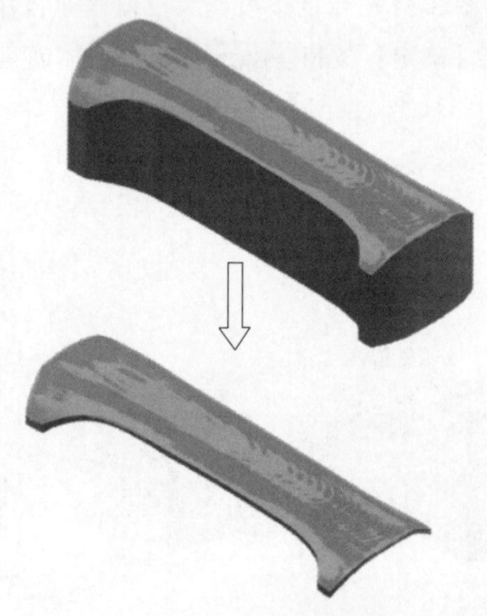

图 3-57 抽壳创建结果

步骤 11：创建倒圆角。在菜单栏中选择【插入】|【细节特征】|【边倒圆】命令或在【特征】工具条中单击【边倒圆】按钮，系统弹出【边倒圆】对话框。在视图区选择直角边作为倒圆对象，其余参数按系统默认，单击【确定】按钮完成边倒圆的创建，结果如图 3-58 所示。

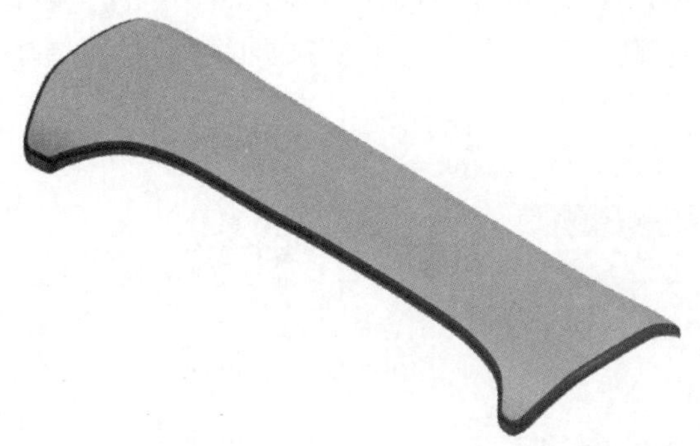

图 3-58　边倒圆创建结果

3.4　UG NX8.5 挂钩逆向建模

3.4.1　挂钩图档导入

步骤 1：双击桌面快捷图标，打开 UG NX8.5 软件，在菜单栏中选择【新建】命令，系统弹出【新建】对话框，在此不做任何更改，单击【确定】按钮，进入 UG NX8.5 用户界面。

步骤 2：在菜单栏选择【文件】|【导入】|【STL】命令，系统弹出【STL 导入】对话框，如图 3-59 所示。单击【浏览】按钮，选择放置素材文件的文件夹 ch3 并选择【gou. stl】文件，其余参数按系统默认，单击【确定】按钮完成图档的导入操作，结果如图 3-60 所示。

图 3-59　【STL 导入】对话框

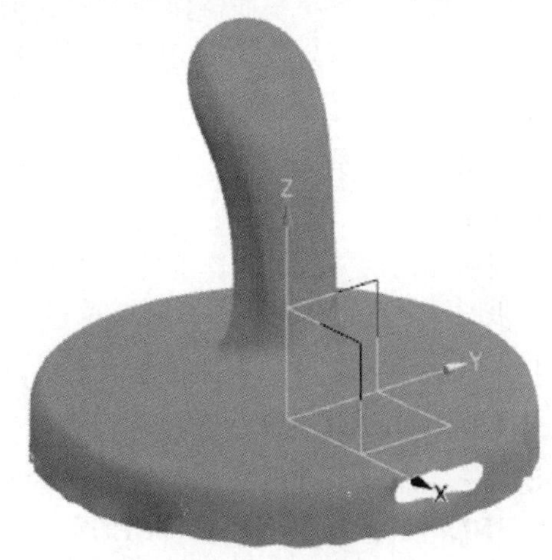

图 3-60　导入【gou. stl】图档结果

3.4.2 挂钩数据重构

步骤 1：创建小平面体曲率。在菜单栏中选择【分析】|【形状】|【小平面体曲率】命令，系统弹出【小平面体曲率】对话框，如图 3-61 所示。在视图区选择导入的图档文件，然后在【阈值半径】选项区域中的【凹的】文本框中输入 8，在【凸的】文本框中输入 3，其余参数按系统默认，单击【确定】按钮 确定 完成小平面体曲率的创建，结果如图 3-62 所示。

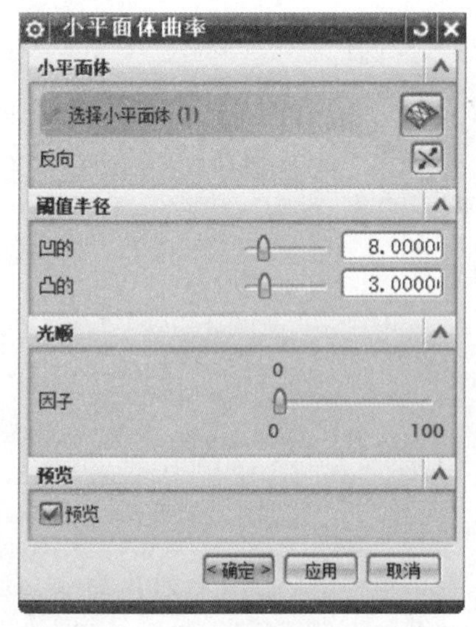

图 3-61 【小平面体曲率】对话框

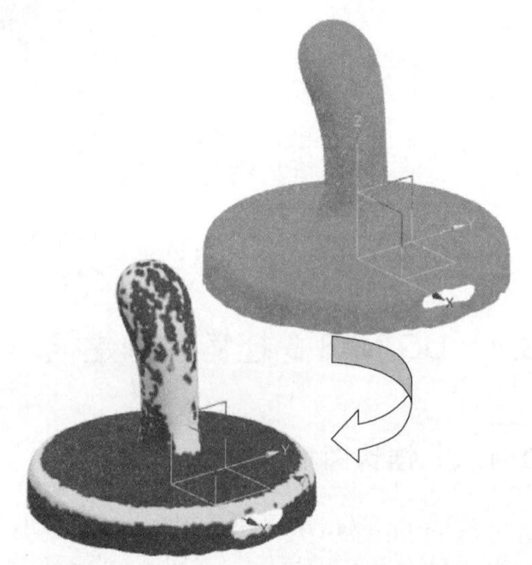

图 3-62 小平面体曲率创建结果

步骤 2：修剪小平面体。在菜单栏中选择【编辑】|【小平面体】|【剪断】命令或在【选择条】工具条中单击【剪断】按钮，系统弹出【剪断小平面体】对话框，如图 3-63 所示。

在视图区选择小平面体作为要细分的小平面体，并绘制图 3-64 所示的边界作为切割边界，然后在【区域定义】选项区域中选择绘制的边界内部的一点作为保留区域。在【设置】选项区域中选中【编辑副本】复选框，在【边界小平面】选项区域中选中【移除】单选按钮，其余参数按系统默认，单击【确定】按钮 确定 完成小平面体的修剪操作，结果如图 3-65 所示。

利用相同的方法，再次完成小平面体的修剪，结果如图 3-66 所示。

步骤 3：创建拟合曲面。在菜单栏中选择【插入】|【曲面】|【拟合曲面】命令或在【曲面】工具条中单击【拟合曲面】按钮，系统弹出【拟合曲面】对话框，如图 3-67 所示。在【类型】下拉列表框中选择【拟合球】选项，在视图区选择图 3-66 所示的小平面体作为目标对象，然后在【拟合条件】选项区域中选中【半径】复选框，并在【半径】文本框中输入 350，同时取消选中【封闭的】复选框，其余参数按系统默认，单击【确定】按钮 确定 完成拟合曲面的创建操作，结果如图 3-68 所示。

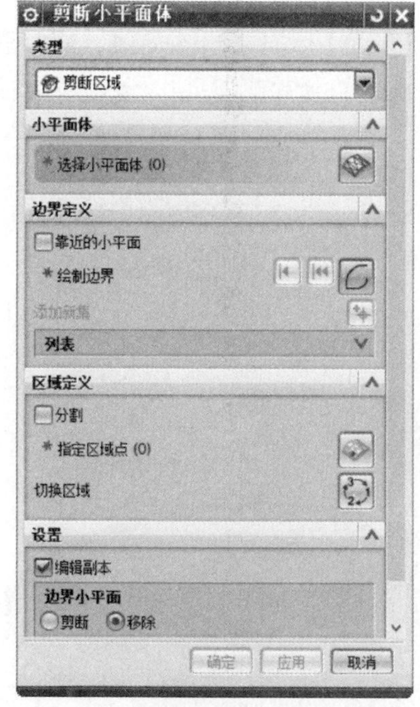

图 3-63 【剪断小平面体】对话框

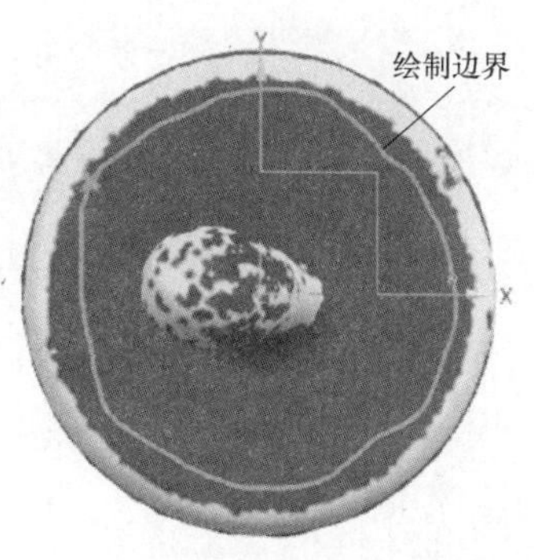

图 3-64　绘制边界结果

图 3-65　修剪小平面体 1

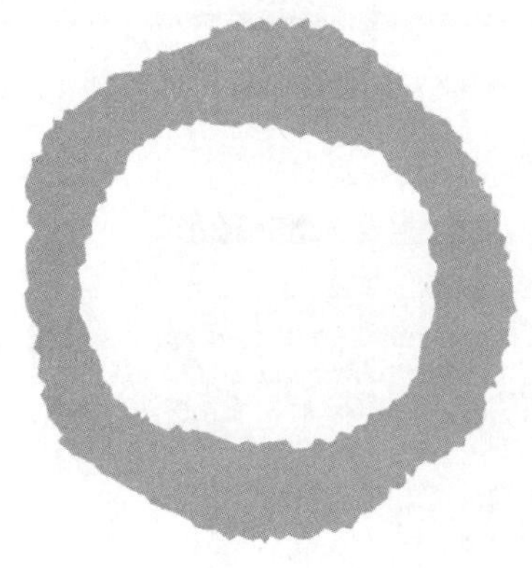

图 3-66　修剪小平面体 2

步骤 4：拟合底面。在菜单栏中选择【编辑】|【小平面体】|【剪断】命令或在【选择条】工具条中单击【剪断】按钮，系统弹出【剪断小平面体】对话框，如图 3-69 所示。在视图区选择小平面体作为要细分的小平面体，并绘制图 3-70 所示的边界作为切割边界，然后在【区域定义】选项区域中选择绘制的边界内部的一点作为保留区域。在【设置】选项区域中选中【编辑副本】复选框，在【边界小平面】选项区域中选中【移除】单选按钮，其余参数按系统默认，单击【确定】按钮 确定 完成小平面体的修剪操作，结果如图 3-71 所示。

在菜单栏中选择【插入】|【曲面】|【拟合曲面】命令或在【曲面】工具条中单击【拟合曲面】按钮，系统弹出【拟合曲面】对话框，如图 3-67 所示。在【类型】下拉列表框

中选择【拟合圆锥】选项，在视图区选择图 3-71 所示的小平面体作为目标对象，然后在【拟合条件】选项区域中选中【半角】复选框，并在【半角】文本框中输入 1，同时取消选中【封闭的】复选框，其余参数按系统默认，单击【确定】按钮 确定 完成拟合底面的操作，结果如图 3-72 所示。

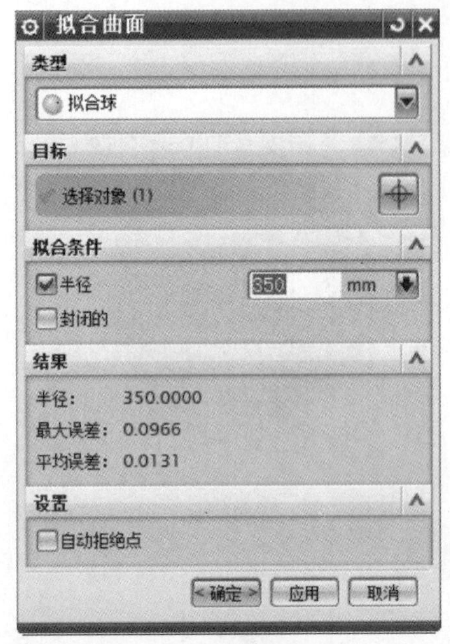

图 3-67 【拟合曲面】对话框

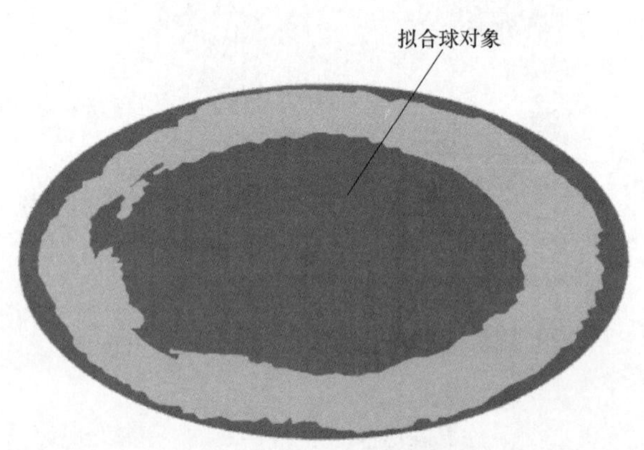

图 3-68 拟合曲面创建结果

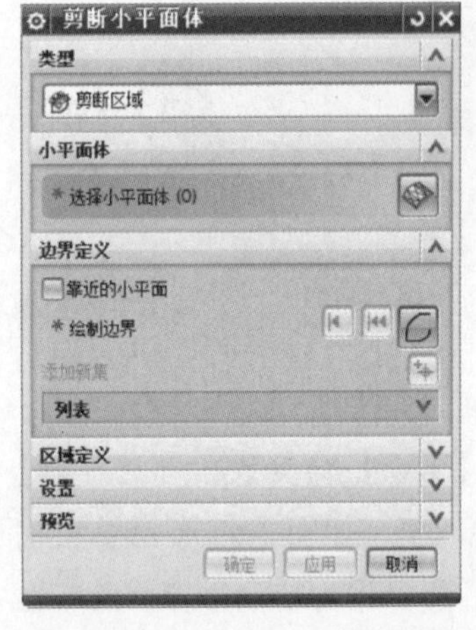

图 3-69 【剪断小平面体】对话框

图 3-70 绘制边界结果

图 3-71 剪断小平面体结果

步骤 5：延伸曲面与圆锥面。在菜单栏中选择【插入】|【修剪】|【修剪和延伸】命令或在【特征】工具条中单击【修剪和延伸】按钮，系统弹出【修剪和延伸】对话框，如图 3-73 所示。在【类型】下拉列表框中选择【制作拐角】选项，在视图区选择拟合曲面的边界作为要修剪或延伸的边，选择拟合圆锥的顶部边界作为限制边，其余参数按系统默认，单

击【确定】按钮确定完成修剪和延伸曲面的操作，结果如图 3-74 所示。

步骤 6：创建倒圆角。在菜单栏中选择【插入】|【细节特征】|【边倒圆】命令或在【特征】工具条中单击【边倒圆】图标按钮，系统弹出【边倒圆】对话框。在视图区选择图 3-75 所示的边作为倒圆边界，在【半径 1】文本框中输入 5，其余参数按系统默认，单击【确定】按钮确定完成边倒圆的创建，结果如图 3-76 所示。

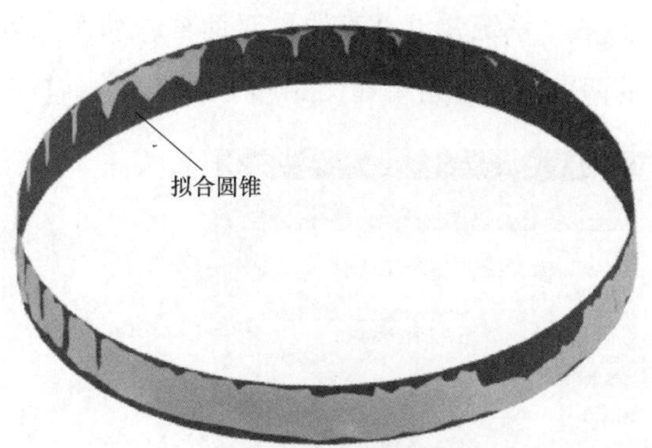

图 3-72 拟合底面结果

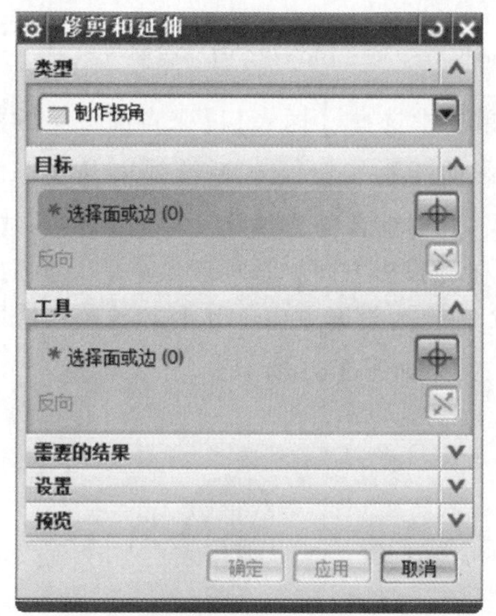

图 3-73 【修剪和延伸】对话框

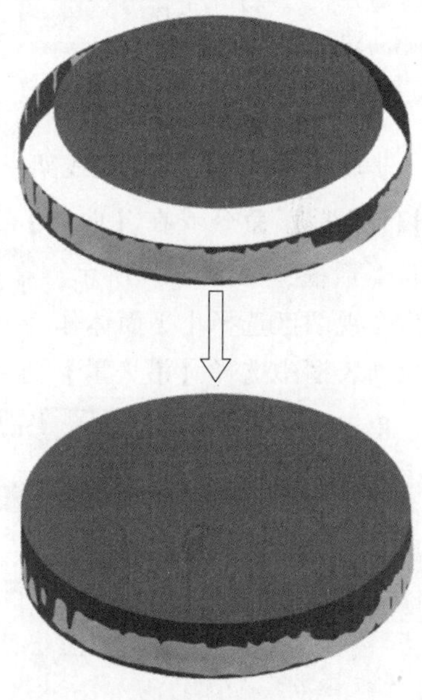

图 3-74 修剪和延伸曲面创建结果

图 3-75 边倒圆边界选择结果

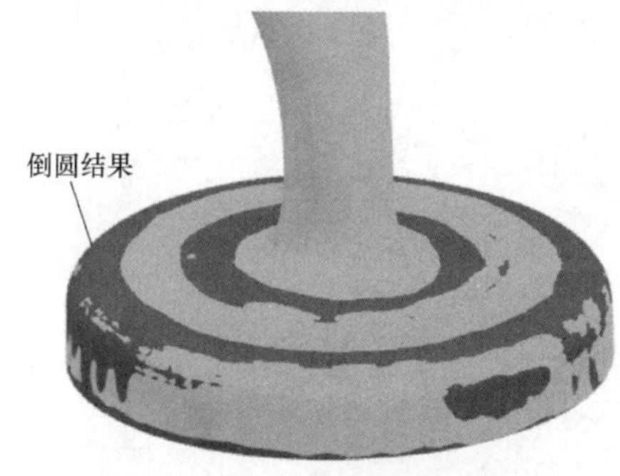

图 3-76 边倒圆创建结果

步骤 7：创建挂钩特征线架——截面曲线。在【直接草图】工具条中单击【草图】按钮，系统弹出【创建草图】对话框，如图 3-77 所示。在【直接草图】工具条中单击【直线】

按钮，系统弹出【直线】对话框，如图 3-78 所示。在视图区绘制分别与 X 轴和 Y 轴重合的两条直线，结果如图 3-79 所示，单击【完成草图】按钮完成直线绘制。

图 3-77 【创建草图】对话框

图 3-78 【直线】对话框

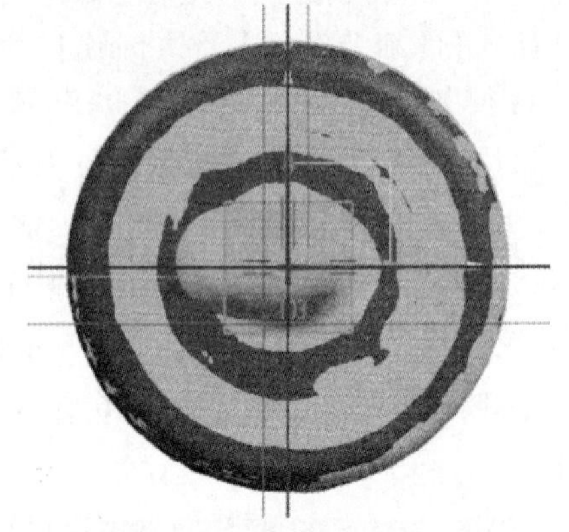

图 3-79 直线绘制结果

步骤 8：创建挂钩特征线架——投影曲线。在菜单栏中选择【插入】|【来自曲线集的曲线】|【投影】命令或在【曲线】工具条中单击【投影曲线】按钮，系统弹出【投影曲线】对话框，如图 3-80 所示。在视图区选择与 X 轴、Y 轴重合的直线作为要投影的曲线，然后在视图区选择小平面体作为要投影的对象，最后在【投影方向】选项区域中的【方向】下拉列表框中选择【沿矢量】选项，在视图区选择 Z 轴作为投影方向，其余参数按系统默认，单击【确定】按钮完成投影曲线的创建，结果如图 3-81 所示。

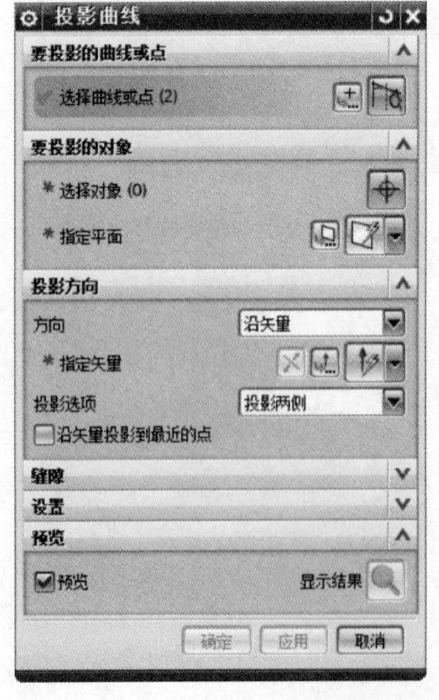

图 3-80 【投影曲线】对话框

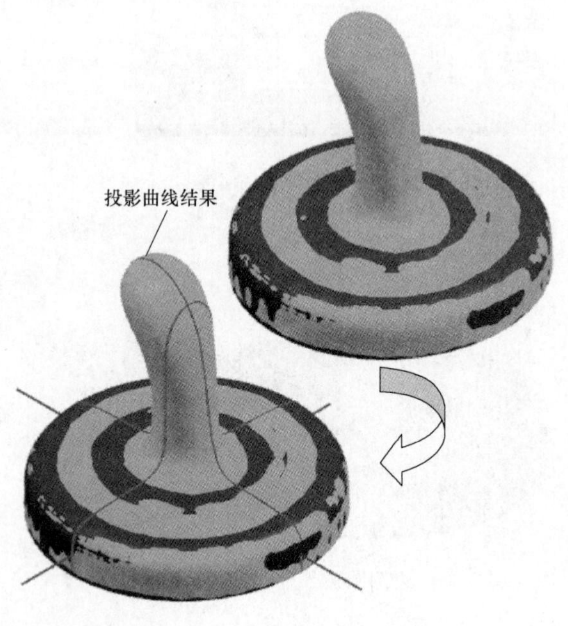

图 3-81 投影曲线创建结果

步骤 9：创建挂钩特征线架——前视图直线段。在【直接草图】工具条中单击【草图】按钮，系统弹出【创建草图】对话框。在【直接草图】工具条中单击【直线】按钮，系统弹出【直线】对话框，在视图区绘制分别与 X 轴和 Y 轴重合的两条直线，结果如图 3-82 所示，单击【完成草图】按钮完成草图完成直线的绘制。

步骤 10：创建挂钩特征线架——截面投影曲线。在菜单栏中选择【插入】|【来自曲线集的曲线】|【投影】命令或在【曲线】工具条中单击【投影曲线】按钮，系统弹出【投影曲线】对话框，如图 3-80 所示。在视图区选择图 3-82 所示的直线作为要投影的曲线，然后在视图区选择小平面体作为要投影的对象，最后在【投影方向】选项区域中的【方向】下拉列表框中选择【沿矢量】选项，在视图区选择 Z 轴作为投影方向，其余参数按系统默认，单击【确定】按钮 确定 完成投影曲线的创建，结果如图 3-83 所示。

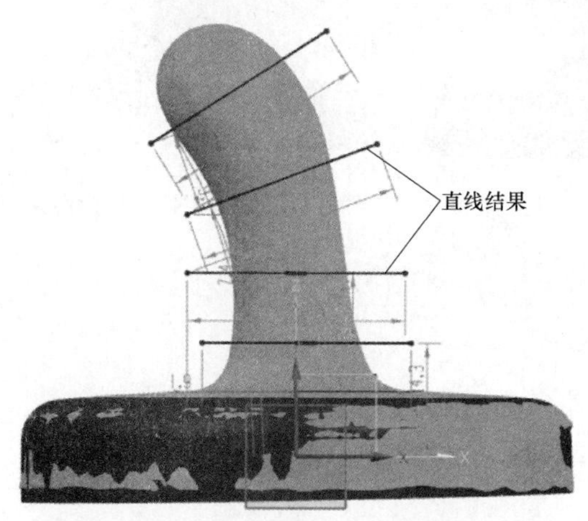

图 3-82　前视图截面直线创建结果

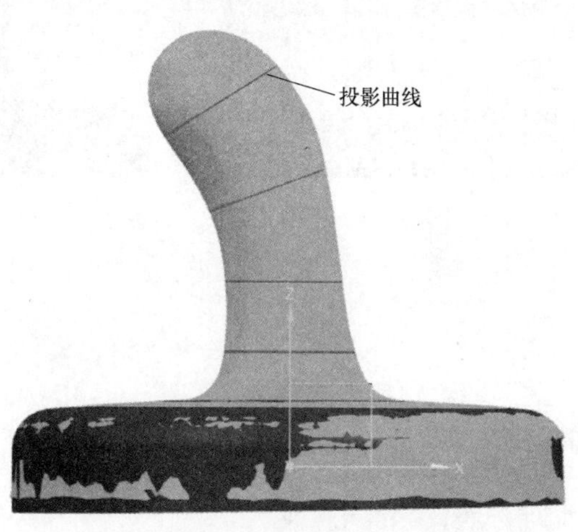

图 3-83　前视图投影曲线创建结果

步骤 11：创建挂钩特征线架——截面线段 1。在菜单栏中选择【插入】|【曲线】|【艺术样条】命令或在【曲线】工具条中单击【艺术样条】按钮，系统弹出【艺术样条】对话框，如图 3-84 所示。在视图区沿着图 3-83 所示的底部样条进行描点画线，并在【艺术样条】对话框中的【参数化】选项区域中选中【封闭的】复选框，单击【确定】按钮，完成截面线段 1 的创建，结果如图 3-85 所示。

利用相同的方法，完成剩余截面线段的创建，最终结果如图 3-86 所示。

步骤 12：创建挂钩特征线架——截面线段 2。在菜单栏中选择【插入】|【曲线】|【直线】命令或在【曲线】工具条中单击【直线】按钮，系统弹出【直线】对话框，如图 3-87 所示。在视图区选择原点作为直线起点，创建一条平行于 Z 轴的直线，结果如图 3-88 所示。在菜单栏中选择【插入】|【曲线】|【艺术样条】命令或在【曲线】工具条中单击【艺术样条】按钮，系统弹出【艺术样条】对话框，在视图区绘制图 3-89 所示的艺术样条曲线。

步骤 13：创建挂钩特征线架——前视图投影线。在菜单栏中选择【插入】|【来自曲线集的曲线】|【投影】命令或在【曲线】工具条中单击【投影曲线】按钮，系统弹出【投影曲线】对话框，在视图区选择图 3-89 所示的艺术样条曲线作为要投影的曲线，然后在视图

区选择小平面体作为要投影的对象。在【投影方向】选项区域中的【方向】下拉列表框中选择【沿矢量】选项，在视图区选择 Y 轴作为投影方向，其余参数按系统默认，单击【确定】按钮 确定 完成前视图投影曲线的创建，结果如图 3-90 所示。

图 3-84 【艺术样条】对话框

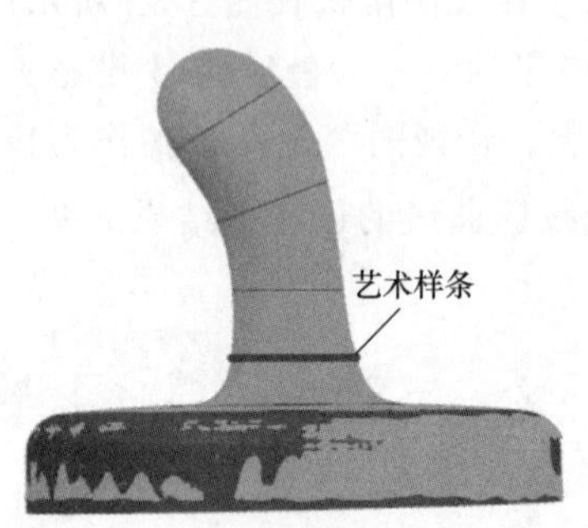

图 3-85 截面线段 1 创建结果

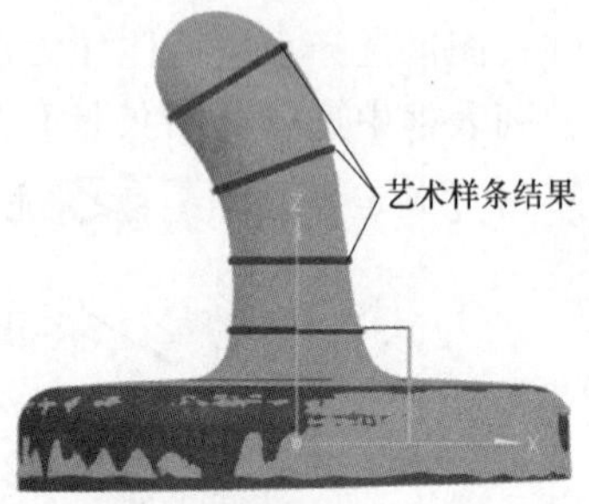

图 3-86 截面线段 2 创建结果

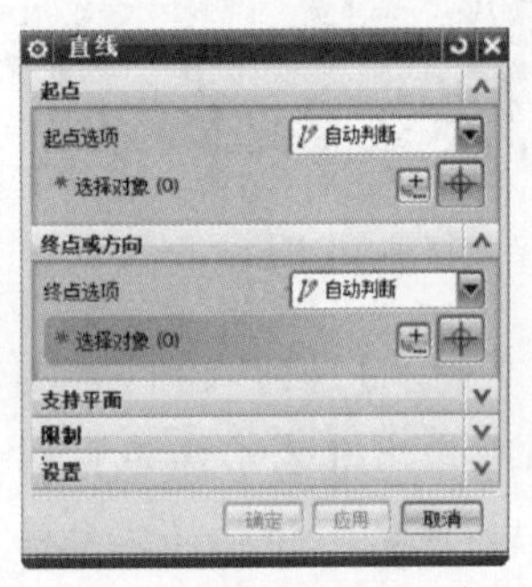

图 3-87 【直线】对话框

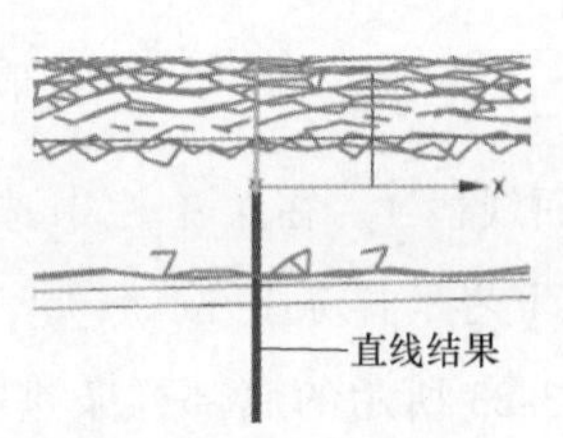

图 3-88 直线创建结果

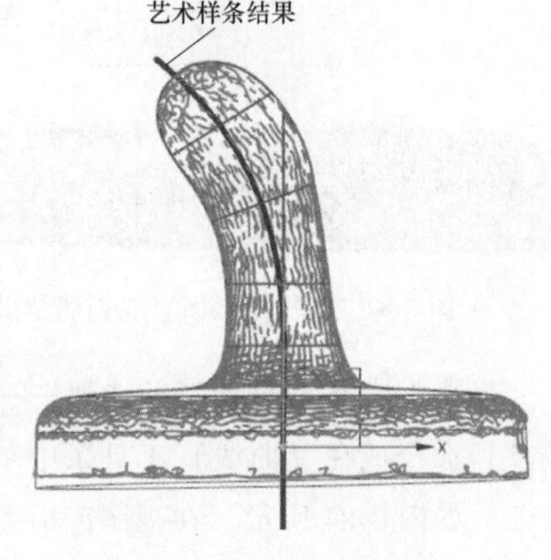

图 3-89 艺术样条曲线创建结果

步骤 14：创建挂钩特征线架——纵向截面线。在菜单栏中选择【插入】|【曲线】|【艺术样条】命令或在【曲线】工具条中单击【艺术样条】按钮，系统弹出【艺术样条】对话框，在视图区沿着图 3-90 所示的样条进行描点画线，并在【艺术样条】对话框中的【参数化】选项区域中取消选中【封闭的】复选框，结果如图 3-91 所示。

利用相同的方法，完成平行于 X 轴的艺术样条曲线的创建，结果如图 3-92 所示。

步骤 15：创建挂钩特征——网格曲面。在菜单栏中选择【插入】|【网格曲面】|【通过曲线网格】命令或在【曲面】工具条中单击【通过曲线网格】按钮，系统弹出【通过曲线网格】对话框，如图 3-93 所示。在视图区选择图 3-94 所示的样条作为主曲线，选择图 3-95 所示的样条作为交叉曲线，然后在【设置】选项区域中的【体类型】下拉列表框中

选择【片体▼】选项，其余参数按系统默认，单击【确定】按钮 确定 完成网格曲面的创建，结果如图 3-96 所示。

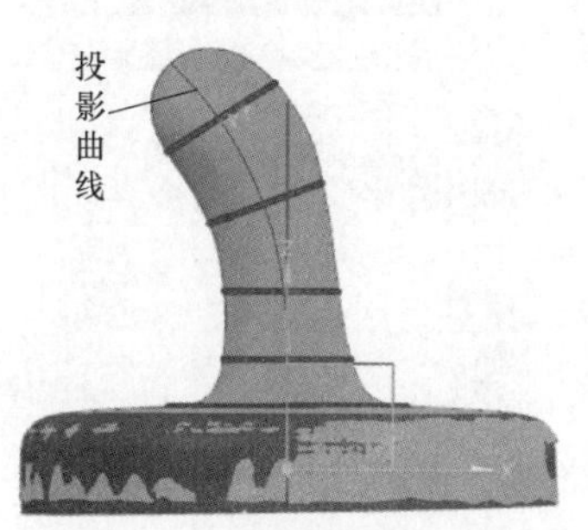

图 3-90　前视图投影曲线创建结果

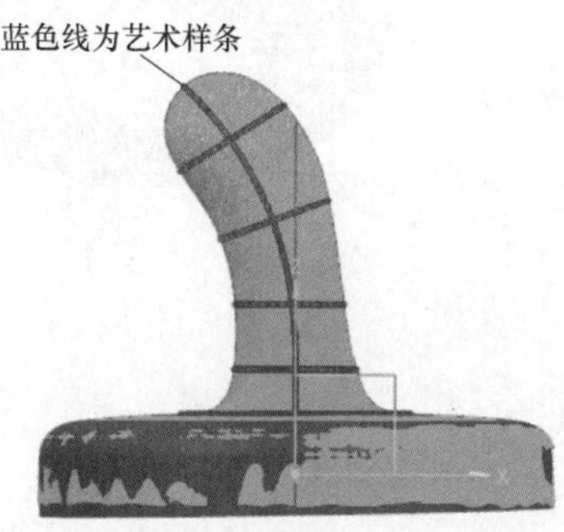

图 3-91　纵向截面线 1 创建结果

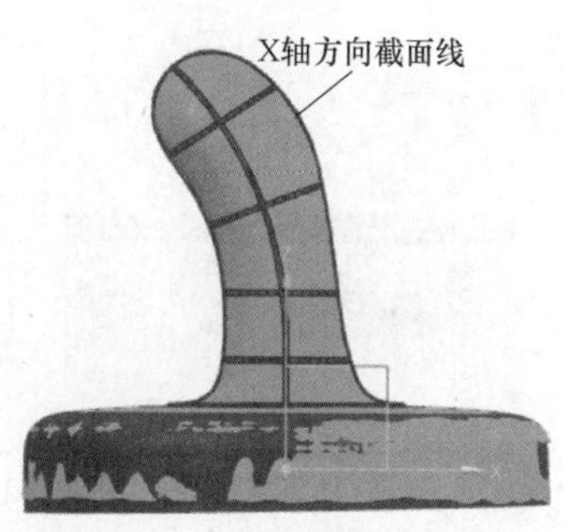

图 3-92　纵向截面线 2 创建结果

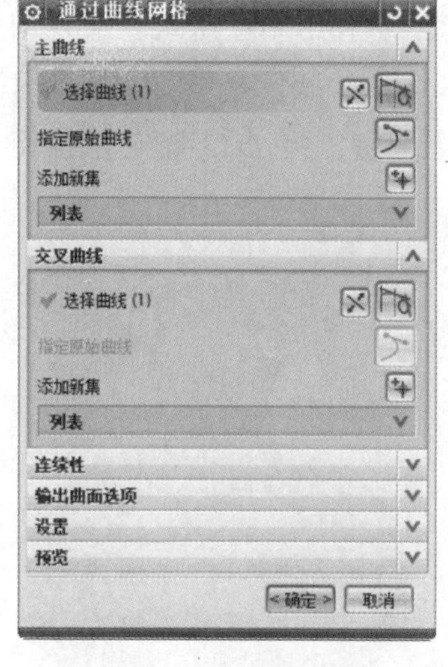

图 3-93　【通过曲线网格】对话框

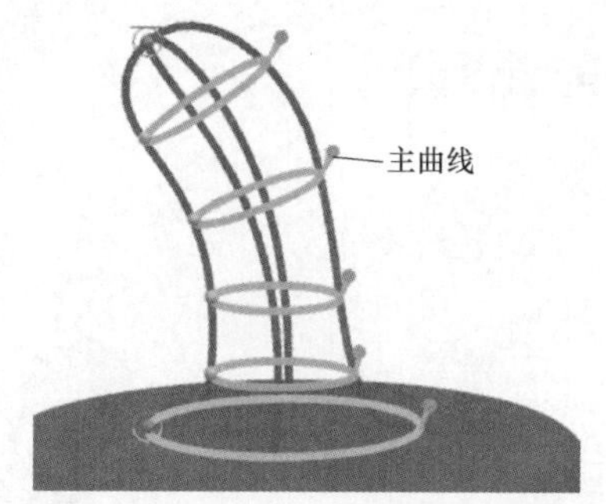

图 3-94　选择主曲线

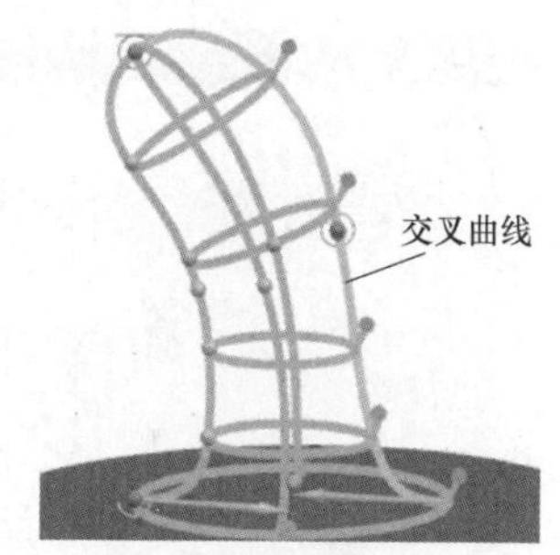

图 3-95　选择交叉曲线

步骤 16：底座实体化。在菜单栏中选择【插入】|【曲面】|【有界平面】命令或在【曲面】工具条中单击【有界平面】按钮，系统弹出【有界平面】对话框，如图 3-97 所示。在视图区选择底座的边界作为有界平面的曲线，其余参数按系统默认，单击【确定】按钮 确定 完成有界平面的创建，结果如图 3-98 所示。在菜单栏中选择【插入】|【组合】|【缝合】命令或在【特征】工具条中单击【缝合】按钮，系统弹出【缝合】对话框，如图 3-99 所示。在视图区选择底座曲面作为目标对象，选择有界平面作为工具对象，其余参数按系统默认，单击【确定】按钮 确定 完成底座实体化的操作。

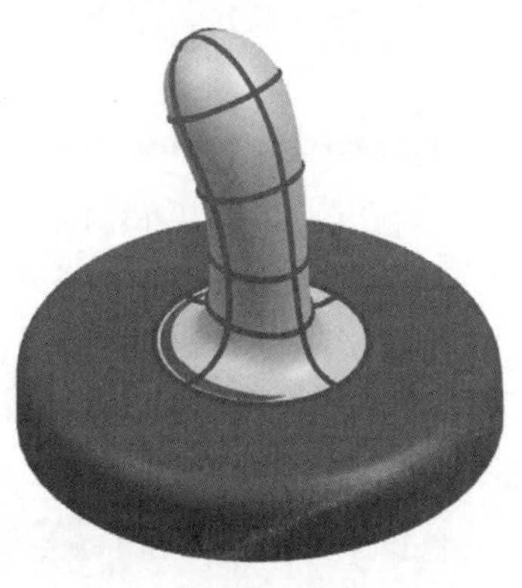

图 3-96　挂钩特征创建结果

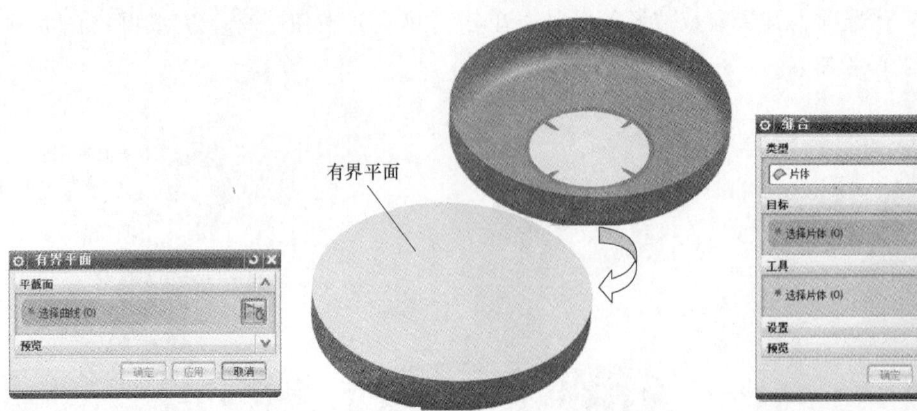

图 3-97 【有界平面】对话框　　图 3-98 有界平面创建结果　　图 3-99 【缝合】对话框

步骤 17：合并底座与挂钩。在菜单栏中选择【插入】|【组合】|【补片】命令或在【特征】工具条中单击【补片】按钮，系统弹出【补片】对话框，如图 3-100 所示。在视图区选择底座实体作为目标体，然后选择网格曲面对象作为用于修补的体，最后在【设置】选项区域中选中【在实体目标中开孔】复选框，其余参数按系统默认，单击【确定】按钮 确定 完成补片的创建，结果如图 3-101 所示。

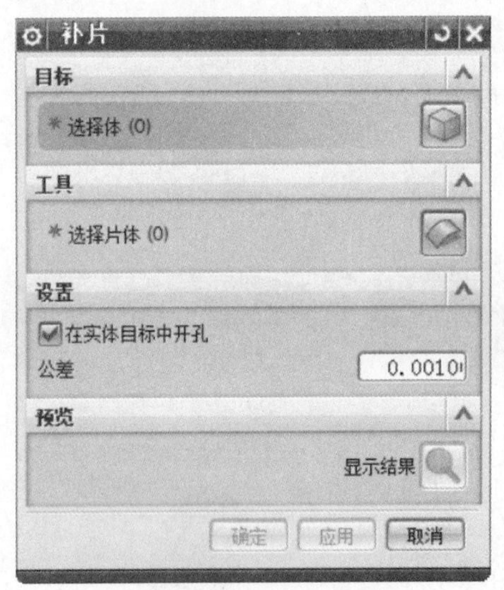

图 3-100 【补片】对话框

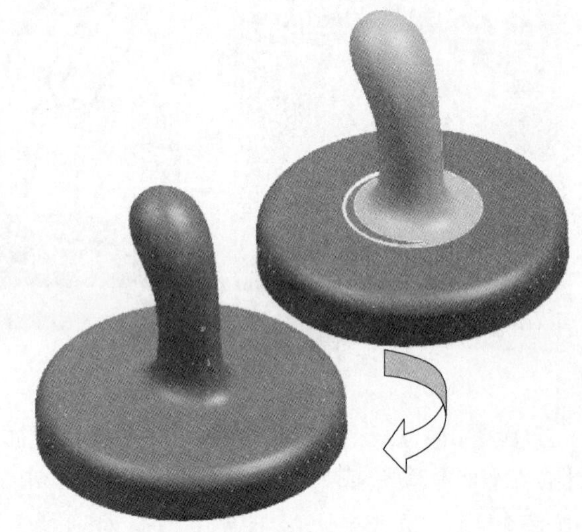

图 3-101 补片创建结果

步骤 18：创建挂钩抽壳。在菜单栏中选择【插入】|【偏置/缩放】|【抽壳】命令或在【特征】工具条中单击【抽壳】按钮，系统弹出【抽壳】对话框，如图 3-102 所示。在视图区选择底座的底面作为要移除的面，在【厚度】文本框中输入 1.5，其余参数按系统默认，单击【确定】按钮 确定 完成抽壳的创建，结果如图 3-103 所示。

步骤 19：创建切口。在菜单栏中选择【插入】|【设计特征】|【拉伸】命令或在【特征】工具条中单击【拉伸】按钮，系统弹出【拉伸】对话框。在【拉伸】对话框中单击

【截面】选项区域中的【绘制截面】按钮，系统弹出【创建草图】对话框，如图 3-104 所示。在视图区选择 YZ 平面作为草图平面，其余参数按系统默认，单击【确定】按钮 确定 进入草图环境。利用草图工具完成草图的绘制，绘制结果如图 3-105 所示，并在【草图】工具条中单击【完成草图】按钮 完成草图，系统返回【拉伸】对话框。在【拉伸】对话框的结束【距离】文本框中输入 50，在【布尔】选项区域中选择【求差】选项，其余参数按系统默认，单击【确定】按钮 确定 完成拉伸操作，结果如图 3-106 所示。

图 3-102　【抽壳】对话框

图 3-103　挂钩抽壳创建结果

图 3-104　【创建草图】对话框

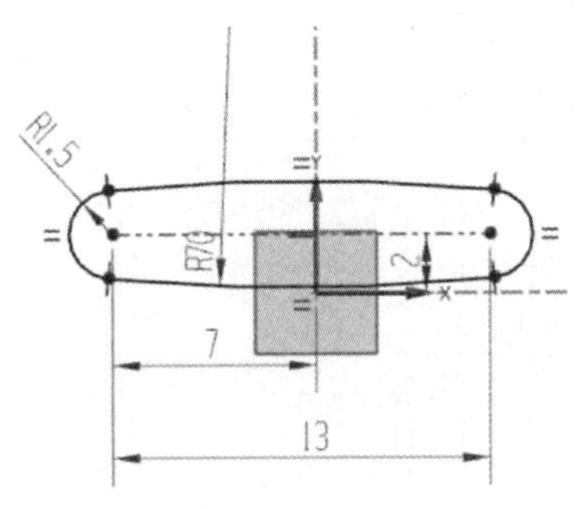

图 3-105　草图绘制结果

图 3-106　拉伸结果

3.5　UG NX8.5 头盔逆向建模

3.5.1　头盔图档导入

步骤 1：双击桌面图标，打开 UG NX8.5 软件。在菜单栏中选择【文件】|【新建】命令，或在【标准】工具条中单击【新建】按钮，系统弹出【新建】对话框。在【名称】文本框中输入 toukui，其余参数按系统默认，单击【确定】按钮 确定 进入用户界面。

步骤2：在菜单栏中选择【文件】|【导入】|【STL】命令，系统弹出【STL导入】对话框，如图3-107所示。单击【浏览】按钮，选择放置素材文件的文件夹ch3并选择toukui.stl文件，其余参数按系统默认，单击【确定】按钮 确定 完成图档的导入操作，结果如图3-108所示。

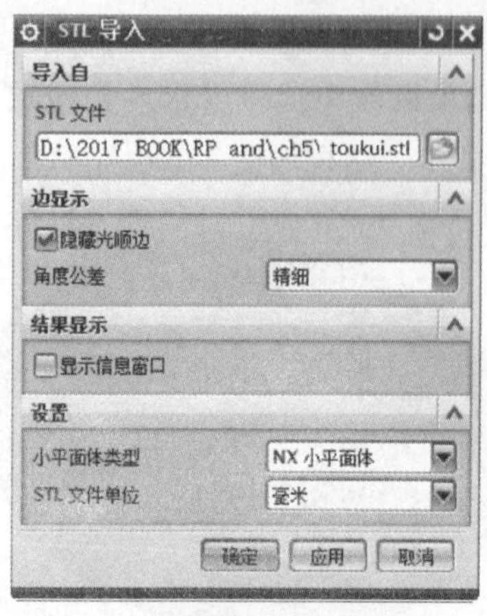

图3-107 【STL导入】对话框

图3-108 导入toukui.stl图档结果

3.5.2 头盔的摆正

步骤1：显示坐标系。在【显示】工具条中单击【部件导航器】按钮，系统会弹出【部件导航器】窗格，如图3-109所示。将光标移至【基准坐标系】复选框，然后右击，系统弹出快捷菜单，如图3-110所示。在快捷菜单中选择【显示】命令，基准坐标系便显示在视图区中，如图3-111所示。

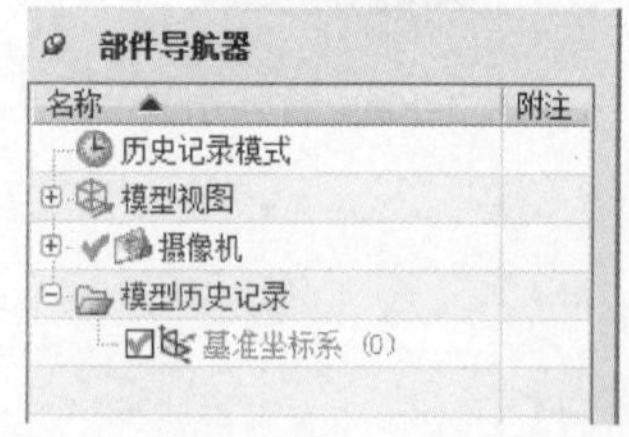

图3-109 【部件导航器】窗格

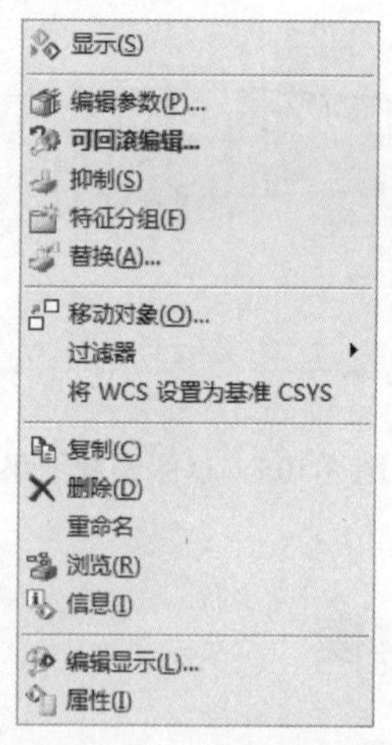

图3-110 显示快捷菜单

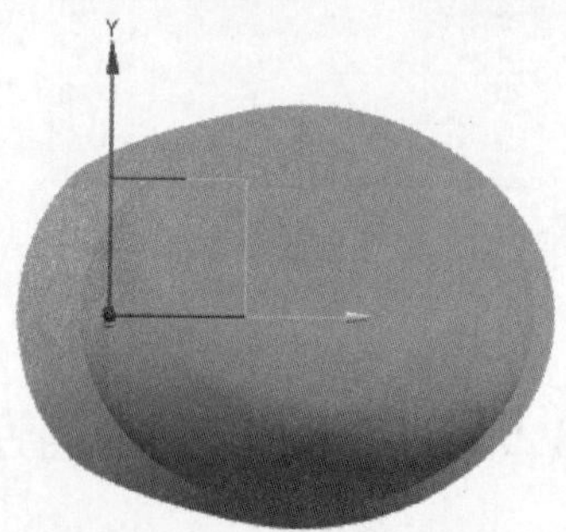

图3-111 坐标显示结果

> 提示：
>
> 在逆向造型时，应先进行点云数据的对齐与摆正。虽然点云数据在不对齐的情况下依然可以进行造型操作，但会给后续操作带来不便。

步骤 2：创建小平面体曲率。在菜单栏中选择【分析】|【形状】|【小平面体曲率】命令或在【形状分析】工具条中单击【小平面体曲率】按钮，系统弹出【小平面体曲率】对话框，如图 3-112 所示。在视图区选择头盔作为小平面体对象，在【凹的】文本框中输入 200，在【凸的】文本框中输入 3000，其余参数按系统默认，单击【确定】按钮确定完成小平面体曲率的创建，结果如图 3-113 所示。

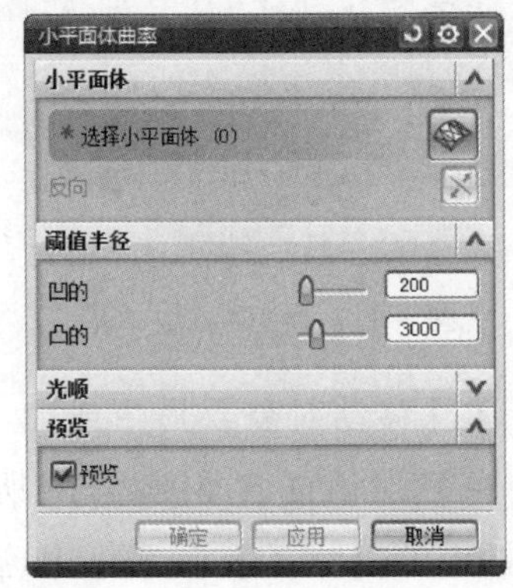

图 3-112　【小平面体曲率】对话框

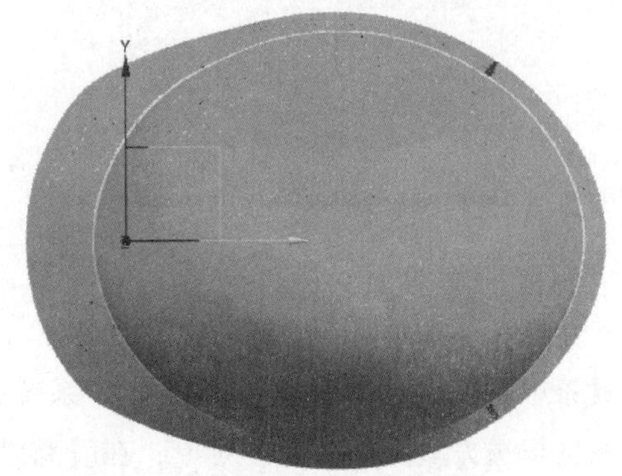

图 3-113　小平面体曲率创建结果

步骤 3：抽取曲率区域。在菜单栏中选择【插入】|【小平面体】|【抽取曲率区域】命令或在【特征】工具条中单击【抽取曲率区域】按钮，系统弹出【抽取曲率区域】对话框，如图 3-114 所示。在【抽取】选项区域中取消选中【区域】复选框，在视图区选择图 3-113 所示的小平面体，其余参数按系统默认，单击【确定】按钮确定完成抽取曲率区域的操作，结果如图 3-115 所示。

图 3-114　抽取曲率区域对话框

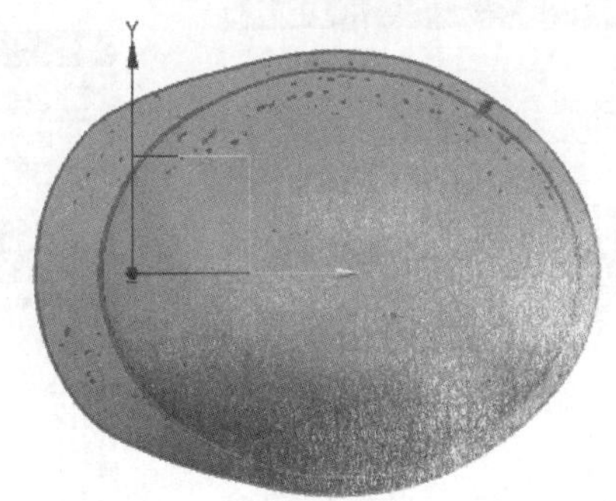

图 3-115　抽取曲率区域结果

步骤 4：创建方块。在【注塑模工具】工具条中单击【创建方块】按钮，系统弹出【创建方块】对话框，如图 3-116 所示。在视图区依序选择抽取出来的边界线作为选择的对象，其余参数按系统默认，单击【确定】按钮确定完成方块的创建，结果如图 3-117 所示。

> 提示：
>
> 创建方块的目的是为了找出产品的中点，方便下一步中点的对齐操作，在对齐摆正操作后可删除方块。

图 3-116 【创建方块】对话框

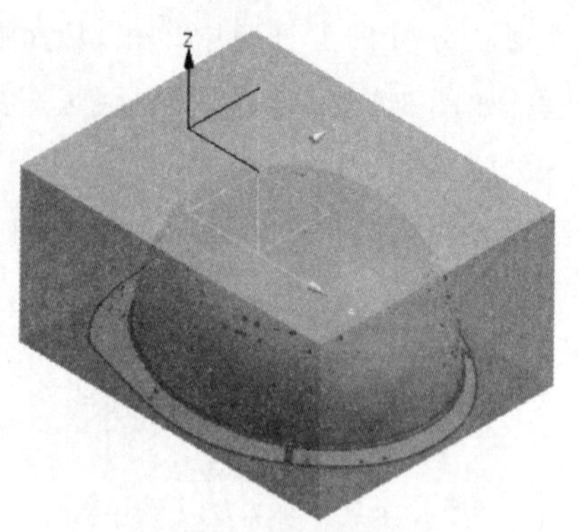

图 3-117 创建方块结果

步骤 5：摆正对齐。在菜单栏中选择【插入】|【编辑】|【移动对象】命令或在【标准】工具条中单击【移动对象】按钮，系统弹出【移动对象】对话框，如图 3-118 所示。在视图区框选方块及小平面体对象，在【移动对象】对话框中的【运动】列表框中选择【点到点】选项，然后在【指定出发点】处单击【指定点】按钮，系统弹出【点】对话框，如图 3-119 所示。在【类型】列表框中选择【两点之间】选项，在视图区依序选择底面的两个对角点作为指定点 1 和指定点 2，其余参数按系统默认，单击【确定】按钮 确定 返回【移动对象】对话框，同时系统跳至【指定终止点】处。在视图区选择基准坐标系中的基准点作为指定终止点，其余参数按系统默认，单击【确定】按钮 确定 完成头盔的摆正对齐，结果如图 3-120 所示。

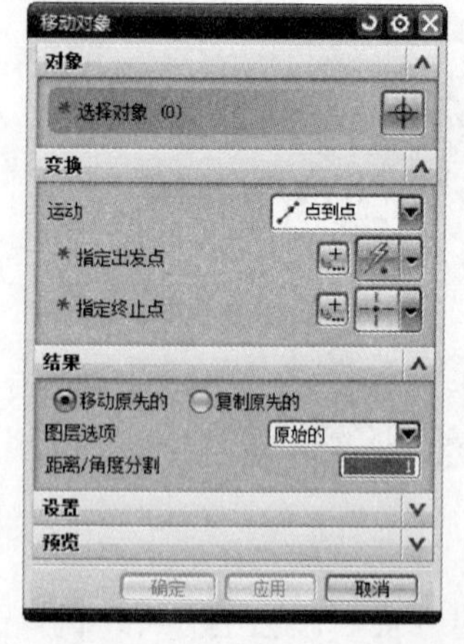

图 3-118 【移动对象】对话框

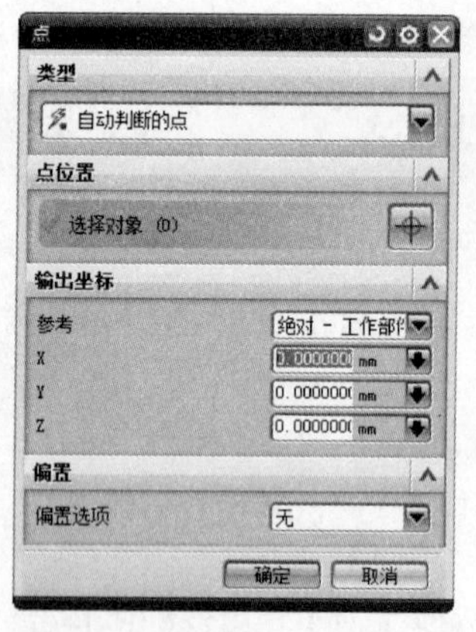

图 3-119 【点】对话框

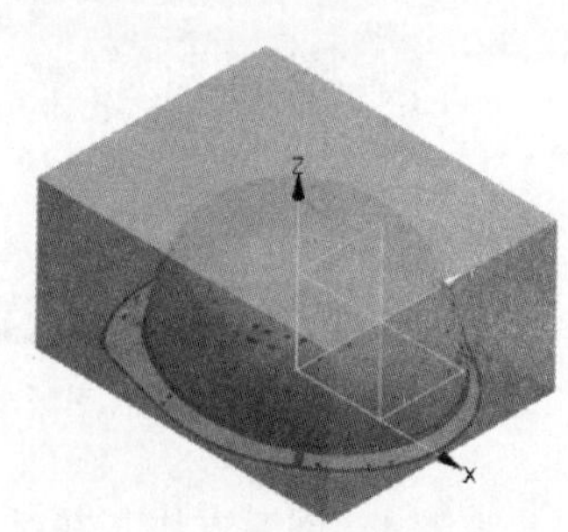

图 3-120 对齐摆正头盔结果

3.5.3 头盔数据重构

步骤 1：隐藏小平面体。在 NX8.5 软件中打开对齐摆正后的头盔。在菜单栏中选择【编辑】|【显示和隐藏】|【隐藏】命令或在【标准】工具条中单击【隐藏】按钮，系统弹出【类选择】对话框。在视图区选择小平面体作为要隐藏的对象，其余参数按系统默认，

单击【确定】按钮 确定 完成小平面体的隐藏操作，结果如图 3-121 所示。

步骤 2：光顺样条曲线。

在菜单栏中选择【编辑】|【曲线】|【光顺样条】命令或在【编辑曲线】工具条中单击【光顺样条】按钮，系统弹出【光顺样条】对话框，如图 3-122 所示。在视图区选择其中一条样条曲线作为要光顺的对象，系统会弹出光顺样条的警告，单击【确定】按钮 确定(O)，同时将【光顺因子】选项区域的滑块拖至 58%，系统开始计算，计算完成后单击【应用】按钮 应用 完成样条曲线的光顺操作，结果如图 3-123 所示。

利用上述操作，完成剩余样条曲线的光顺操作，结果如图 3-124 所示。

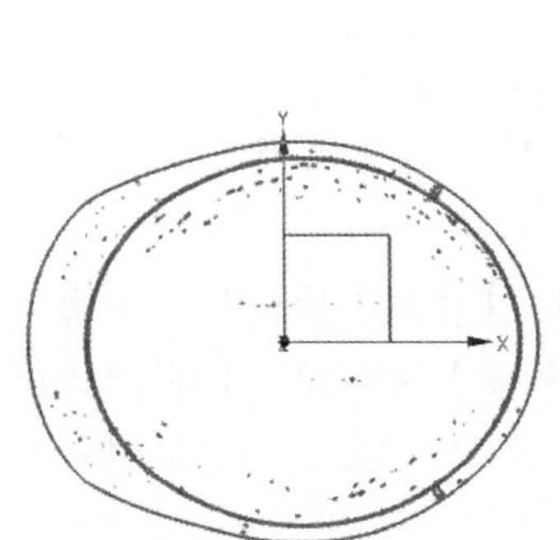

图 3-121　隐藏小平面体结果

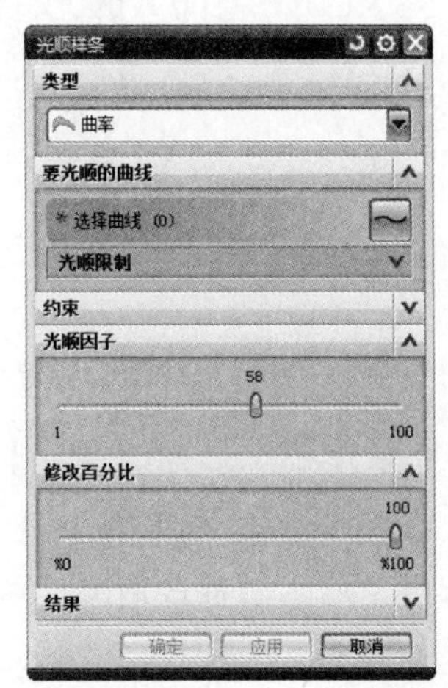

图 3-122　【光顺样条】对话框

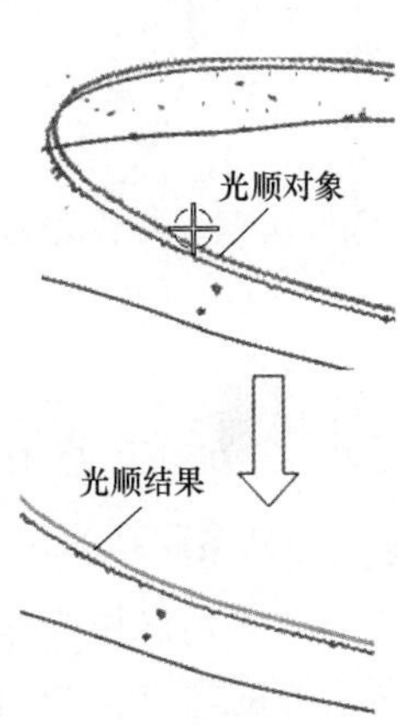

图 3-123　光顺样条曲线结果

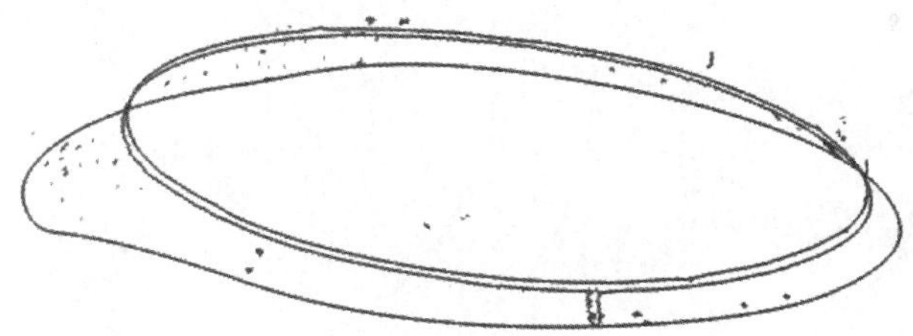

图 3-124　光顺样条曲线最终结果

> 提示：
>
> 在使用【光顺样条】命令时，如果将光顺因子百分比值调得越大，则光顺过后的误差值就会越大，但光顺效果会越明显。因此，在做产品造型时，如果对产品的尺寸要求不是很严格，则可以先满足光顺效果，再保证尺寸要求。

步骤 3：创建相切直线。在菜单栏中选择【插入】|【曲线】|【直线】命令或在【曲线】工具条中单击【直线】按钮，系统弹出【直线】对话框。在视图区选择左侧的抽取边界为直线起点，然后沿 Y 方向拉伸一段距离，结果如图 3-125a 所示。

利用相同的方法，从左至右完成剩余相切直线段的创建，结果如图 3-125b 所示。

提示：

由于头盔两侧是对称的，为了保证两边尺寸一致，可以只创建一侧的相切直线，另一侧可用对称方法完成。在创建直线时，利用的是相交点的方法，由于篇幅所限，此操作过程未完全展开，具体操作可参考随书配套的视频。

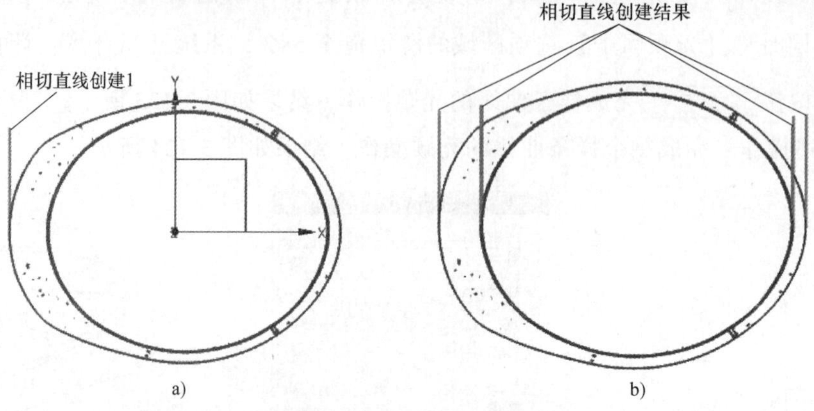

图 3-125　相切直线创建结果

步骤 4：创建头盔帽边线架。在菜单栏中选择【插入】|【曲线】|【艺术样条】命令或在【曲线】工具条中单击【艺术样条】按钮，系统弹出【艺术样条】对话框。在视图区选择左侧的直线端点作为样条曲线起点，然后沿抽取曲率区域结果的样条进行描线，同时将约束样条曲线的起点作为相切，结果如图 3-126 所示。

利用相同方法，完成头盔帽边线架的创建，结果如图 3-127 所示。

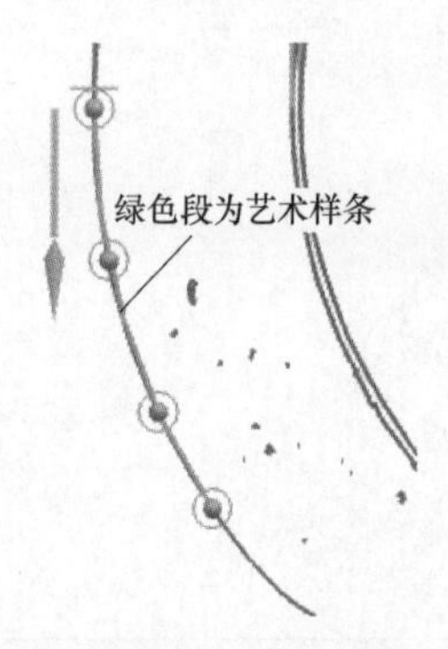

图 3-126　艺术样条创建结果

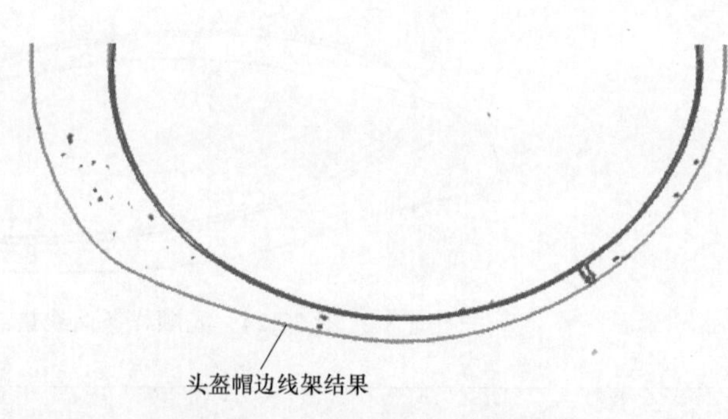

图 3-127　头盔帽边线架创建结果

步骤 5：创建头盔底部与过渡线架。利用步骤 4 的操作方法，完成头盔底部与过渡线架的创建，结果如图 3-128 所示。

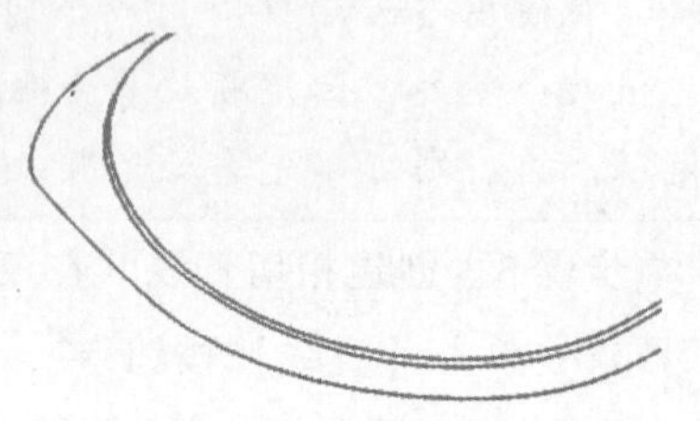

图 3-128　头盔底部与过渡线架创建结果

步骤 6：创建头盔主体线架。在菜单栏中选择【编辑】|【显示和隐藏】|【显示】命令或在【标准】工具条中单击【显示】按钮，系统弹出【类选择】对话框。在视图区选择小平面体作为要显示的对象，其余参数按

系统默认，单击【确定】按钮 确定 完成小平面体的显示操作，结果如图 3-129 所示。

在菜单栏中选择【插入】|【曲线】|【直线】命令或在【基本曲线】工具条中单击【基本直线】按钮，系统弹出【基本直线】对话框。在【跟踪条】选项区域中的【XC】文本框中输入-250，其余文本框中的数值都为 0，按<Enter>键，然后在【XC】文本框中输入 250，按<Enter>键完成直线的创建，结果如图 3-130 所示。

利用相同方法，完成 Y 方向的直线创建，结果如图 3-131 所示。

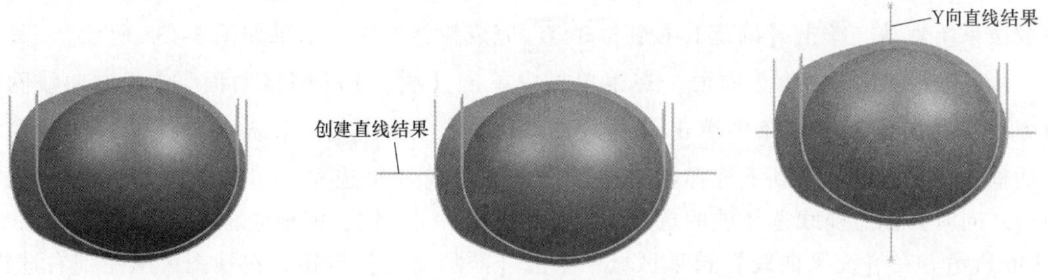

图 3-129　显示对象结果　　图 3-130　直线创建结果　　图 3-131　Y 方向直线创建结果

在菜单栏中选择【插入】|【来自曲线集的曲线】|【投影】命令或在【曲线】工具条中单击【投影】按钮，系统弹出【投影曲线】对话框。在视图区选择创建的 X 方向、Y 方向的直线作为要投影的曲线，单击鼠标中键，系统跳至要投影的对象选项。在视图区选择小平面体作为要投影的对象。在【投影方向】选项区域中的【方向】列表框中选择【沿矢量】选项，同时选择 Z 轴作为投影方向，其余参数按系统默认，单击【确定】按钮 确定 完成投影曲线的创建，结果如图 3-132 所示。

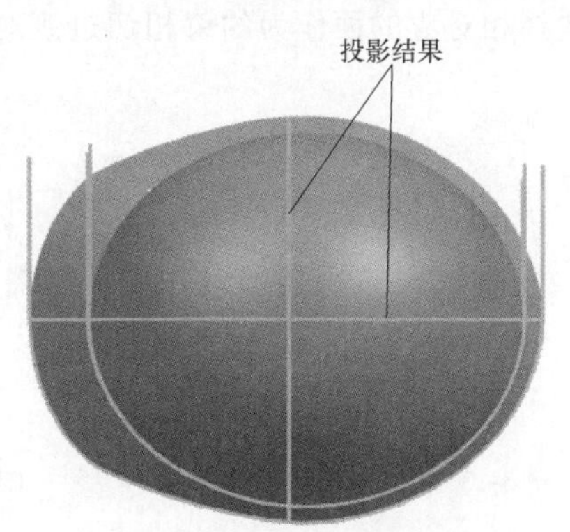

图 3-132　投影曲线创建结果

在菜单栏中选择【插入】|【曲线】|【艺术样条】命令或在【曲线】工具条中单击【艺术样条】按钮，系统弹出【艺术样条】对话框。在视图区选择左侧的直线端点作为样条曲线的起点，然后沿 X 方向的投影曲线进行描线，将帽边上侧的直线端点作为样条终点，结果如图 3-133 所示。

利用相同的方法，完成头盔主体线架的创建，结果如图 3-134 所示。

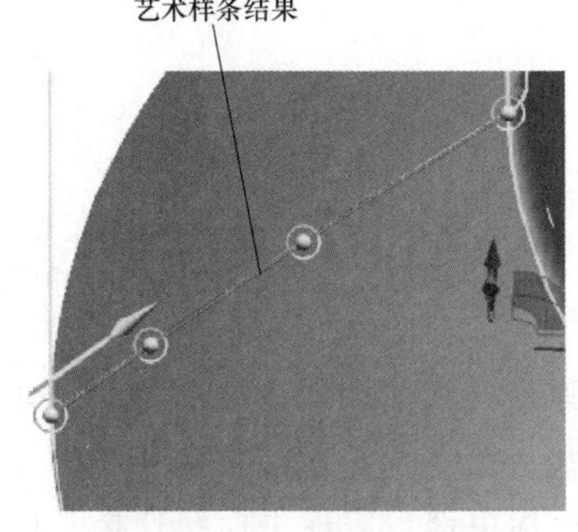

图 3-133　艺术样条结果

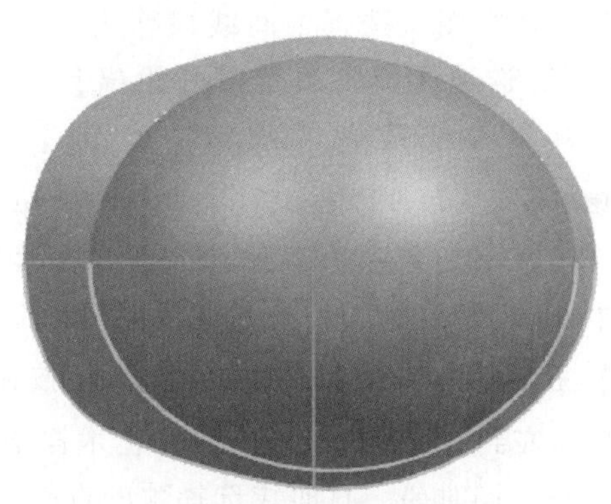

图 3-134　头盔主体线架创建结果

> 提示：
> 头盔主体线架的创建并不是只做这几条曲线，如果要求所做曲面精度比较接近小平面体，则需要多做一些相关的线架，以保证精度要求。

步骤 7：拉伸头盔帽边曲面。在菜单栏中选择【插入】|【设计特征】|【拉伸】命令或在【特征】工具条中单击【拉伸】按钮，系统弹出【拉伸】对话框。在视图区选择左右两侧的线段作为拉伸截面线，在【限制】选项区域中的结束【距离】文本框中输入 15，其余参数按系统默认，单击【确定】按钮 确定 完成拉伸操作，结果如图 3-135 所示。

步骤 8：创建头盔帽边曲面。在菜单栏中单击【插入】|【网格曲面】|【通过曲线网格】命令或在【曲面】工具条中单击【通过曲线网格】按钮，系统弹出【通过曲线网格】对话框。在视图区从上到下选择帽边曲线作为主曲线（每选完一组线串需要单击一次鼠标中键；同时要注意曲线选择项的选择），然后单击鼠标中键，完成主曲线的选择，结果如图 3-136 所示。在【交叉曲线】选项区域中单击【添加新集】按钮，在视图区从左到右选择艺术样条曲线作为叉曲线（每选完一组线串都单击一次鼠标中键；同时要注意曲线选择项的选择），结果如图 3-137 所示。在【通过曲线网格】对话框的【连续性】选项区域中的【第一交叉线串】和【最后交叉线串】列表框中选择【G1（相切）】选项，然后在视图区依序选择相对应的面作为约束相切过渡对象，完成头盔帽边曲面的创建，结果如图 3-138 所示。

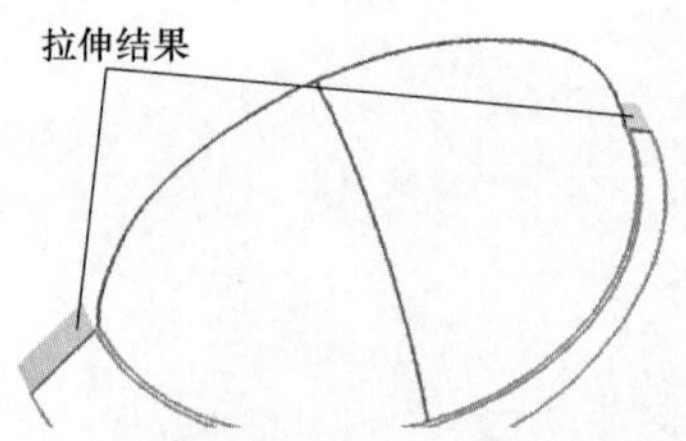

图 3-135　拉伸相切曲面结果

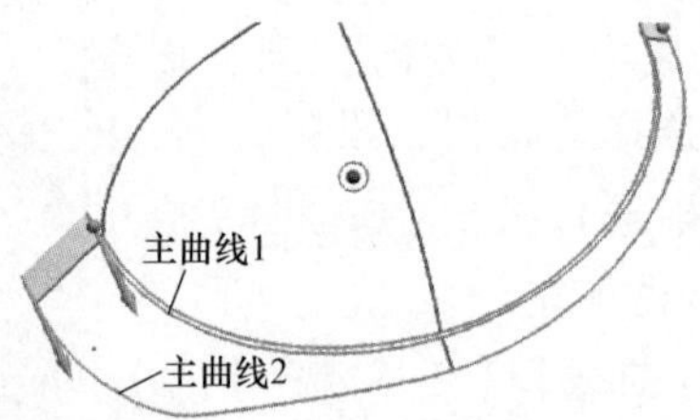

图 3-136　主曲线选择结果

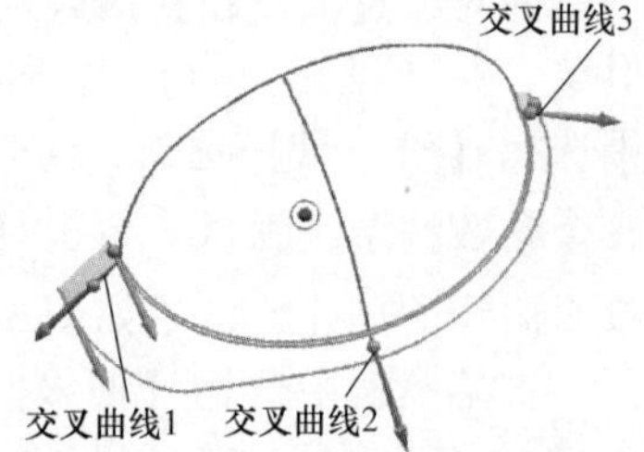

图 3-137　交叉曲线选择结果

步骤 9：拉伸头盔顶部曲面。在菜单栏中选择【插入】|【设计特征】|【拉伸】命令或在【特征】工具条中单击【拉伸】按钮，系统弹出【拉伸】对话框。在视图区选择中间线段作为拉伸截面线，在【限制】选项区域中的结束【距离】文本框中输入 15，其余参数按系统默认，单击【确定】按钮 确定 完成拉伸操作，结果如图 3-139 所示。

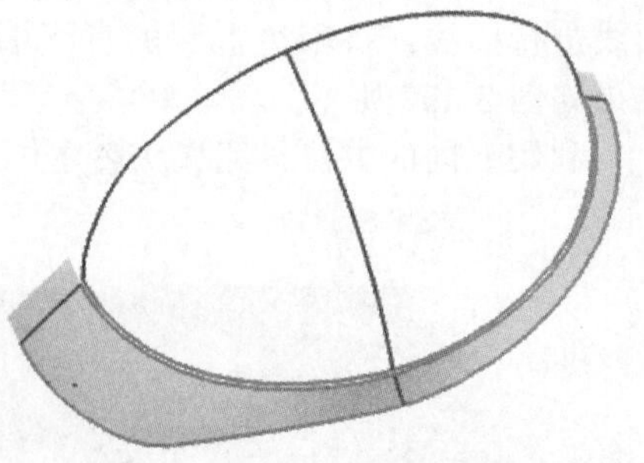

图 3-138　头盔帽边曲面创建结果

步骤 10：创建头盔顶部曲面。在菜单栏中单击【插入】|【网格曲面】|【通过曲线网格】命令或在【曲面】工具条中单击【通过曲线网格】按钮，系统弹出【通过曲线网格】对话框。在视图区从左到右选择曲线相交点和艺术样条线作为主曲线（每选完一组线串需要单击一次鼠标中键；同时要注意曲线选择项的选择），然后单击鼠标中键，完成主曲线选择。在【交

叉曲线】选项区域中单击【添加新集】按钮，在视图区从上到下选择圆弧作为交叉曲线。在【通过曲线网格】对话框的【连续性】选项区域中的【第一交叉线串】列表框中选择【G1（相切）】选项，然后依序选择相对应的面作为约束相切过渡对象，结果如图 3-140 所示。

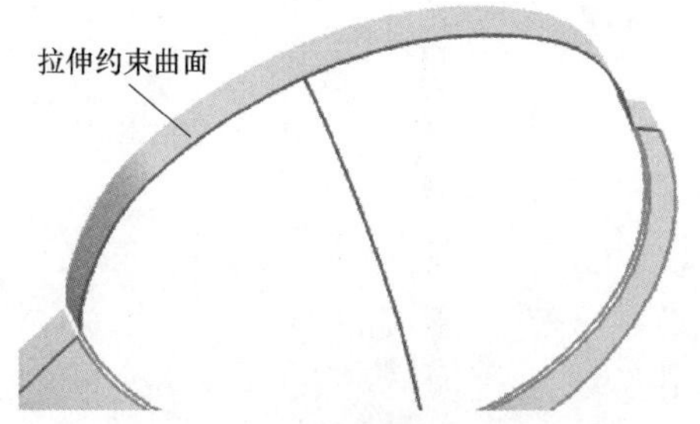

图 3-139　拉伸约束面结果

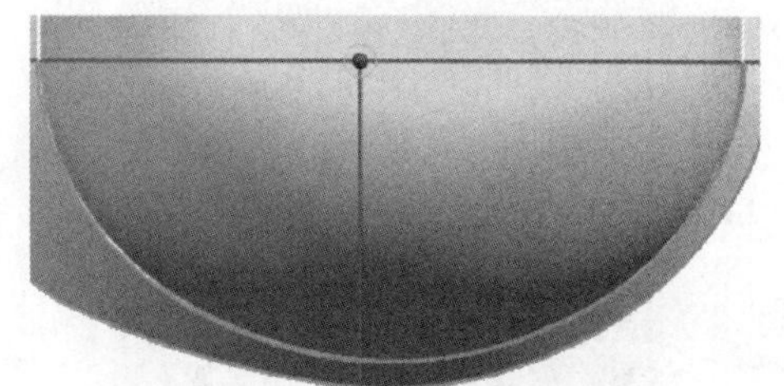
图 3-140　头盔顶部曲面创建结果

> 提示：
> 由于主线串相交于一个点，因此，在抽壳等细节操作过程中可能会出现失败，为了避免抽壳失败，应该将收尾部分重新分割再补面，具体操作可参照配套视频。

步骤 11：延伸相关曲面。在菜单栏中选择【插入】|【修剪】|【修剪和延伸】命令或在【特征】工具条中单击【修剪和延伸】按钮，系统弹出【修剪和延伸】对话框。在【类型】下拉列表框中选择【按距离】选项，在视图区选择头盔顶部曲面作为修剪和延伸的面，在【设置】选项区域中的【距离】文本框中输入 25，其余参数按系统默认，单击【确定】按钮 确定 完成修剪和延伸的操作，结果如图 3-141 所示。

利用相同的方法，完成其他帽边曲面的修剪和延伸的操作，结果如图 3-142 所示。

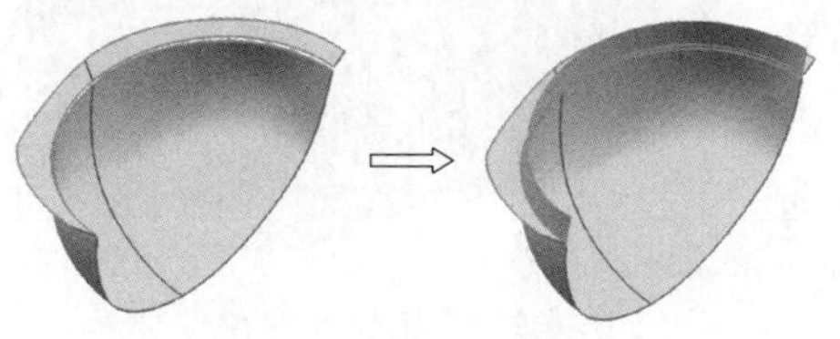
图 3-141　顶部曲面修剪和延伸结果

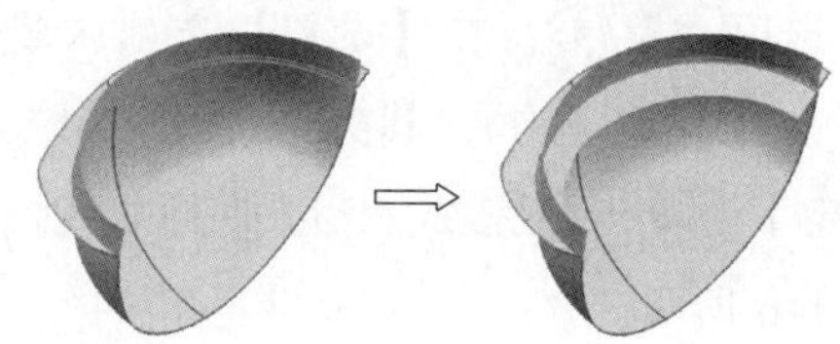
图 3-142　帽边曲面修剪和延伸最终结果

步骤 12：倒圆。在菜单栏中选择【插入】|【细节特征】|【面倒圆】命令或在【特征】工具条中单击【面倒圆】按钮，系统弹出【面倒圆】对话框，如图 3-143 所示。在视图区选择顶部曲面作为面链 1，选择帽边曲面作为面链 2，在【半径】文本框中输入 3，其余参数按系统默认，单击【确定】按钮 确定 完成面倒圆的操作，结果如图 3-144 所示。

步骤 13：镜像主体曲面。在菜单栏中选择【插入】|【关联复制】|【镜像体】命令或在【特征】工具条中单击【镜像体】按钮，系统弹出【镜像体】对话框。在视图区选择图 3-144 所示的曲面作为要镜像的体，选择 X-Z 平面作为镜像平面，其余参数按系统默认，单

击【确定】按钮 确定 完成主体曲面的镜像操作，结果如图 3-145 所示。

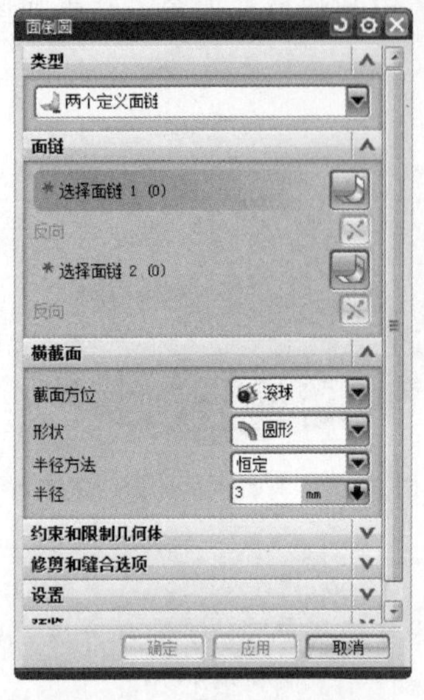

图 3-143 【面倒圆】对话框

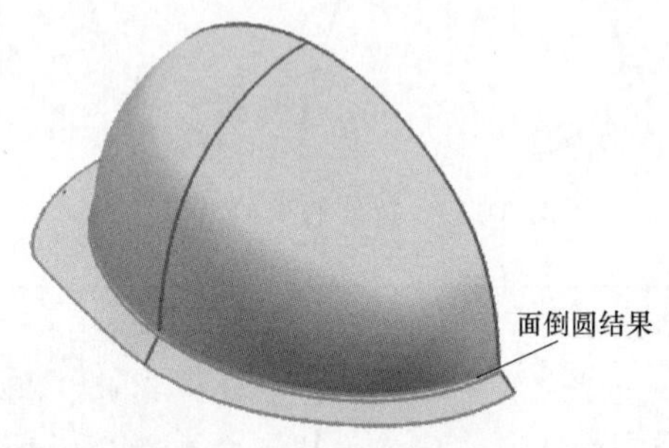

图 3-144 面倒圆结果

步骤 14：创建 N 边曲面。在菜单栏中选择【插入】|【网格曲面】|【N 边曲面】命令或在【曲面】工具条中单击【N 边曲面】按钮，系统弹出【N 边曲面】对话框。在视图区选择头盔帽边的底部边界作为外环的曲线链，在【UV】列表框中选择【矢量】选项 矢量 。在【设置】选项区域中选中【修剪到边界】复选框，其余参数按系统默认，单击【确定】 确定 完成 N 边曲面的创建，结果如图 3-146 所示。

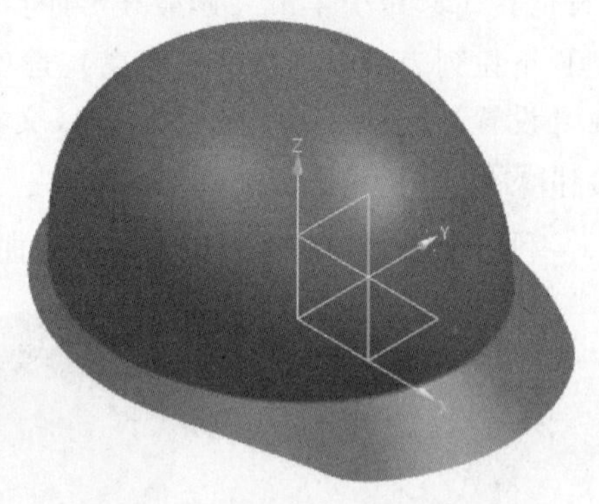

图 3-145 主体曲面镜像结果

步骤 15：实体化。在菜单栏中选择【插入】|【组合】|【缝合】命令或在【特征】工具条中单击【缝合】按钮，系统弹出【缝合】对话框。

在视图区选择主体曲面作为要目标片体，选择 N 边曲面作为工具片体，其余参数按系统默认，单击【确定】按钮 确定 完成缝合的操作，头盔实体化结果如图 3-147 所示。

步骤 16：创建主体抽壳。在菜单栏中选择【插入】|【偏置/缩放】|【抽壳】命令或在【特征】工具条中单击【抽壳】按钮，系统弹出【抽壳】对话框。在视图区选择底平面作为要移除的面，在【厚度】文本框中输入 2，其余参数按系统默认，单击【确定】按钮 确定 完成主体抽壳创建，头盔数据重构的最终结果如图 3-148 所示。

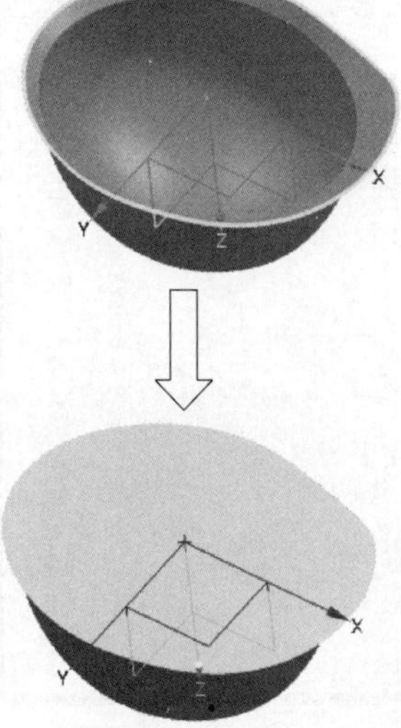

图 3-146　N 边曲面创建结果

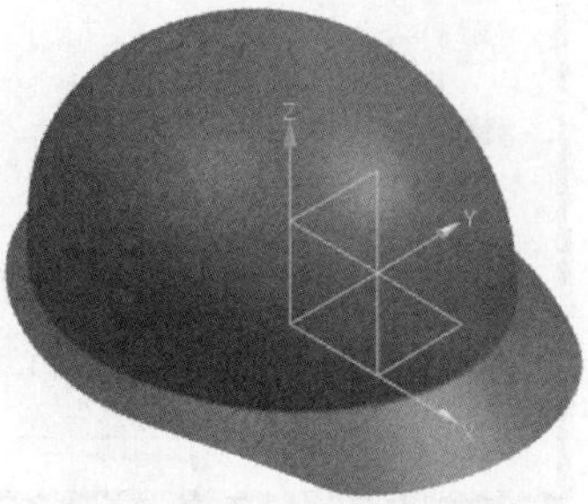

图 3-147　实体化创建结果

图 3-148　头盔数据重构最终结果

3.6　Imageware 鞋楦逆向建模

本节运用 Imageware 软件讲解鞋楦曲面的建模过程，以增强读者关于逆向建模的思路。由于鞋楦造型没有特殊的特征供用户分割曲面区域，因此可通过【点云和边界线拟合曲面】命令建构曲面。

步骤 1：在菜单栏中选择【文件】|【打开】命令，系统弹出【打开数据文件】对话框，如图 3-149 所示，在此找到素材文件"shoes. imw"，单击【确定】按钮  确定 进入界面，数据文件打开结果如图 3-150 所示。

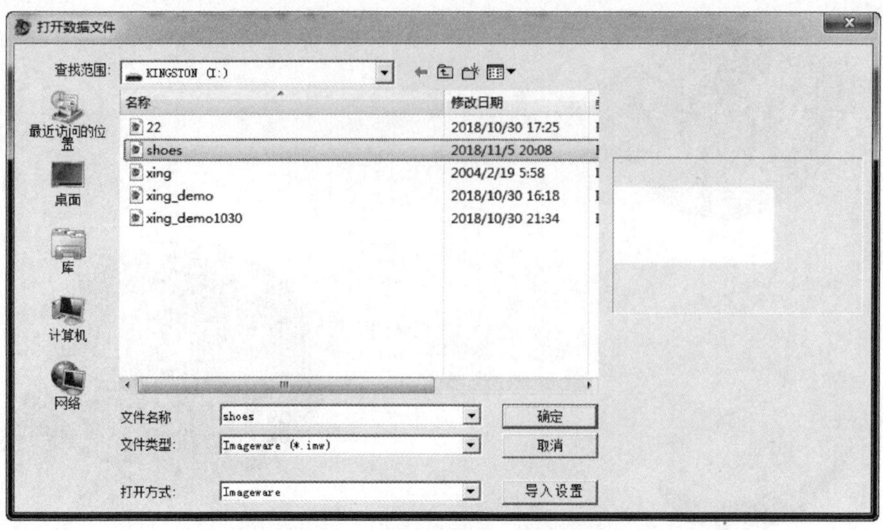

图 3-149 【打开数据文件】对话框

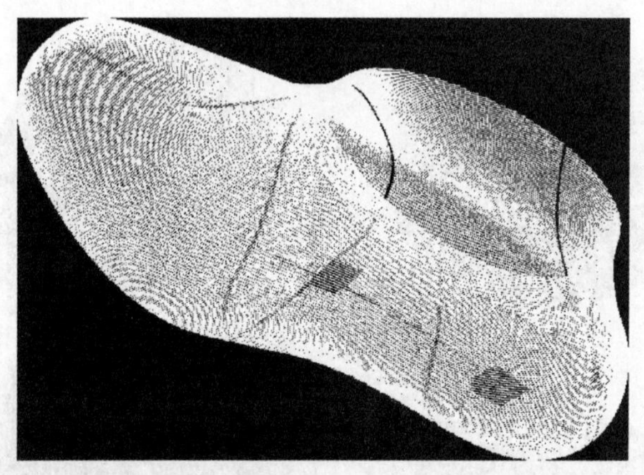

图 3-150 数据文件打开结果

步骤 2：创建三角形网格化。在菜单栏中选择【构建】|【三角形网格化】|【点云三角形网格化】命令，系统弹出【点云三角形网格化】对话框，如图 3-151 所示。在【最大端点距离】文本框中输入 1，在【相邻尺寸】文本框中输入 10，单击【应用】按钮 应用 ，完成三角形网格化的创建，结果如图 3-152 所示。

> 提示：
>
> 如果创建的三角形网格面不是很光滑，可以通过【修改】|【光顺处理】|【三角形网格】命令对网格面进行光顺处理。

步骤 3：抽取底部点云数据。在菜单栏中选择【构建】|【特征线】|【锐边】命令，系统弹出【锐边特征线】对话框，如图 3-153 所示，在【比率阈值】文本框中输入 93，在【最小过滤】文本框中输入 99，其余参数按系统默认，单击【应用】按钮，结果如图 3-154 所示。在菜单栏中选择【构建】|【特征线】|【根据色彩抽取点云】命令，系统弹出【根据色彩特征线】对话框，如图 3-155 所示，在视图区单击内部点云数据，其余参数按系统默认，单

击【应用】按钮 应用 完成根据色彩抽取点云的操作，结果如图 3-156 所示，并关闭【锐边特征线】对话框。

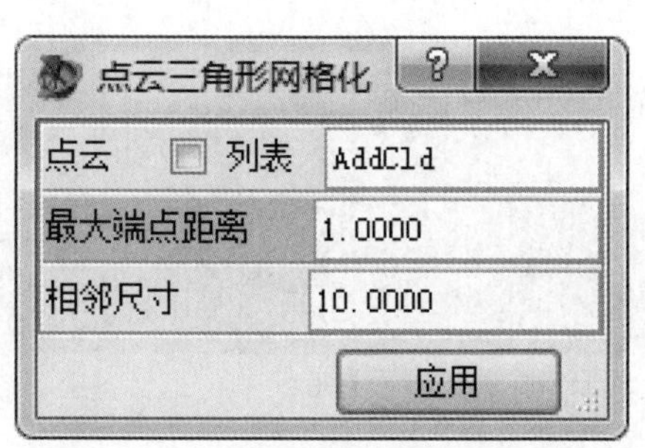

图 3-151　【点云三角形网格化】对话框

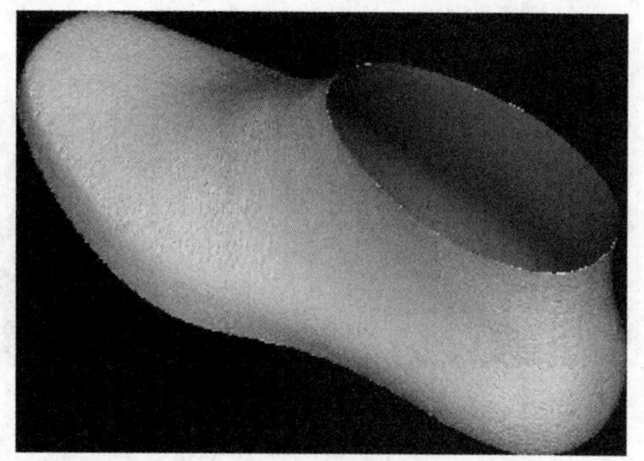

图 3-152　三角形网格化创建结果

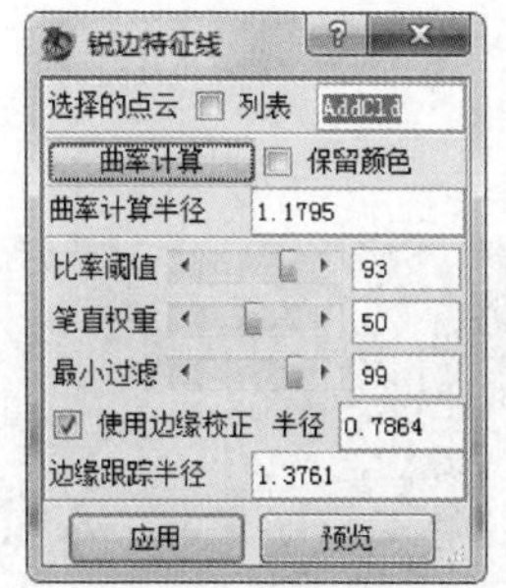

图 3-153　【锐边特征线】对话框

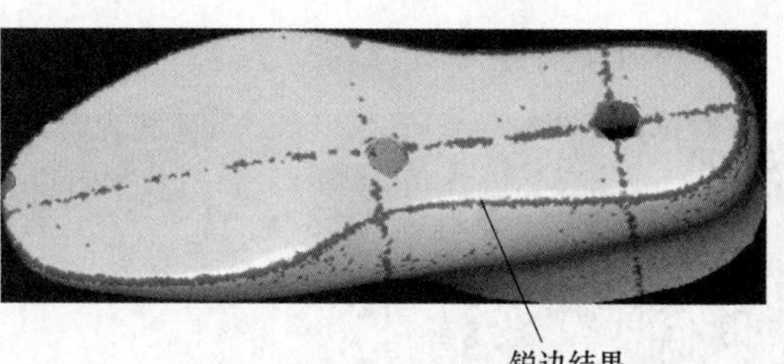

图 3-154　锐边结果

图 3-155　【根据色彩特征线】对话框

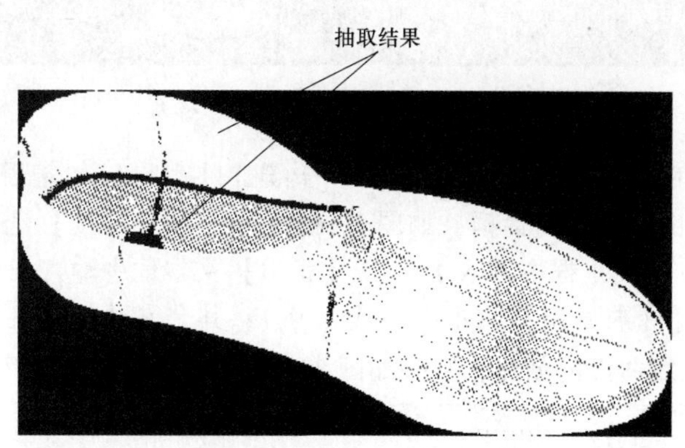

图 3-156　抽取点云数据结果

在菜单栏中选择【修改】|【抽取】|【圈选点】命令，系统弹出【圈选点】对话框，如图 3-157 所示。在视图区选择点云数据，然后圈选图 3-158 所示的对象作为分割对象，并在【保留点云】选项区域中选中【两端】单选按钮，其余参数按系统默认，单击【应用】按钮 应用 完成圈选点的创建。

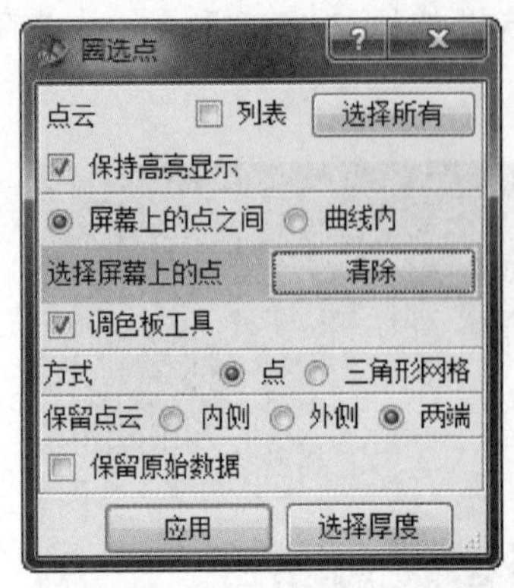

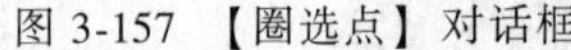
图 3-157 【圈选点】对话框

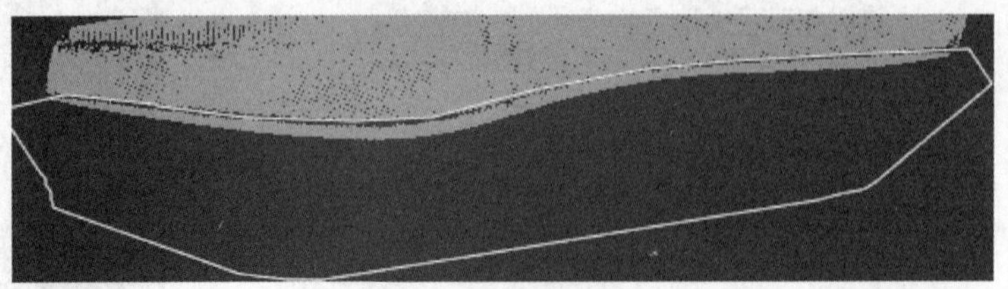
图 3-158 圈选对象

步骤 4：去除鞋底点云数据噪点。在视图区将光标置于鞋子的顶部，右击，系统弹出快捷工具条，单击【隐藏】按钮，完成鞋身点云数据的隐藏操作。此时在视图区只剩下鞋底的点云数据，一些刚刚圈选的点云数据有噪点存在，因此只需利用【圈选点】功能将其去除即可，最终结果如图 3-159 所示。

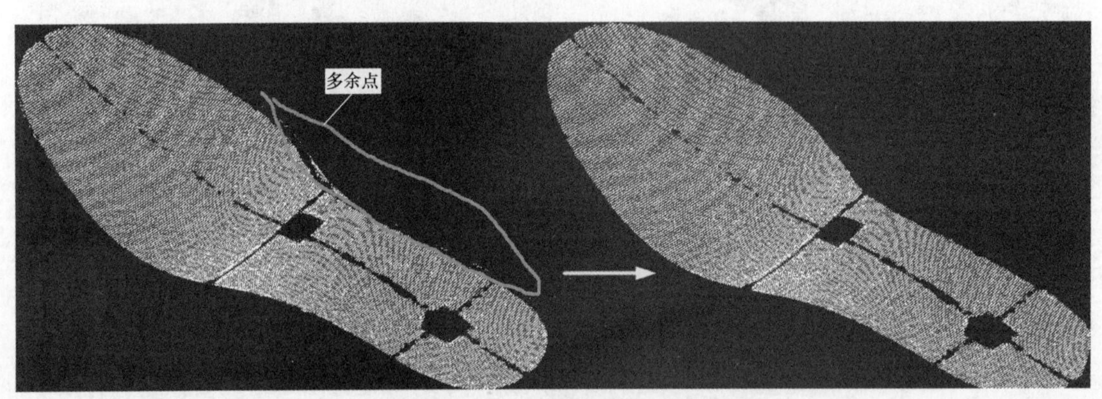

图 3-159 去除鞋底点云数据噪点

步骤 5：创建鞋底曲面。在菜单栏中选择【构建】|【由点云构建模曲面】|【自由曲面】命令，系统弹出【自由曲面】对话框，如图 3-160 所示。在【跨度】选项区域中的【U】文本框中输入 3，在【V】文本框中输入 13，在【张力】文本框中输入 0.7，在【光滑度】文本框中输入 0.3，在【标准偏差】文本框中输入 0.1；其余参数按系统默认，单击【应用】按钮 应用 完成鞋底曲面的创建，结果如图 3-161 所示。

> 提示：
>
> 比较点云数据与曲面的误差值，如果误差值相差太大，则需要增加 U、V 的跨度值。一般而言，只要跨度值足够，那么它的误差值都会很小，因此不必刻意去增加跨度来逼近点云。

步骤 6：分析鞋底曲面误差。完成鞋底曲面的创建后，可以通过分析其误差来判断是否符合要求。在菜单栏中选择【测量】|【曲面偏差】|【点云偏差】命令，系统弹出【曲面到点云偏差】对话框，如图 3-162 所示，在此不做任何更改，单击【应用】按钮 应用 系统弹出

【显示差别】对话框，如图 3-163 所示，同时在视图区会显示判别结果，如图 3-164 所示。

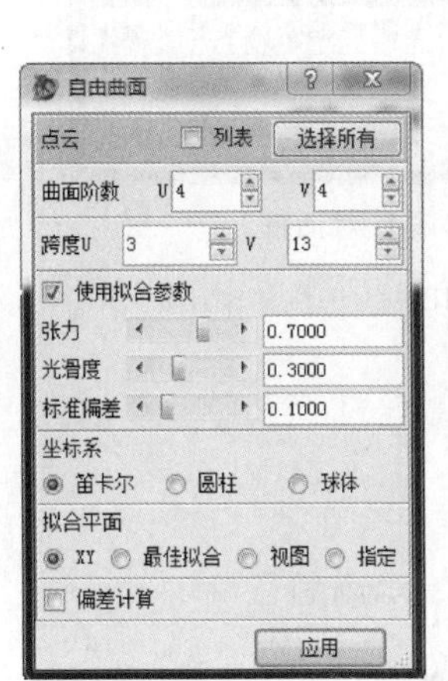

图 3-160 【自由曲面】对话框

曲面创建结果

图 3-161 鞋底曲面创建结果

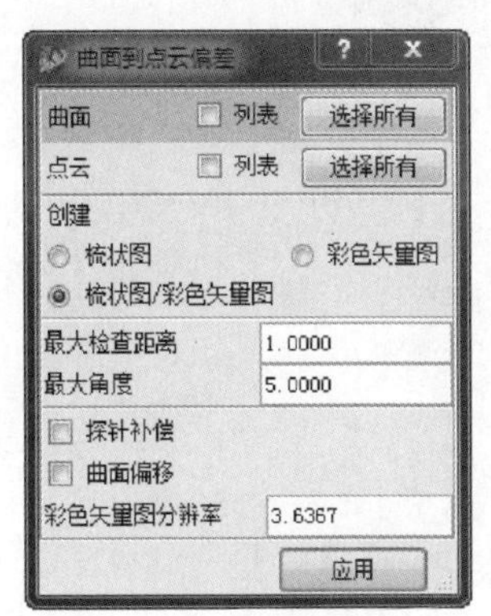

图 3-162 【曲面到点云偏差】对话框

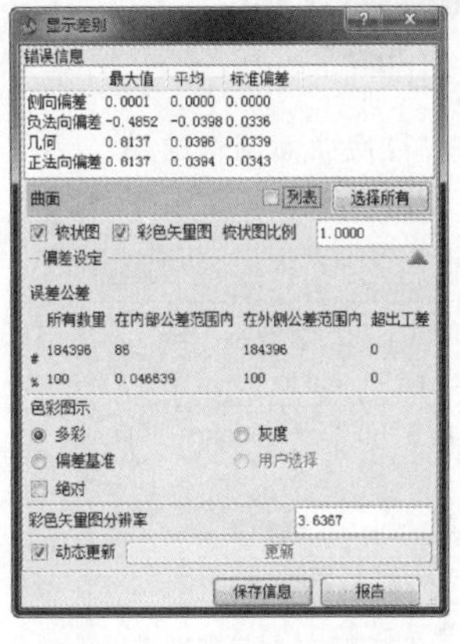

图 3-163 【显示差别】对话框

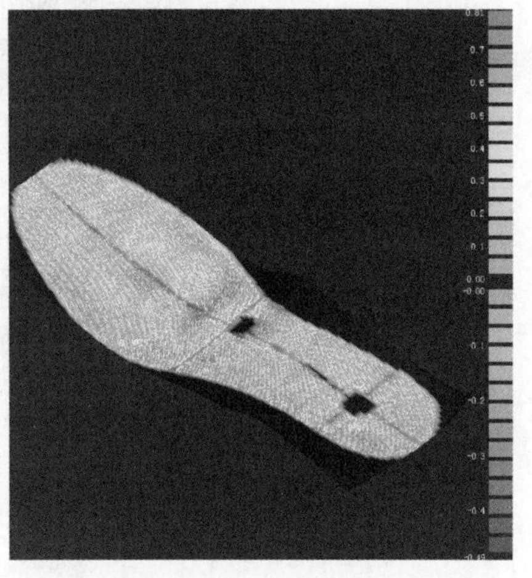

图 3-164 分析鞋底曲面误差显示结果

采用自由曲面进行拟合构建出来的曲面通常会在边界处存在较大的误差，因此需要进行调整控制点的位置，使得控制点排的更平滑光顺。

步骤 7：调整鞋底曲面。在视图区将光标移至曲面范围处，右击，系统弹出图 3-165 所示快捷工具条，单击【编辑曲面】按钮，系统弹出【控制点/曲线节点修改】对话框，如图 3-166 所示。然后调整远离曲面的控制点，调整结果如图 3-167 所示。

步骤 8：扩大鞋底曲面。在菜单栏中选择【修改】|【延伸】|命令，系统弹出【延伸】对话框，如图 3-168 所示。在视图区选择曲面，然后在【延伸】对话框中选中【所有边】复选框，在【距离】文本框中输入 10，其余参数按系统默认，单击【应用】按钮 应用 完成扩大鞋底曲面的操作，结果如图 3-169 所示。

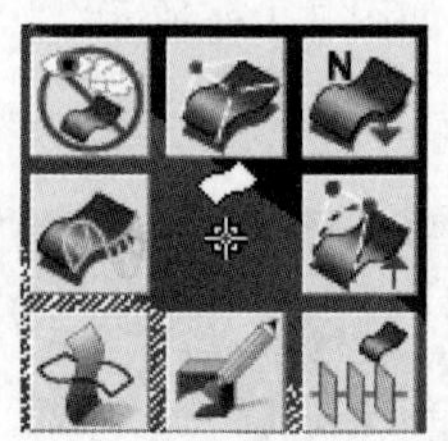

图 3-165 【编辑曲面】快捷工具条

图 3-166 【控制点/曲线节点修改】对话框

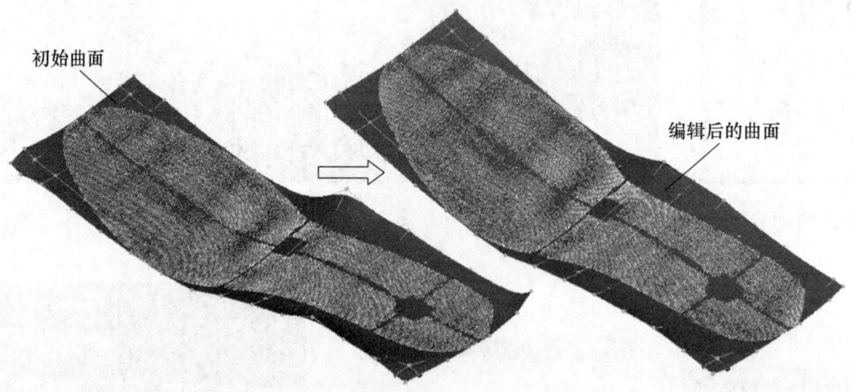

图 3-167 鞋底曲面调整结果

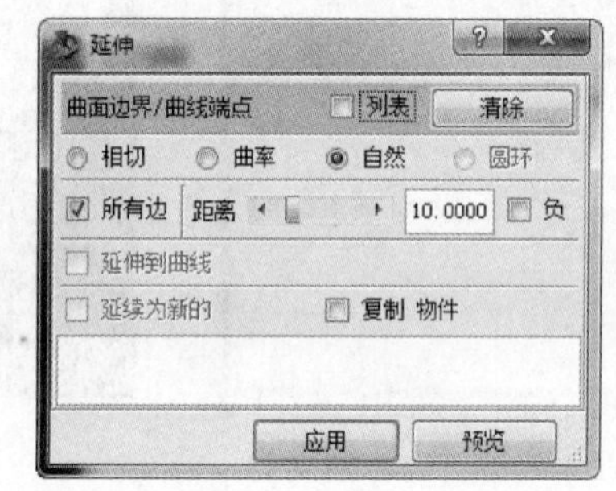

图 3-168 【延伸】对话框

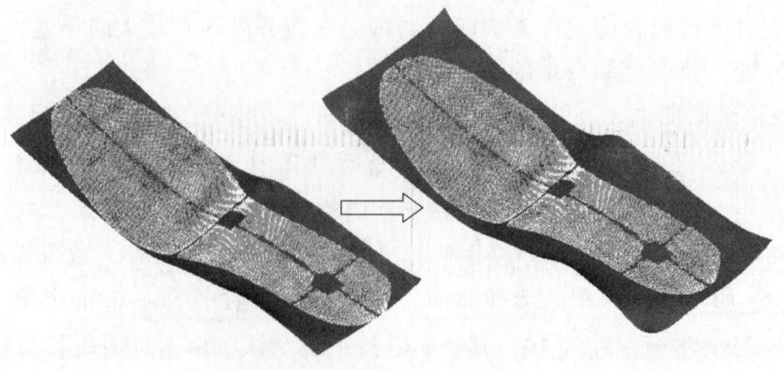

图 3-169 鞋底曲面扩大结果

步骤 9：隐藏鞋底点云数据及曲面。在菜单栏中选择【编辑】|【图层】|命令或在【主要栏目】工具条中单击【图层】按钮，系统弹出【图层编辑】对话框，如图 3-170 所示。

取消选中【FitSrf】和【ColorCld in】的【显示】复选框，选中【ColorCld out】的【显示】复选框，在视图区只显示鞋身的点云数据，结果如图 3-171 所示。

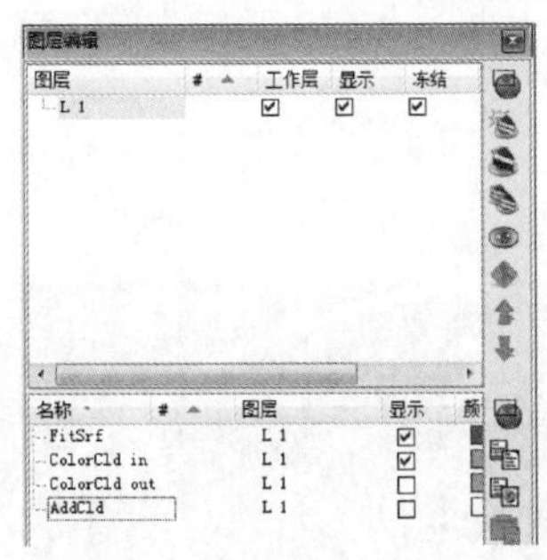

图 3-170　【图层编辑】对话框

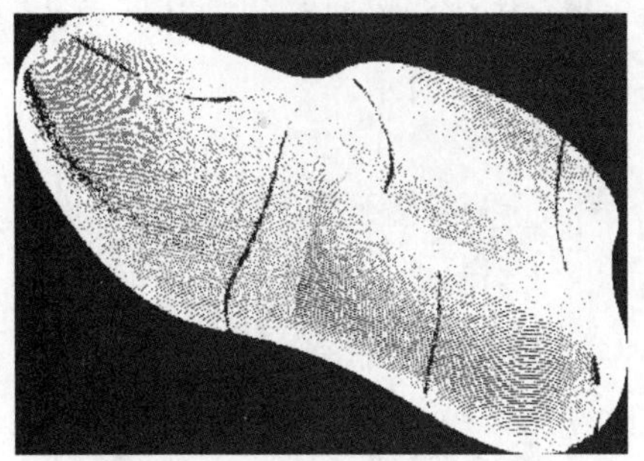

图 3-171　显示鞋身点云数据

步骤 10：创建鞋身侧面点云数据。按<F1>键，将鞋身点云数据置于俯视图。在视图区右击点云数据，系统弹出图 3-172 所示快捷工具条，单击【互动点云截面】按钮，系统弹出【互动点云截面】对话框，如图 3-173 所示。在视图区绘制图 3-174 所示的直线作为截断线，其余参数按系统默认，单击【应用】按钮完成互动点云截面的创建，结果如图 3-175 所示。利用相同的方法，完成其余三个点云截面的创建，最终结果如图 3-176 所示。

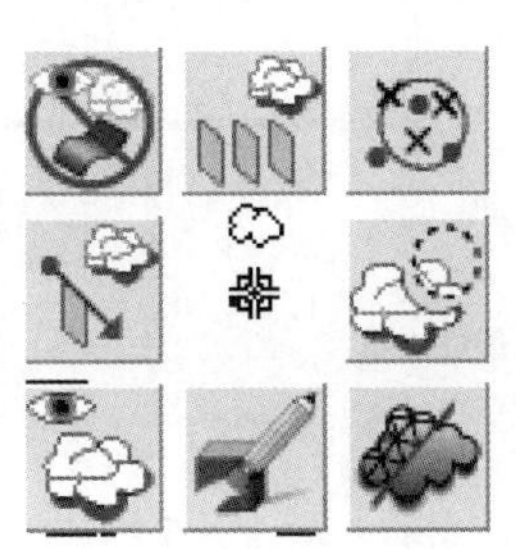

图 3-172　快捷工具条

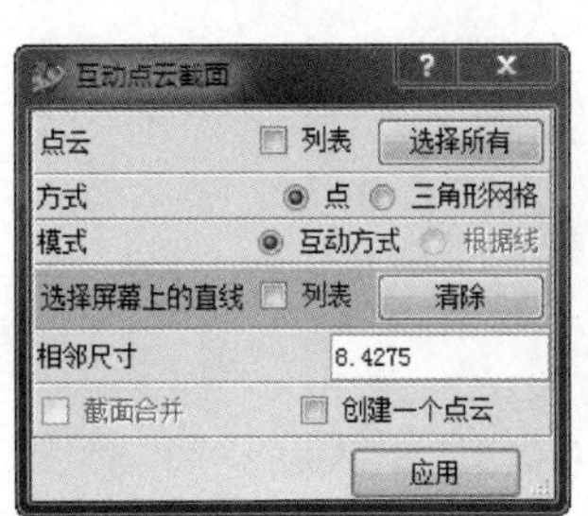

图 3-173　【互动点云截面】对话框

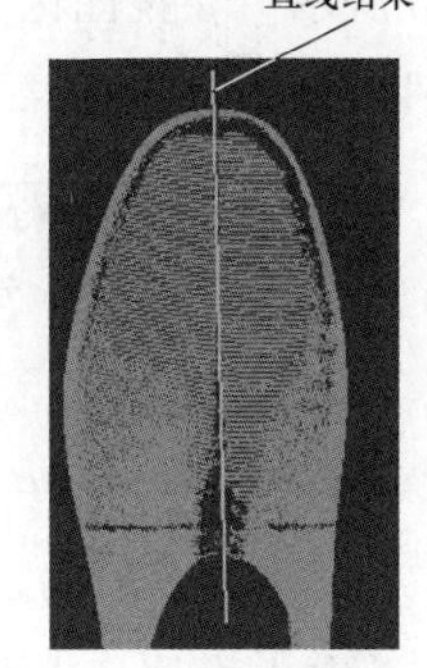

图 3-174　截断线绘制结果

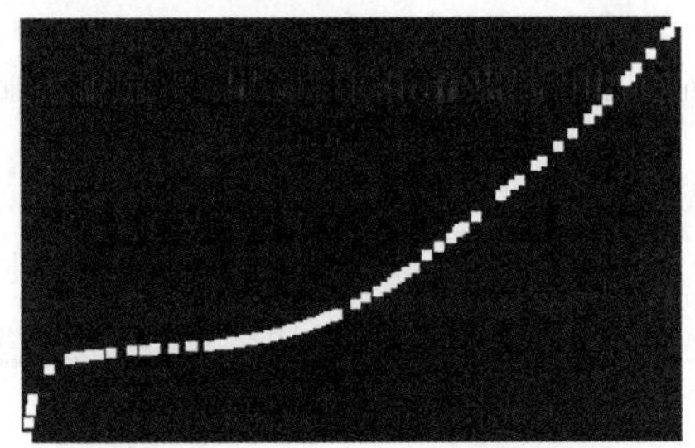

图 3-175　互动点云截面的创建

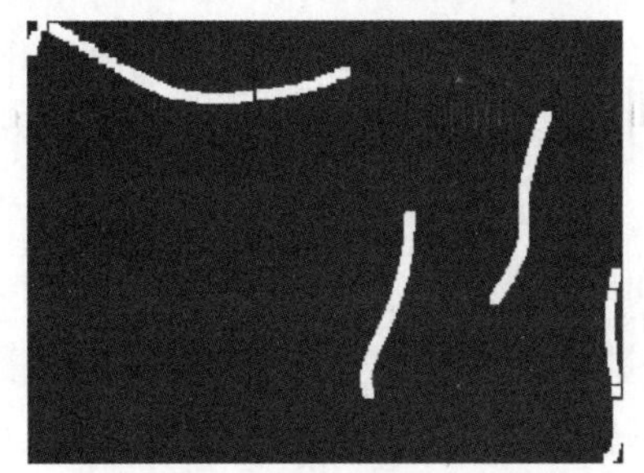

图 3-176　鞋身侧面点云结果

步骤 11：创建鞋身顶部点云数据。按<F5>键，将鞋身点云数据置于前视图。在视图区右击点云数据，系统弹出图 3-172 快捷工具条，单击【平行点云截面】按钮，系统弹出【平行点云截面】对话框，如图 3-177 所示。在【平行点云截面】对话框中单击【起点】选项区域中的【X】文本框，然后在视图区选择靠顶部的点云作为起点，在【截面】文本框中输入 1，其余参数按系统默认，单击【应用】按钮 应用 完成平行点云截面的创建，结果如图 3-178 所示。

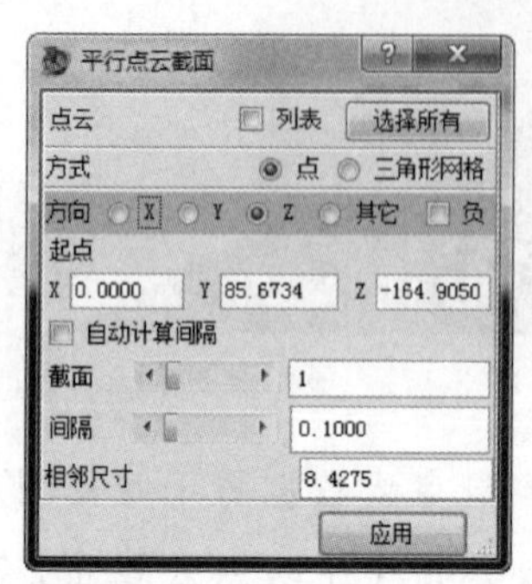

图 3-177 【平行点云截面】对话框

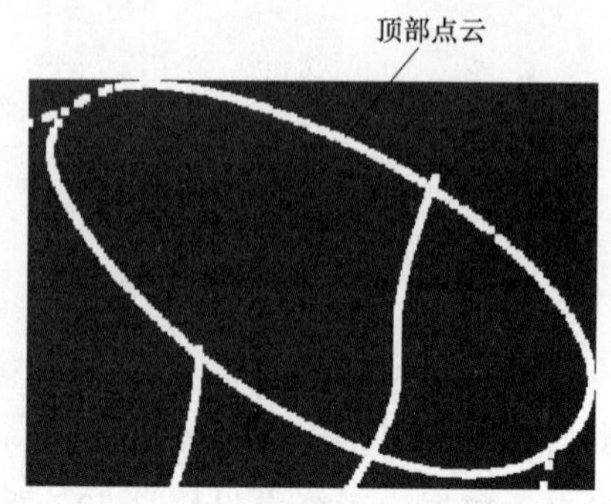

图 3-178 顶部点云创建结果

步骤 12：创建鞋身底部点云数据。在菜单栏中选择【创建】|【3D 曲线】|【3D B-样条】命令或将光标移至视图区，按<Shift+Ctrl>组合键的同时单击鞋身的点云数据，系统弹出图 3-179 所示快捷工具条，单击【3D B-样条】按钮，系统弹出【3D B-样条】对话框，如图 3-180 所示。在视图区沿鞋身底边绘制样条曲线，单击【应用】按钮 应用 完成 3D B-样条曲线的创建，结果如图 3-181 所示。

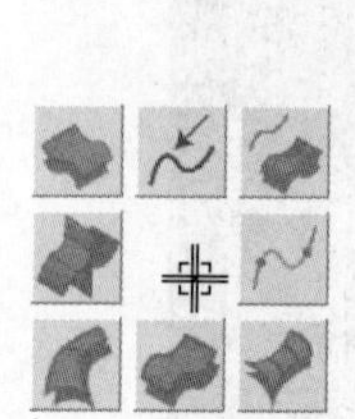
图 3-179 快捷工具条

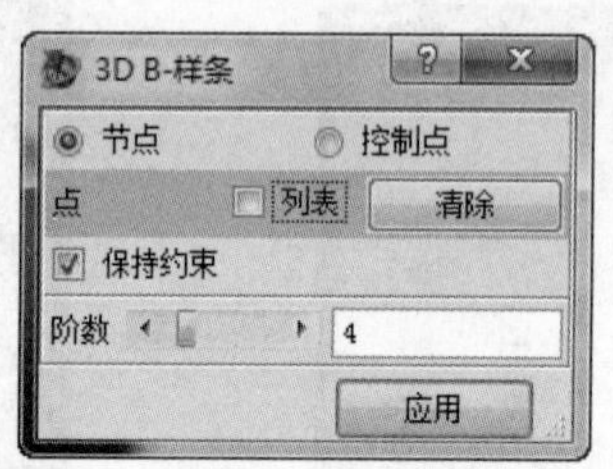

图 3-180 【3D B-样条】对话框

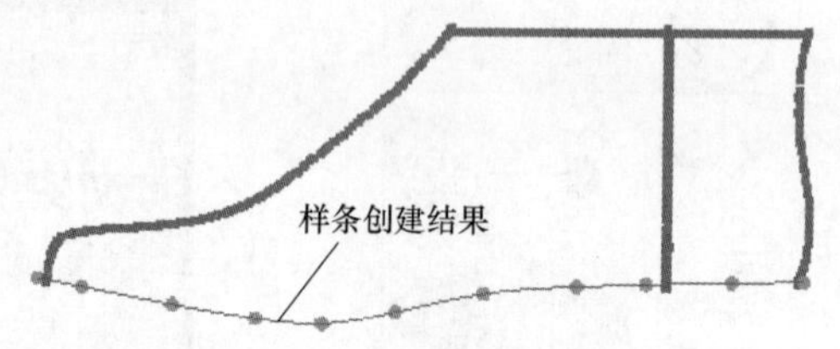

图 3-181 样条曲线创建结果

步骤 13：创建鞋身底部投影。在菜单栏中选择【构建】|【点】|【曲线投影到点云】命令或在【构建】工具条中单击【创建投影】按钮，在弹出的图 3-182 所示的工具条中单击【曲线投影到点云】按钮，系统弹出【曲线投影到点云】对话框，如图 3-183 所示。在视图区选择鞋身点云数据作为曲线投影的对象，选择图 3-181 所示的样条曲线作为投影对象。在【曲线投影到点云】对话框的【投影】选项区域中选中【在方向范围内】单选按钮，在【点数量】文本框中输入 150，其余参数按系统默认，单击【应用】按钮 应用 完成曲线投影到点云的操作，结果如图 3-184 所示。

利用相同的方法，完成鞋身底部另一侧的投影操作，最终结果如图 3-185 所示。

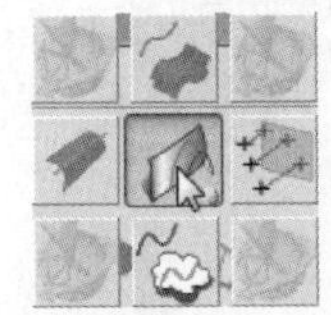

图 3-182　快捷工具条

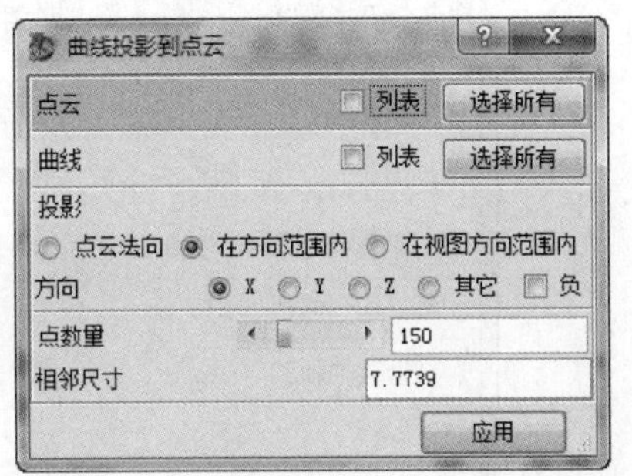

图 3-183　【曲线投影到点云】对话框

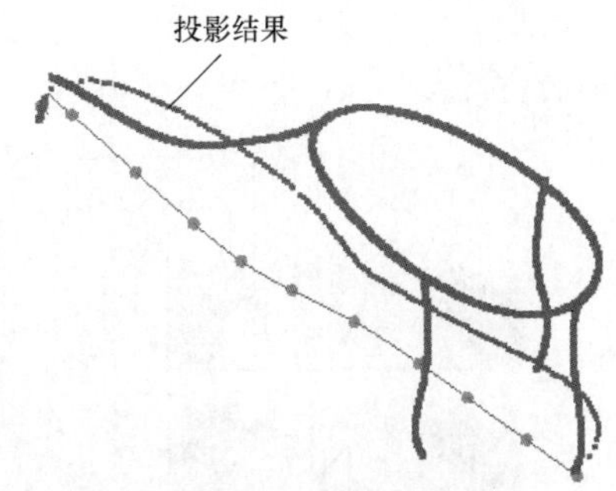

图 3-184　曲线投影到点云创建结果

步骤 14：均匀鞋楦曲线。在菜单栏中选择【构建】|【由点云构建曲线】|【均匀曲线】命令或在【自定义】工具条中单击【均匀曲线】按钮，系统弹出【均匀曲线】对话框，如图 3-186 所示。在视图区选择其中一点云数据为创建对象，在【跨度】文本框中输入 11，其余参数按系统默认，单击【应用】按钮 应用 完成均匀曲线的操作，结果如图 3-187 所示。

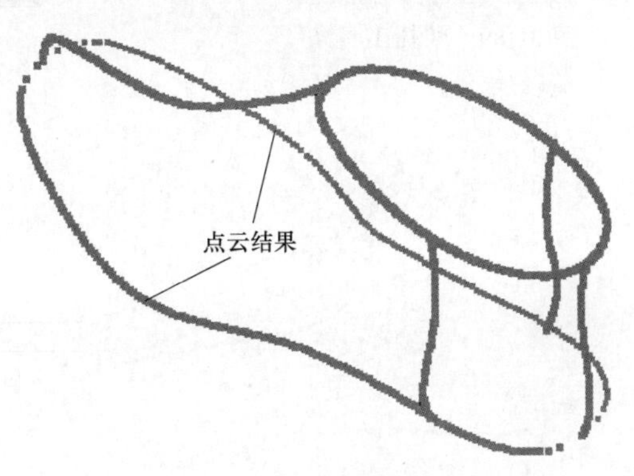

图 3-185　鞋身底部曲线投影到点云最终结果

利用相同的方法，完成其余曲线的均匀操作，结果如图 3-188 所示。

图 3-186　【均匀曲线】对话框

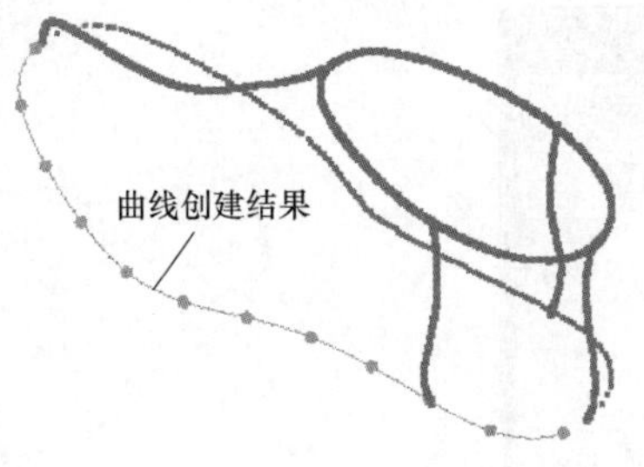

图 3-187　均匀曲线结果

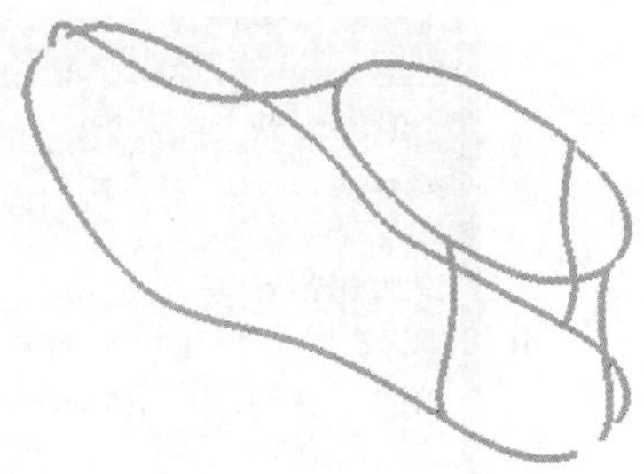

图 3-188　均匀鞋楦曲线最终结果

步骤 15：延伸鞋楦样条曲线。在菜单栏中选择【修改】|【延伸】命令或将光标移至视图区，按<Shift+Ctrl>组合键的同时单击鼠标中键，系统弹出图 3-189 所示快捷工具条，单击【延伸】按钮，系统弹出【延伸】对话框，如图 3-190 所示。在视图区选择其中一条样条曲线进行延伸，并将曲线调至大概相交于一点，编辑结果如图 3-191 所示。

步骤 16：创建鞋楦相交曲线。在菜单栏中选择【修改】|【连续性】|【相交曲线】命令或将光标移至视图区，按住<Shift+Ctrl>组合键的同时单击鼠标中键，系统弹出图 3-189 所示快捷工具条，单击【相交曲线】按钮，系统弹出【相交曲线】对话框，如图 3-192 所示。在【间隙公差】文本框中输入 0.05，在【光滑度】文本框中输入 0.2，然后在视图区选择各样条曲线进行相交，结果如图 3-193 所示。

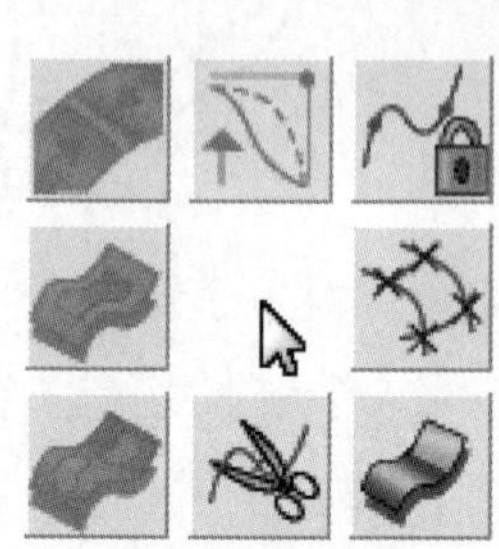

图 3-189　快捷工具条

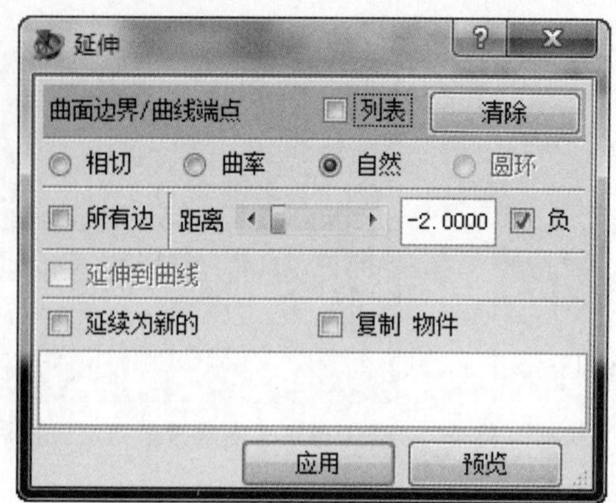

图 3-190　【延伸】对话框

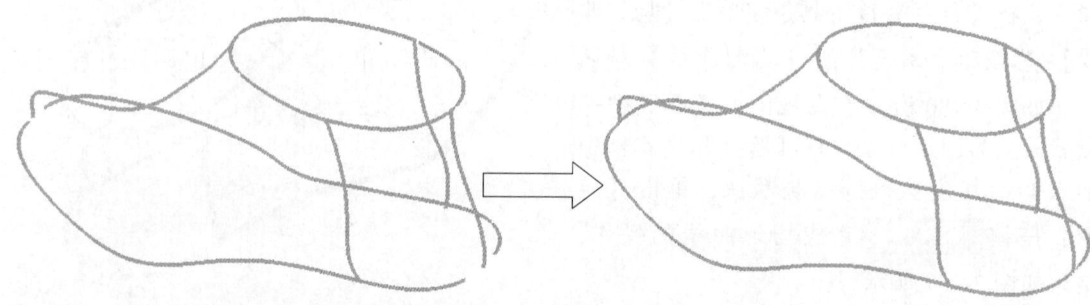

图 3-191　延伸样条曲线结果

图 3-192　【相交曲线】对话框

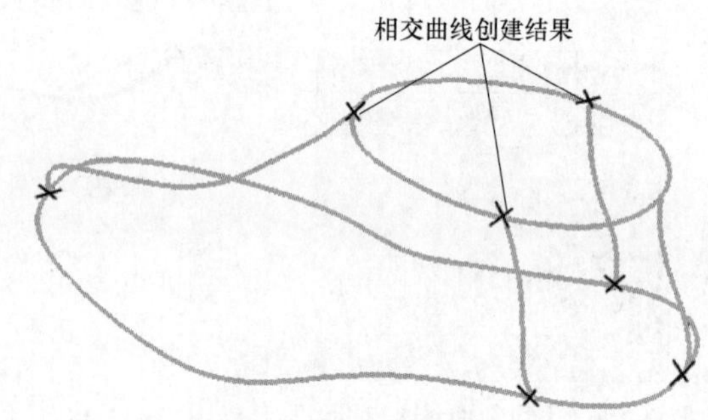

图 3-193　相交曲线创建结果

步骤 17：修剪样条曲线。在菜单栏中选择【修改】|【截断】|【截断曲线】命令或将光标移至视图区，按<Shift+Ctrl>的同时单击鼠标中键，系统弹出图 3-189 所示快捷工具条，单击【截断曲线】按钮，系统弹出【截断曲线】对话框，如图 3-194 所示。在视图区对各样条曲线进行修剪，并删除多余对象。为了保证线与线之间能相切过渡，用户可以利用【修改】|【连续性】|【创建约束】命令修改相切过渡对象，结果如图 3-195 所示。

步骤 18：划分点云区域。在菜单栏中选择【修改】|【抽取】|【圈选点】命令，系统弹出【圈选点】对话框，如图 3-196 所示。在视图区选择点云数据，然后圈选图 3-197 所示的对象作为分割对象，并在【保留点云】选项区域中选中【两端】单选按钮，其余参数按系统

默认，单击【应用】按钮 应用 完成圈选点的操作。

图 3-194　【截断曲线】对话框

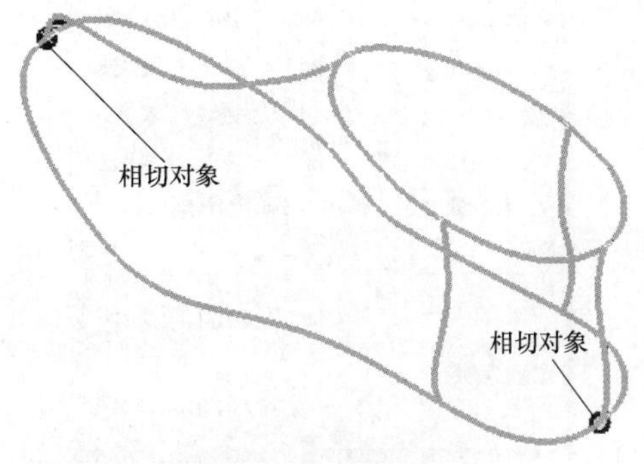

图 3-195　相切与修剪结果

利用相同的方法，完成其他三个区域的划分，最终结果如图 3-198 所示。

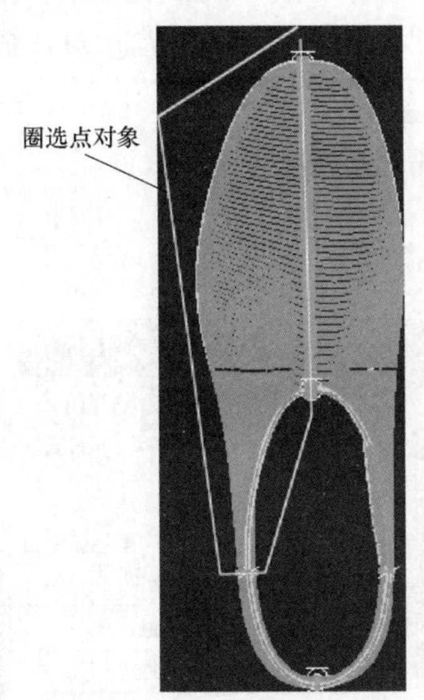

图 3-196　【圈选点】对话框

图 3-197　圈选点对象

步骤 19：创建曲面对象。在菜单栏中选择【构建】|【曲面】|【依据点云和曲线拟合】命令，系统弹出【点云和曲线创建曲面】对话框，如图 3-199 所示。在视图区选择点云数据，然后沿着点云数据依序选择四条边界作为拟合对象，在【点云和曲线创建曲面】对话框选中【指定跨度】复选框，在【跨度】选项区域中的【U】和【V】文本框中分别输入 9，其余参数按系统默认，单击【应用】按钮 应用 完成曲面的创建，结果如图 3-200 所示。

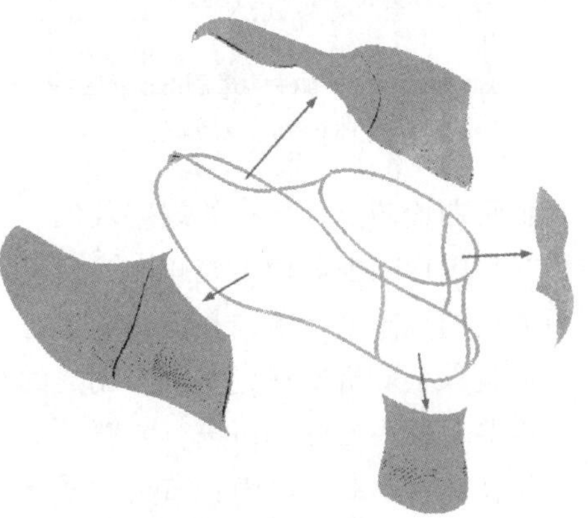

图 3-198　点云区域划分结果

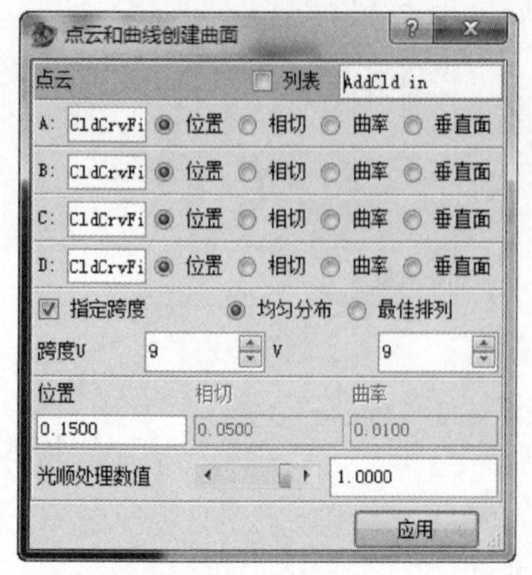

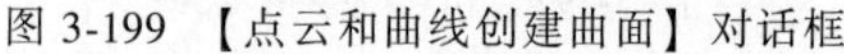
图 3-199 【点云和曲线创建曲面】对话框

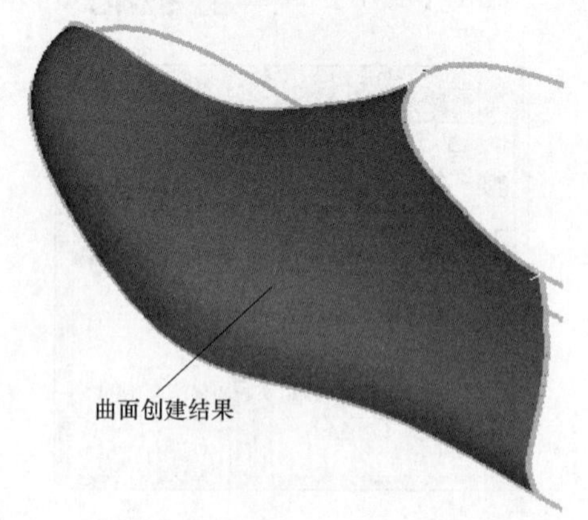

图 3-200 曲面创建结果

步骤 20：误差分析。在菜单栏中选择【测量】|【曲面偏差】|【曲面到点云偏差】命令，系统弹出【曲面到点云偏差】对话框，如图 3-201 所示。在此不做任何更改，单击【应用】按钮 应用 ，系统弹出【显示差别】对话框，如图 3-202 所示，同时在视图区会显示误差分析结果，如图 3-203 所示。

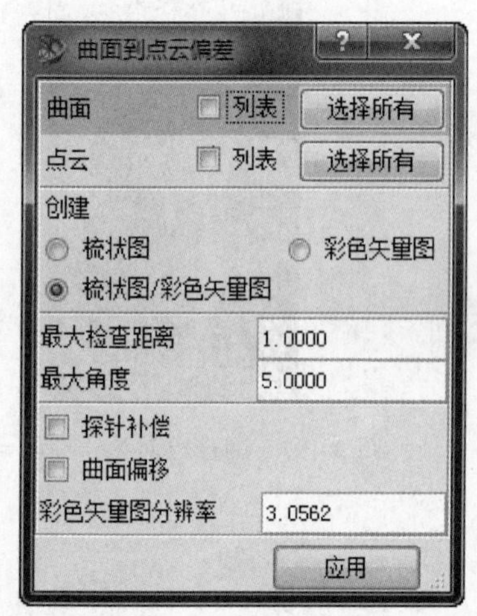

图 3-201 【曲面到点云偏差】对话框

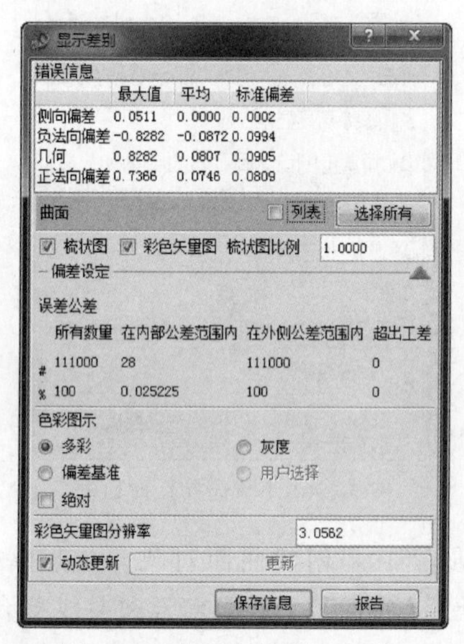

图 3-202 【显示差别】对话框

如果曲面与点云数据的误差较大，则可利用调整控制点的方式对误差进行调整；如果误差值在范围内，但曲面不光顺时，也可以通过调整控制点的方式调整曲面的光滑度。可根据误差颜色的分布来判断调整值。

通过误差分析发现，本例中创建的鞋身曲面在鞋头处的曲面与点云数据的误差比较大，因此需要对鞋头处的曲面进行调整。

将光标移至曲面范围，右击，系统弹出图 3-204 所示快捷工具条，单击【编辑曲面】按钮，系统弹出【控制点/曲线节点修改】对话框，如图 3-205 所示。然后调整远离曲面的

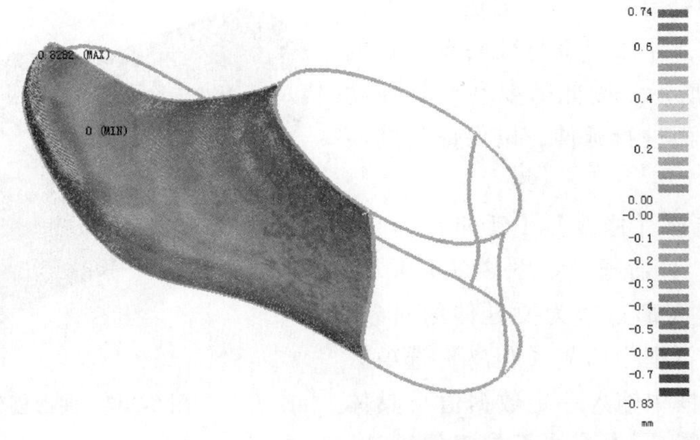

图 3-203　误差分析结果

控制点，结果如图 3-206 所示。

图 3-204　【编辑曲面】快捷工具条

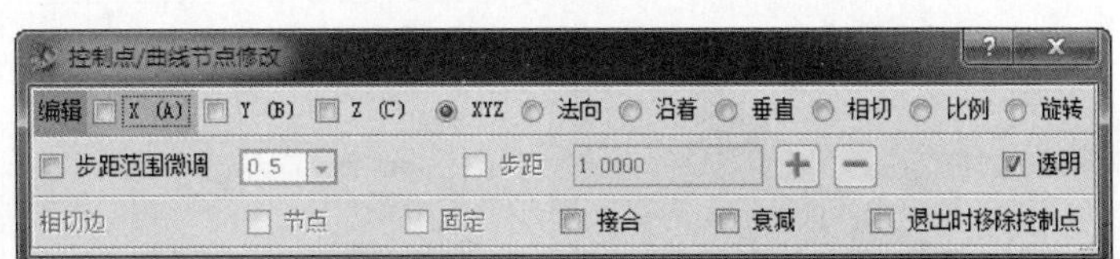

图 3-205　【控制点/曲线节点修改】对话框

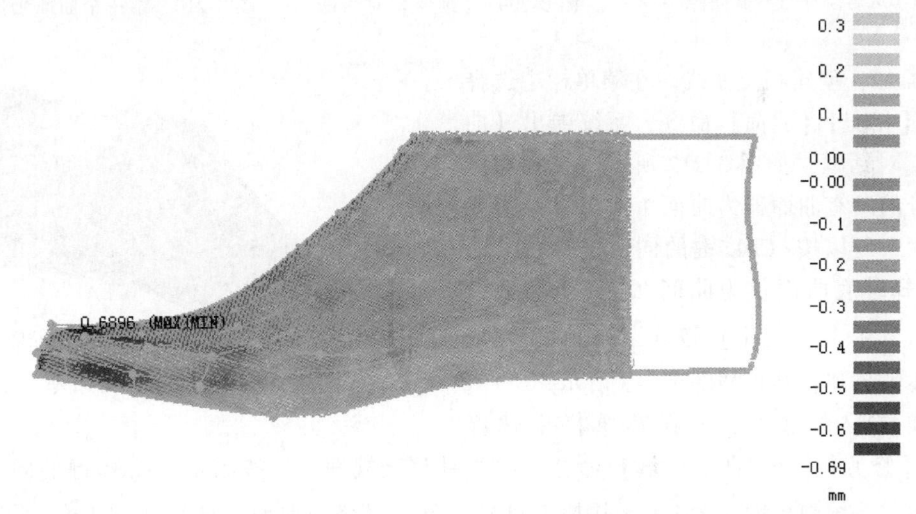

图 3-206　数据调整结果

> 提示：
> 本例对点云数据只做了粗调，读者可以根据需要进行调整。

利用相同的方法，完成其余三个曲面的创建，结果如图 3-207 所示。

步骤 21：延伸鞋身曲面。在创建鞋身曲面时，采用了分割法，导致鞋身与鞋底有一定的距离，如图 3-208 所示。因此需要利用延伸功能对鞋身的各个曲面进行延伸，以保证与鞋底相交。

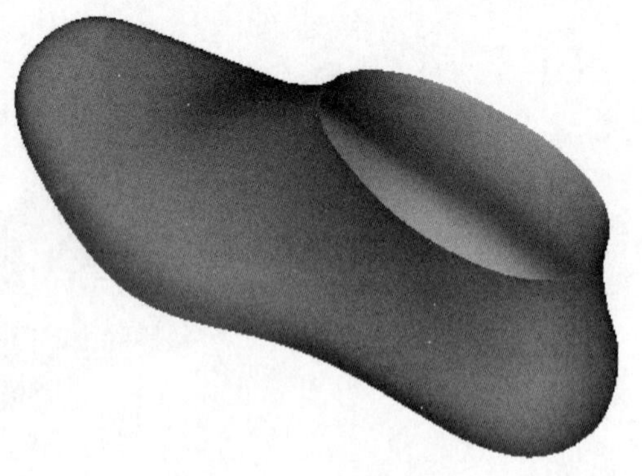

图 3-207　曲面创建结果

在菜单栏中选择【修改】|【延伸】命令，系统弹出【延伸】对话框，如图 3-209 所示。在视图区选择鞋身底部边作为要延伸的对象，然后在【延伸】对话框中调节【距离】选项区域的滑块或在文本框中输入一定数据值（具体数据根据图形来判断），其余参数按系统默认，单击【应用】按钮 应用 系统完成曲面延伸操作，结果如图 3-210 所示。

利用相同的方法，完成剩余曲面的延伸操作，结果如图 3-211 所示。

图 3-208　鞋身与鞋底间隙

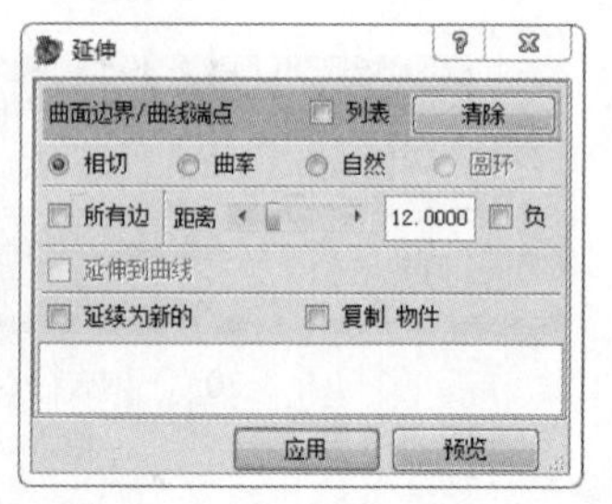

图 3-209　【延伸】对话框

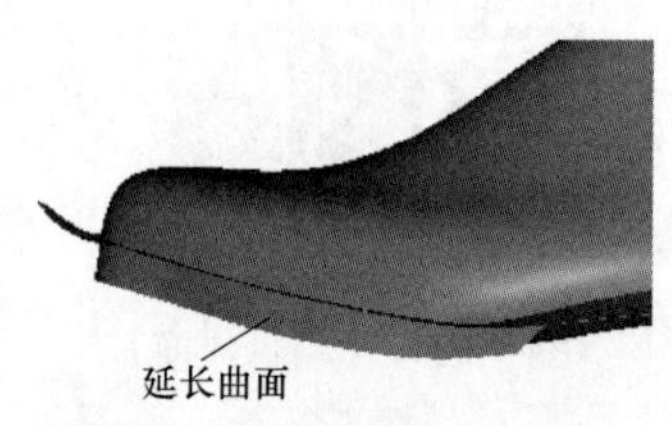

图 3-210　第一个曲面延伸结果

步骤 22：创建相交曲线。在菜单栏中选择【构建】|【相交】|【曲面】命令，系统弹出【曲面交线】对话框，如图 3-212 所示。在视图区选择鞋身的所有曲面作为曲面 1 对象（如果要多选曲面，可以按<Ctrl>键的同时选择相关曲面），选择鞋底曲面作为曲面 2，其余参数按系统默认，单击【应用】按钮 应用 完成相交曲线的创建，结果如图 3-213 所示。

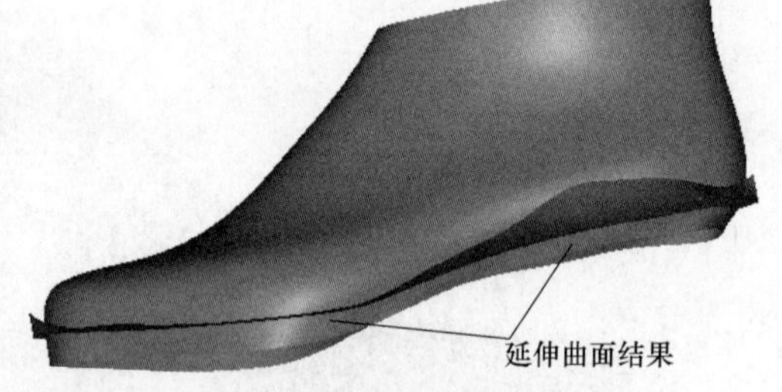

图 3-211　鞋身曲面延伸结果

步骤 23：修剪曲面。在菜单栏中选择【修改】|【修剪】|【修剪曲面区域】命令或将指针移至视图区，按<Shift+Ctrl>键的同时单击鼠标中键，系统弹出图 3-214 所示快捷工具条，单击【修剪曲面区域】按钮，系统弹出【修剪曲面区域】对话框，如图 3-215 所示。在视图区选择鞋底曲面作为修剪的曲面，在【修剪曲面区域】对话框中单击【区域指定】选项，然后在视图区选择鞋身以内的曲面作为保留区域，其余参数按系统默认，单击【应用】按钮 应用 完成曲面修剪的操作，结果如图 3-216 所示。

利用相同的方法，完成其余曲面的修剪。鞋楦最终创建结果如图 3-217 所示。

图 3-212 【曲面交线】对话框

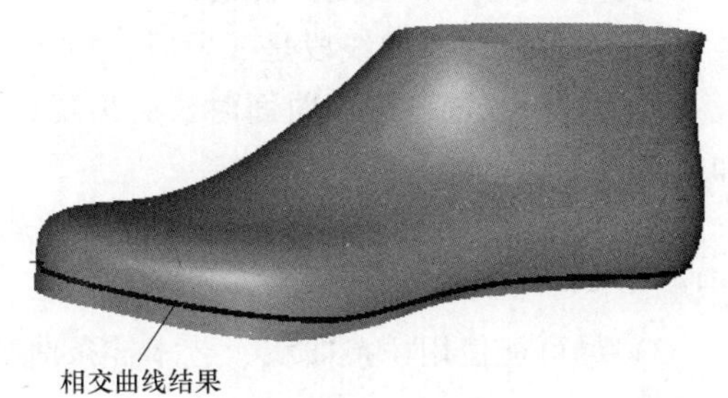

图 3-213　相交曲线创建结果

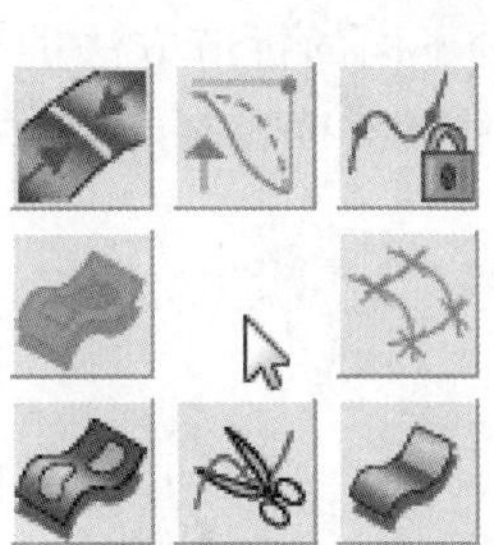

图 3-214　快捷工具条

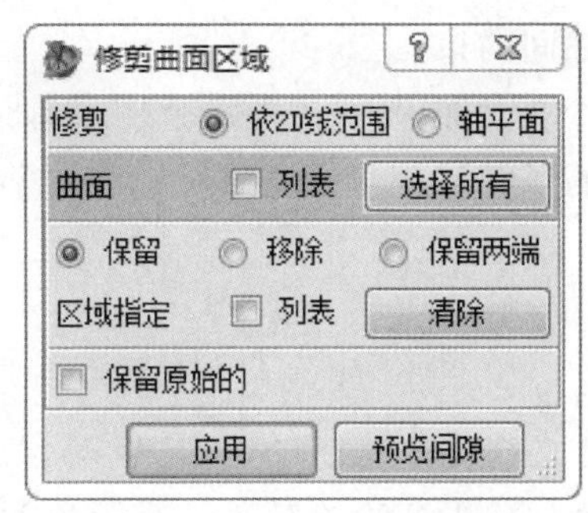

图 3-215 【修剪曲面区域】对话框

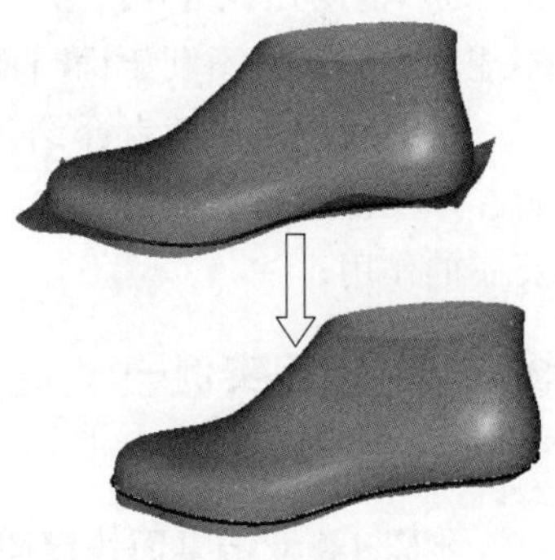

图 3-216　曲面修剪结果

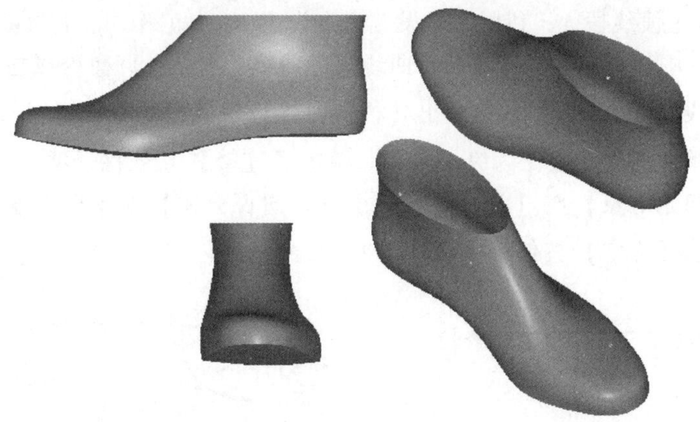

图 3-217　鞋楦最终创建结果

3.7 拆面设计

在曲面建模工作过程中，我们经常会遇到各式各样的产品，而且好多产品不是一次创建就能做出，而是需要经过几次的拆分才能得出想要的效果。

在拆面设计时，一定要注意线框的构建，一般可以按如下思路去分析去构建：

1）当自己建立的线段是3段时，应想办法构建另一辅助线，使线段成为4条完整的线段。因为3段线进行创建曲面时，会出现点线构面现象，这样会对后续的工作带来不便，比如对增厚失败、抽壳失败等现象。

2）如果面与面之间要光顺过渡，那么在自己建立线段时就要保证线段与线段之间相切。

3）尽可能使用桥接曲线、艺术样条曲线进行创建辅助线，因为这两种线段比较容易编辑与拖动。

4）当辅助线难于在空间创建时，则可以考虑先创建大的曲面，然后再利用修剪体或修剪的片体等命令进行修剪，从而得出空间辅助线。

5）记住凡不是4段边界的，要想办法将线段变为4段边界，同时4段边界之间的夹角不能太小，这样不利于面与面之间约束。

下面我们将向读者介绍三个拆面的例子，并每个例子都用两种不同的拆解方法进行讲解，以便读者对拆面有更深入的了解，也希望通过对本节的学习，能够对读者起到一个举一反三的作用。

3.7.1 拆面实例一

1. 方法一

步骤1：双击桌面快捷图标，打开NX8.5软件。在菜单栏中选择【文件】|【打开】命令或在【标准】工具条中单击【打开】按钮，系统弹出【打开】对话框，在此找到素材文件cm1.prt，单击【OK】按钮 OK ，进入UG NX8.5用户界面。

步骤2：创建过渡线段1。利用图层设置命令设置41为工作层，1为可选层，其余为不可见层。在菜单栏中选择【插入】|【来自曲线集的曲线】|【桥接】命令或在【曲线】工具条中单击【桥接曲线】按钮，系统弹出【桥接曲线】对话框。在视图区选择左侧的线段作为起始对象，选择右侧的线段作为终止对象。单击【连接】卷展栏选项；接着单击【位置】选项，然后在【起始对象】与【终止对象】的【U向百分比】文本框中输入17，其余参数按系统默认，单击【确定】按钮 确定 完成桥接曲线的创建，结果如图3-218所示。

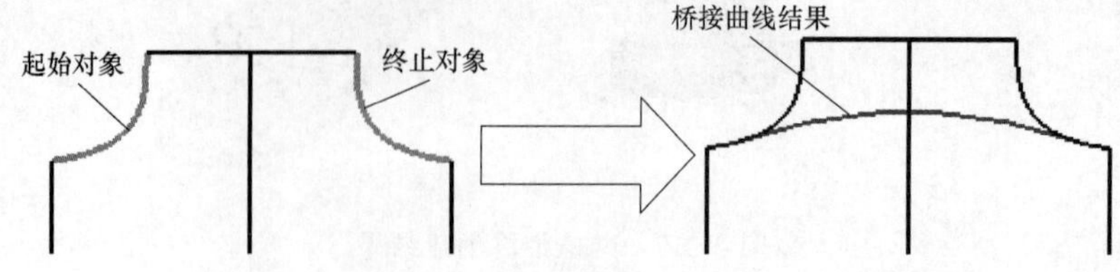

图3-218 过渡线段1创建结果

步骤 3：创建分割线段。利用图层设置命令设置 1 为工作层，61 为可选层，其余为不可见层。在菜单栏中选择【编辑】|【曲线】|【分割】命令或在【曲线】工具条中单击【分割曲线】按钮，系统弹出【分割曲线】对话框。在【类型】列表框中选择【按边界对象】选项，同时将视图转换至右视图。在视图区选择左侧的线段作为要分割的线段，同时系统在【类型】列表框中自动选择【边界对象】选项；在【对象】下拉列表框中选择【按平面】选项，在视图区选择 X-Y 平面为定义平面，然后在【距离】文本框中输入 27，其余参数按系统默认，单击【确定】按钮 确定 完成分割线段的创建，结果如图 3-219 所示。

利用相同的方法，完成另一侧的线段分割操作。

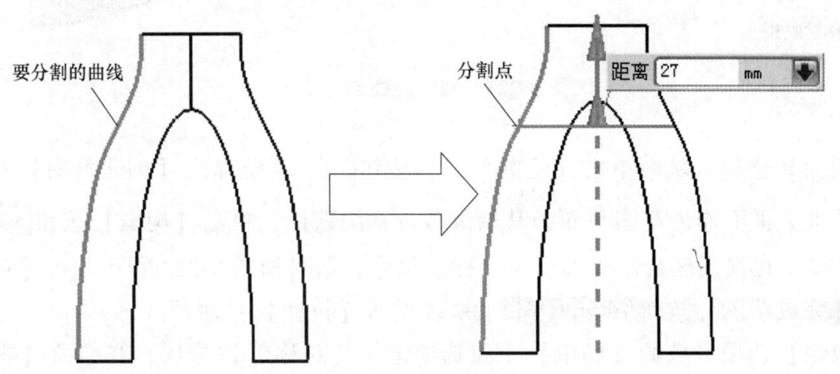

图 3-219　分割曲线结果

步骤 4：创建过渡线段 2。利用图层设置命令设置 41 为工作层，1、61 为可选层，其余为不可见层。在菜单栏中选择【插入】|【曲线】|【艺术样条】命令或在【曲线】工具条中单击【艺术样条】按钮，系统弹出【艺术样条】对话框。在视图区选择分割线左侧的端点作为样条曲线的起始点，并约束为 G1，选择桥接曲线与 Y-Z 平面的交点作为样条曲线第二个点，选择右侧的端点作为样条曲线的终止点，同时约束 G1，其余参数按系统默认，单击【确定】按钮 确定 完成艺术样条创建，结果如图 3-220 所示。

步骤 5：创建曲面。利用图层设置命令设置 1 为工作层，41 为可选层，其余为不可见层。在菜单栏中选择【插入】|【网格曲面】|【通过曲线网格】命令或在【曲面】工具条中单击【通过曲线网格】按钮，系统弹出【通过曲线网格】对话框。在视图区从左到右选择样条曲线作为主曲线，单击鼠标中键完成主曲线的选择。

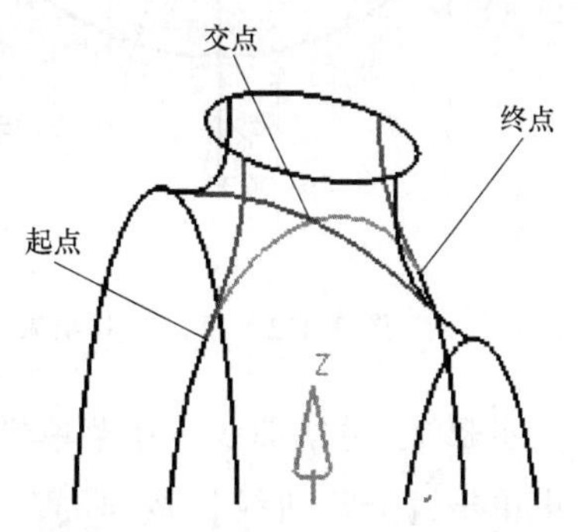

图 3-220　过渡线段 2 创建结果

在【交叉曲线】选项区域中单击【添加新集】按钮，在视图区依序选择样条曲线和桥接曲线作为交叉曲线，其余参数按系统默认，单击【确定】按钮 确定 完成曲面的创建，结果如图 3-221 所示。

步骤 6：拉伸曲面。在主菜单工具栏中选择【插入】|【设计特征】|【拉伸】命令或在【特征】工具条中单击【拉伸】按钮，系统弹出【拉伸】对话框。

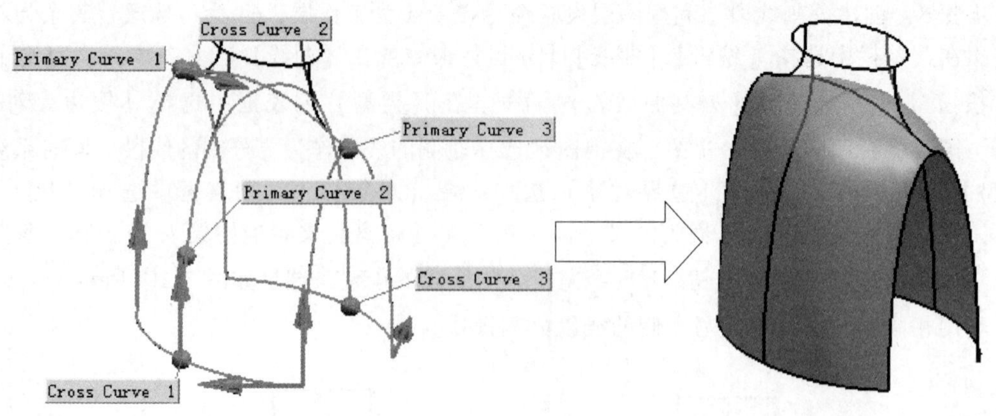

图 3-221　网格曲面创建结果

在【截面】选项区域中单击【绘制草图】按钮，系统弹出【创建草图】对话框，在视图区选择 X-Z 平面作为草图平面，其余参数按系统默认，单击【确定】按钮 确定 系统进入草图环境。在视图区绘制矩形对象并标注尺寸，结果如图 3-222 所示。在【草图】工具条中单击【完成草图】按钮 完成草图，系统返回【拉伸】对话框。

在【限制】选项区域的【结束】下拉选项选择【对称值】选项；在结束【距离】文本框中输入 15。在【布尔】选项区域的【布尔】列表框中选择【求差】选项，其余参数按系统默认，单击【确定】按钮 确定 完成曲面拉伸的操作，结果如图 3-223 所示。

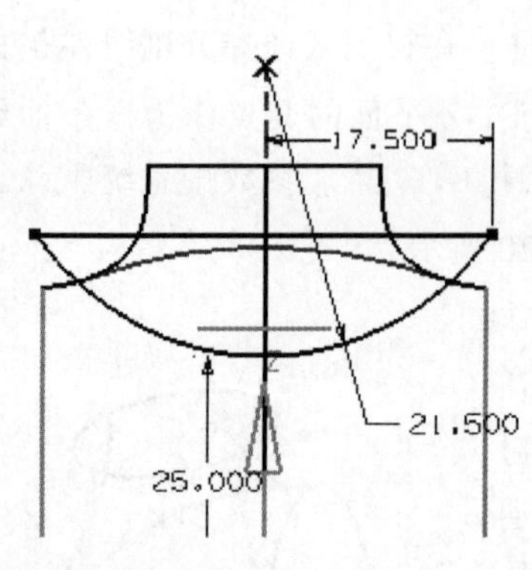

图 3-222　草图绘制结果

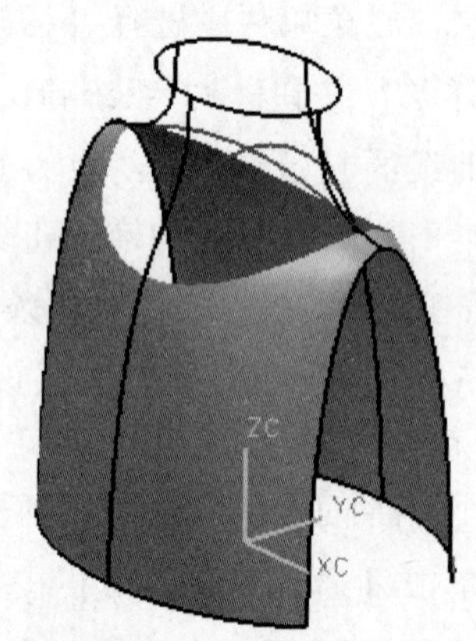

图 3-223　拉伸结果

步骤 7：分割曲线。在菜单栏中选择【编辑】|【曲线】|【分割】命令或在【曲线】工具条中单击【分割曲线】按钮，系统弹出【分割曲线】对话框。在【类型】列表框中选择【等分段】选项。在视图区选择顶部样条曲线作为分割的对象，在【段数】文本框中输入 4，其余参数按系统默认，单击【确定】按钮 确定 完成分割曲线操作。

步骤 8：修补分割对象曲面。在菜单栏中选择【插入】|【网格曲面】|【通过曲线网格】命令或在【曲面】工具条中单击【通过曲线网格】按钮，系统弹出【通过曲线网格】

对话框。在视图区选择顶部分割曲线段与片体边界线作为主曲线，单击鼠标中键完成主曲线的选择。在【交叉曲线】选项区域中单击【添加新集】按钮，在视图区选择主线串方向的起始端线段作为交叉曲线 1，然后依序选择样条曲线。在【连续性】选项区域的【最后主线串】列表框中选择【G1（相切）】选项，然后选择片体面作为约束面对象，其余参数按系统默认，单击【确定】按钮 确定 完成曲面的修补操作，结果如图 3-224 所示。

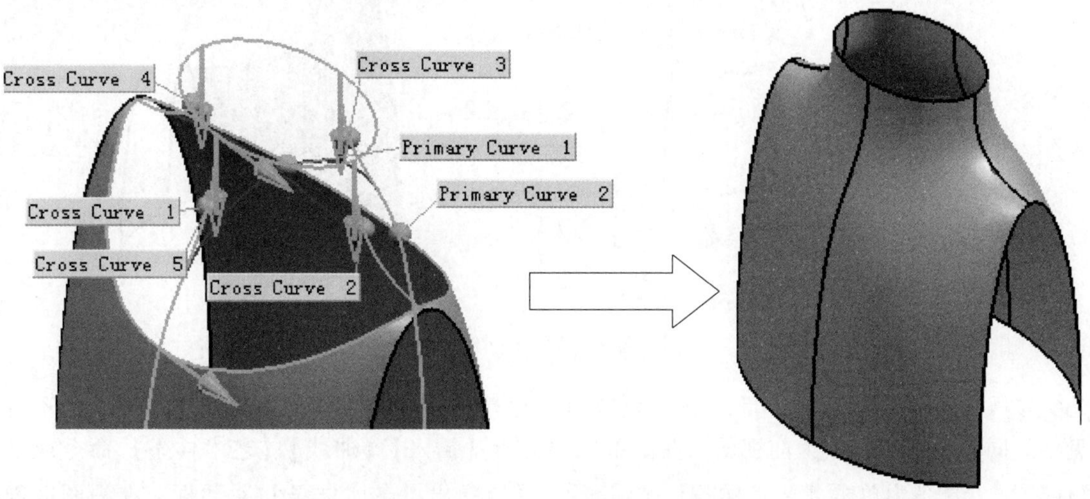

图 3-224　拆面实例一方法一创建结果

2. 方法二

步骤 1：打开素材文件 cm1. prt，单击【OK】按钮 OK ，进入 UG NX8. 5 用户界面。

步骤 2：创建截面线 1。

利用图层设置命令设置 62 为工作层，其余为不可见层。在菜单栏中选择【插入】|【基准/点】|【基准平面】命令或在【特征】工具条中单击【基准平面】按钮，系统弹出【基准平面】对话框。在【类型】列表框中选择【XC-YC 平面】选项，在【距离】文本框中输入 27，其余参数按系统默认，单击【确定】按钮 确定 完成基准平面的创建。

利用图层设置命令设置 41 为工作层，1、61 为可选层，其余为不可见层。在菜单栏中选择【插入】|【曲线】|【艺术样条】命令或在【曲线】工具条中单击【艺术样条】按钮，系统弹出【艺术样条】对话框。在视图区从左到右依序选择线段与基准平面的交点作为样条曲线通过点，其余参数按系统默认，单击【确定】按钮 确定 完成艺术样条曲线创建，结果如图 3-225 所示。

步骤 3：创建曲面 1。利用图层设置命令设置 1 为工作层，41 为可选层，其余为不可见层。在菜单栏中选择【插入】|【网格曲面】|【通过曲线网格】命令或在【曲面】工具条中单击【通过曲线网格】按钮，系统弹出【通过曲线网格】对话框。在视图区从左到右选择样条曲线作为主曲线，单击鼠标中键完成主曲线选择。在【交叉曲线】选项区域中单击【添加新集】按钮，在视图区

图 3-225　艺术样条曲线创建结果

依序选择底部曲线与步骤 2 创建的样条曲线作为交叉曲线，其余参数按系统默认，单击【确定】按钮 确定 完成曲线 1 的创建，结果如图 3-226 所示。

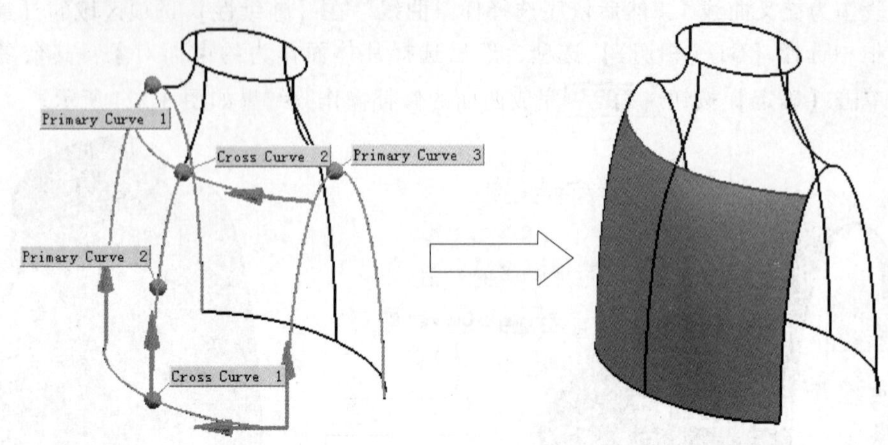

图 3-226 曲面 1 创建结果

步骤 4：创建截面线 2。利用图层设置命令设置 41 为工作层，1 为可选层，其余为不可见层。同时将视图转换为前视图。在菜单栏中选择【插入】|【曲线】|【艺术样条】命令或在【曲线】工具条中单击【艺术样条】按钮，系统弹出【艺术样条】对话框。在视图区创建图 3-227 所示的样条曲线。在菜单栏中选择【插入】|【来自曲线集的曲线】|【镜像】命令或在【曲线】工具条中单击【镜像】按钮，系统弹出【镜像曲线】对话框。在视图区选择图 3-227 所示的样条曲线作为要镜像的对象。在【镜像平面】选项区域的【平面】列表框中选择【新平面】选项，在【指定平面】列表框中选择【Y-Z 平面】选项，其余参数按系统默认，单击【确定】按钮 确定 完成截面曲线的创建，结果如图 3-228 所示。

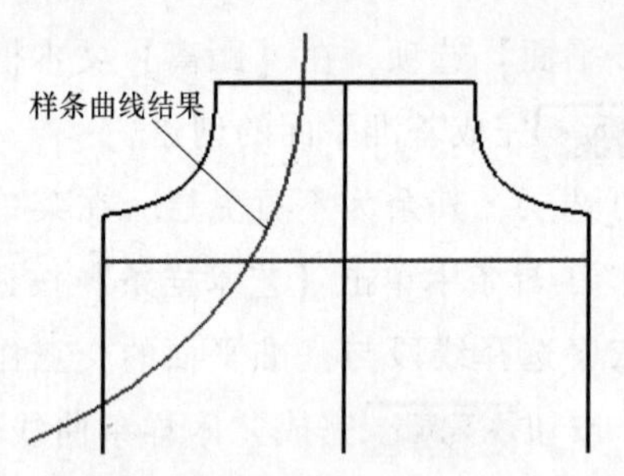

图 3-227 样条曲线创建结果

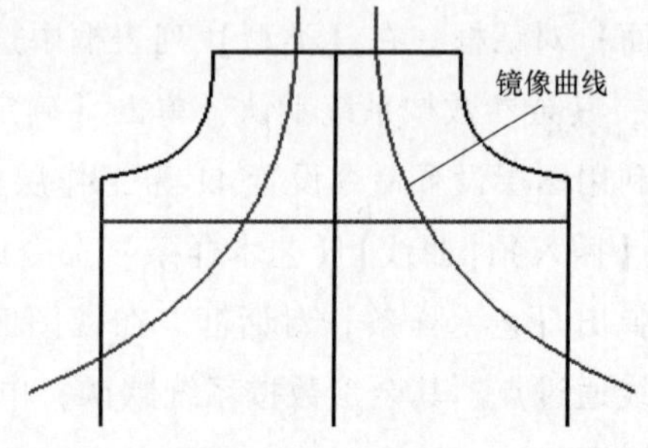

图 3-228 截面线 2 创建结果

步骤 5：拉伸片体。利用图层设置命令设置 1 为工作层，41 为可选层，其余为不可见层。在菜单栏中选择【插入】|【设计特征】|【拉伸】命令或在【特征】工具条中单击【拉伸】按钮，系统弹出【拉伸】对话框。在视图区选择图 3-228 所示曲线作为拉伸截面，在终止的【距离】文本框中输入 18，其余参数按系统默认，单击【确定】按钮 确定 完成拉伸片体的操作，结果如图 3-229 所示。

步骤 6：创建基本曲线。在菜单栏中选择【插入】|【曲线】|【基本曲线】命令或在【曲线】工具条中单击【基本曲线】按钮，系统弹出【基本曲线】对话框。

在【点方法】列表框中选择【交点】选项。在视图区选择片体作为起始对象，然后选择顶部的样条曲线作为终点对象。在【平行于】选项区域中单击【ZC】按钮，然后在视图区单击并将指针向上拖动一定距离，完成基本曲线的创建，结果如图 3-230 所示。

利用同样的方法，完成另一侧基本曲线的创建，结果如图 3-231 所示。

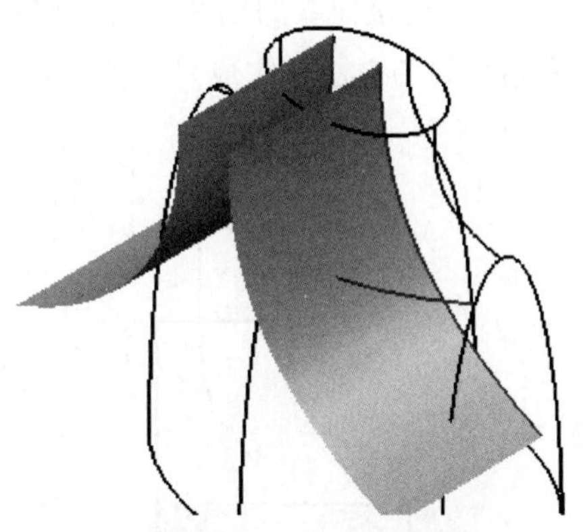

图 3-229　拉伸片体结果

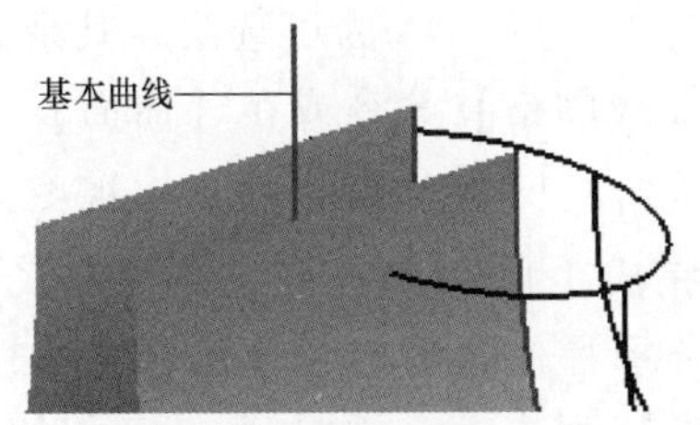

图 3-230　基本曲线创建结果

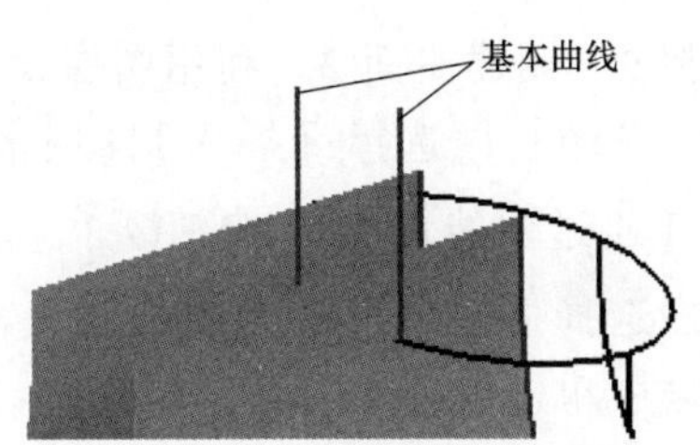

图 3-231　基本曲线最终创建结果

步骤 7：修剪片体。在菜单栏中选择【插入】|【修剪】|【修剪的片体】命令或在【曲面】工具条中单击【修剪的片体】按钮，系统弹出【修剪的片体】对话框。在视图区选择步骤 3 创建的曲面 1 作为要修剪的片体，选择步骤 5 拉伸的两个片体作为工具对象，其余参数按系统默认，单击【确定】按钮 确定 完成修剪体的操作，结果如图 3-232 所示。

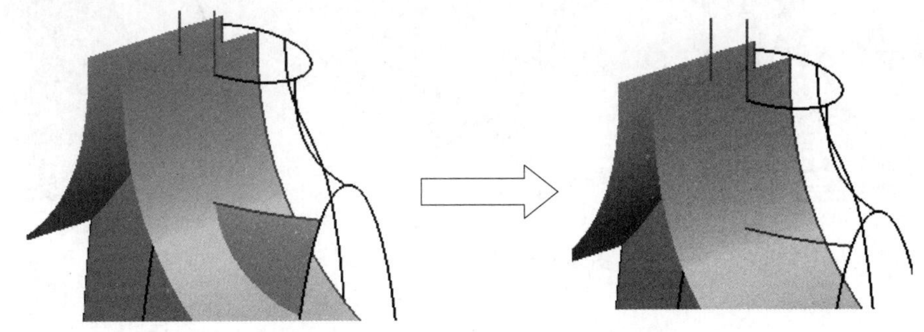

图 3-232　修剪的片体结果

步骤 8：创建桥接曲线。利用图层设置命令设置 41 为工作层，1 为可选层，其余为不可见层。在菜单栏中选择【插入】|【来自曲线集的曲线】|【桥接】命令或在【曲线】工具条中单击【桥接曲线】按钮，系统弹出【桥接曲线】对话框。在视图区选择片体边界作为起始对象，选择左侧的基本曲线作为终止对象，其余参数按系统默认，单击【确定】按钮

确定完成桥接曲线的创建，结果如图 3-233 所示。

利用相同的方法，完成另一侧的桥接曲线的创建，结果如图 3-234 所示。

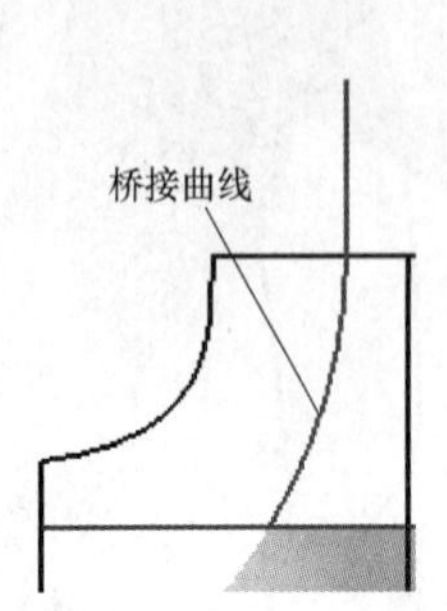

图 3-233　桥接曲线创建结果

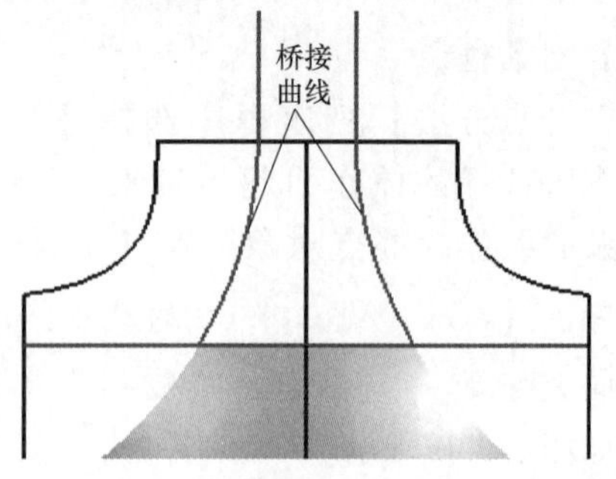

图 3-234　桥接曲线最终创建结果

步骤 9：创建曲面 2。利用图层设置命令设置 1 为工作层，41 为可选层，其余为不可见层。在菜单栏中选择【插入】|【网格曲面】|【通过曲线网格】命令或在【曲面】工具条中单击【通过曲线网格】按钮，系统弹出【通过曲线网格】对话框。在视图区从左到右依序选择桥接曲线作为主曲线，单击鼠标中键完成主曲线的选择。在【交叉曲线】选项区域中单击【添加新集】按钮。在视图区依序选择片体边界与顶部的样条曲线作为交叉曲线。在【连续性】选项区域的【第一交叉线串】列表框中选择【G1（相切）】选项，然后选择片体作为约束对象，其余参数按系统默认，单击【确定】按钮确定完成曲面 2 的创建，结果如图 3-235 所示。

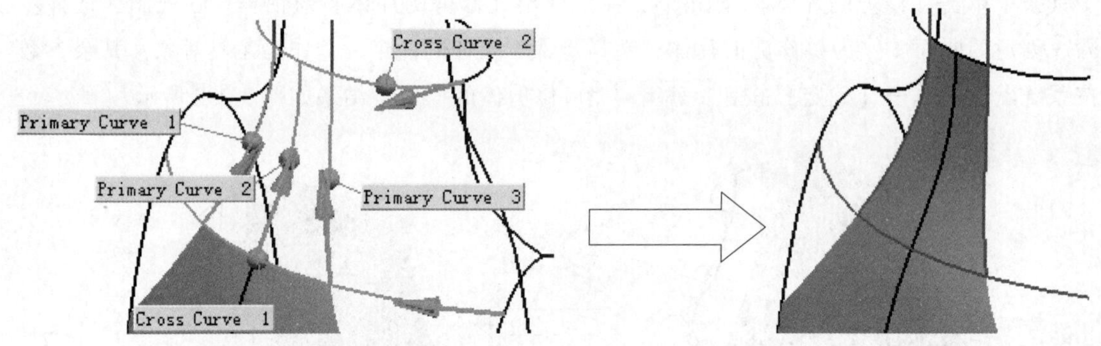

图 3-235　曲面 2 创建结果

步骤 10：利用相同的方法，完成左侧曲面与右侧曲面的创建，结果如图 3-236 所示。

步骤 11：镜像片体对象。在菜单栏中选择【插入】|【关联复制】|【引用几何体】命令或在【特征】工具条中单击【引用几何体】按钮，系统弹出【引用几何体】对话框。在【类型】列表框中选择【反射】选项。在视图区选择片体对象作为要镜像的对象，接着选择 Y-Z 平面作为镜像平面，其余参数按系统默认，单击【确定】按钮确定完成镜像曲面的操作，结果如图 3-237 所示。

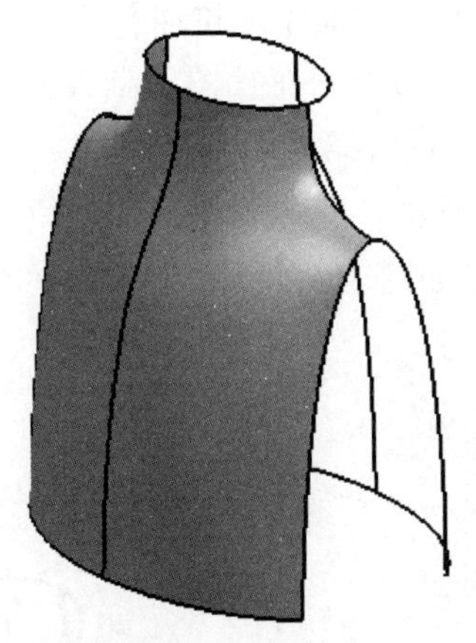

图 3-236　左侧曲面和右侧曲面创建结果

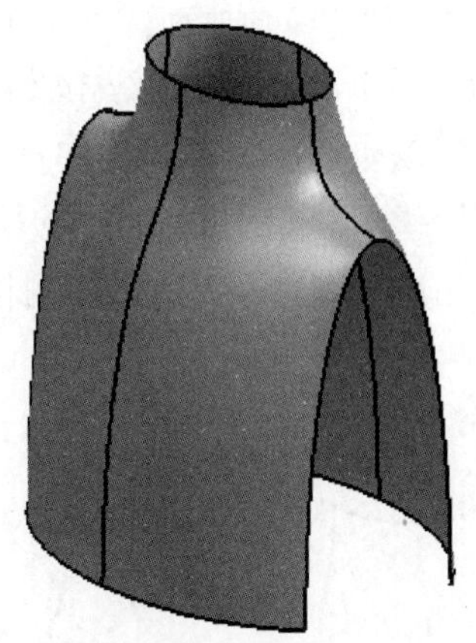

图 3-237　镜像片体对象结果

3.7.2　拆面实例二

1. 方法一

步骤 1：双击桌面图标，打开 UG NX8.5 软件。在菜单栏中选择【文件】|【打开】命令或在【标准】工具条中单击按钮，系统弹出【打开】对话框，在此找到素材文件 cm2.prt，单击【OK】按钮 OK ，进入 UG NX8.5 用户界面。

步骤 2：创建截面线 1。在菜单栏中选择【插入】|【曲线】|【基本曲线】命令或在【曲线】工具条中单击【基本曲线】按钮，系统弹出【基本曲线】对话框。在视图区选择其中一个控制点作为直线的起始点，在【平行于】选项区域中单击【ZC】按钮 ZC ，然后在视图区单击并将指针向上拖动一定距离，完成截面线 1 的创建，结果如图 3-238 所示。

利用相同的方法，完成截面线 2 的创建，结果如图 3-239 所示。

步骤 3：创建桥接曲线。在菜单栏中选择【插入】|【来自曲线集的曲线】|【桥接】命令或在【曲线】工具条中单击【桥接曲线】按钮，系统弹出【桥接曲线】对话框。在视图区选择顶部的基本曲线作为起始对象，选择右侧的基本曲线作为终止对象，其余参数按系统默认，单击【确定】按钮 确定 完成桥接曲线的创建，结果如图 3-240 所示。

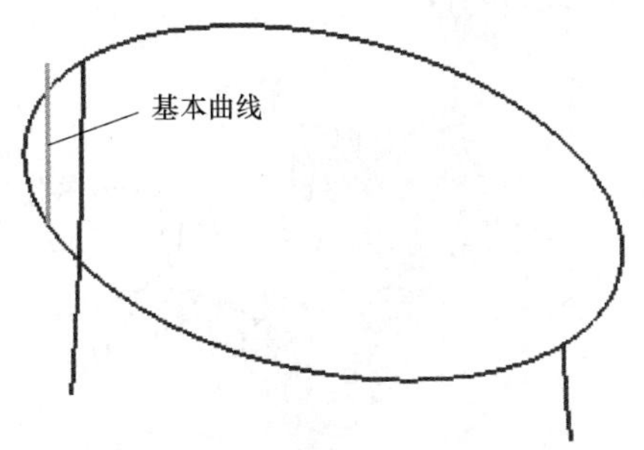

图 3-238　截面线 1 创建结果

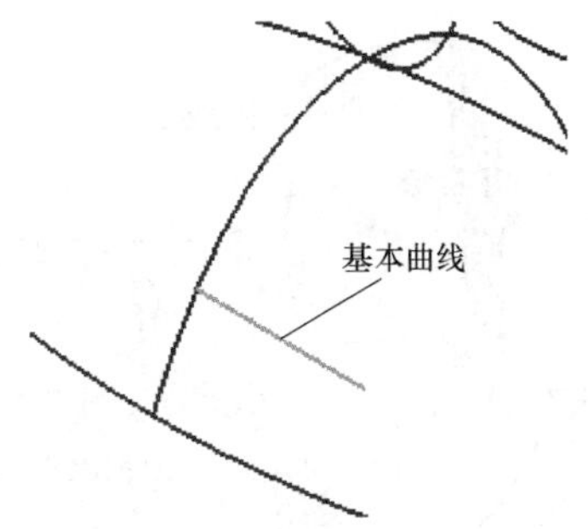

图 3-239　截面线 2 创建结果

步骤 4：创建拉伸曲面。在菜单栏中选择【插入】|【设计特征】|【拉伸】命令或在【特征】工具条中单击【拉伸】按钮，系统弹出【拉伸】对话框。在视图区选择其中一条曲线作为拉伸截面，在终止的【距离】文本框中输入 15，其余参数按系统默认，单击【确定】按钮 确定 完成拉伸曲面的操作，结果如图 3-241 所示。

利用相同的方法，完成另一侧拉伸曲面的创建，结果如图 3-242 所示。

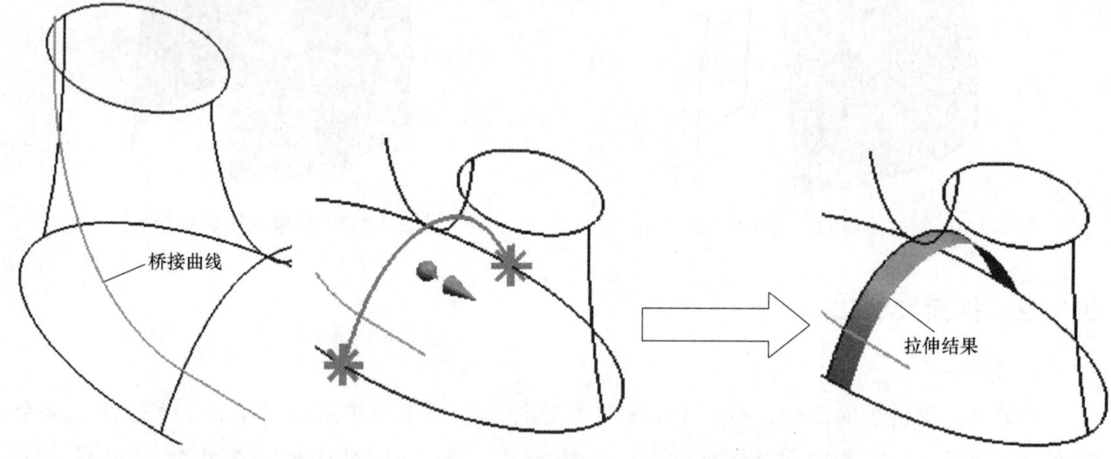

图 3-240 桥接曲线创建结果

图 3-241 拉伸曲面创建结果

步骤 5：创建曲面 1。在菜单栏中选择【插入】|【网格曲面】|【通过曲线网格】命令或在【曲面】工具条中单击【通过曲线网格】按钮，系统弹出【通过曲线网格】对话框。在视图区依序选择桥接曲线、样条曲线作为主曲线，然后单击鼠标中键完成主曲线的选择。在【交叉曲线】选项区域中单击【添加新集】按钮，在视图区依序选择顶部的样条曲线与片体边界作为交叉曲线。在【连续性】选项区域的【最后交叉线串】列表框中选择【G1（相切）】选项，然后选择片体作为约束对象，其余参数按系统默认，单击【确定】按钮 确定 完成曲面 1 的创建，结果如图 3-243 所示。

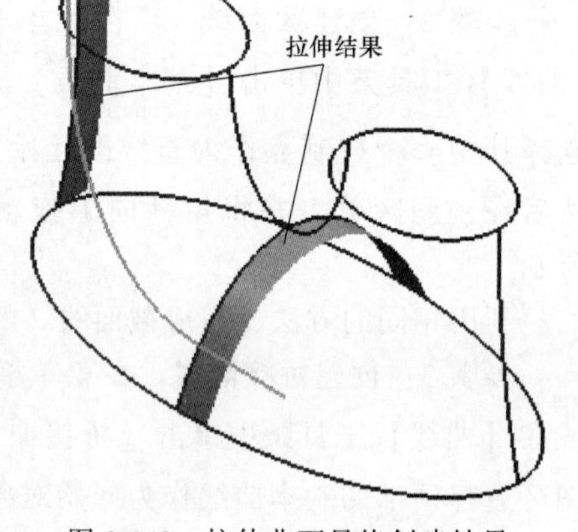

图 3-242 拉伸曲面最终创建结果

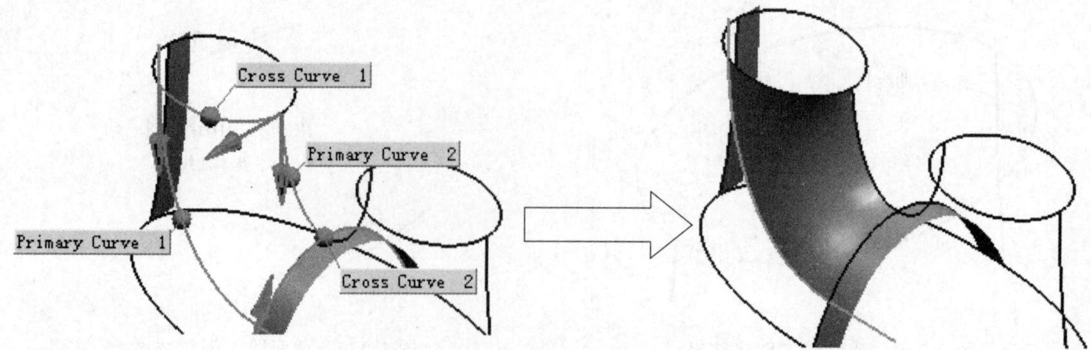

图 3-243 曲面 1 创建结果

步骤 6：创建基准平面。在菜单栏中选择【插入】|【基准/点】|【基准平面】命令或在【特征】工具条中单击【基准平面】按钮，系统弹出【基准平面】对话框。在【类型】列表框中选择【XC-YC 平面】选项，在【距离】文本框中输入 27，其余参数按系统默认，单击【确定】按钮确定完成基准平面的创建。

步骤 7：修剪片体。在菜单栏中选择【插入】|【修剪】|【修剪体】命令或在【特征捏拿】工具条中单击【修剪体】按钮，系统弹出【修剪体】对话框。在视图区选择步骤 5 创建的曲面作为目标体，选择步骤 6 创建的基准平面作为工具面，其余参数按系统默认，单击【确定】按钮确定完成修剪片体的操作，结果如图 3-244 所示。

步骤 8：创建基本曲线。在菜单栏中选择【插入】|【曲线】|【基本曲线】命令或在【曲线】工具条中单击【基本曲线】按钮，系统弹出【基本曲线】对话框。在【点方法】列表框中选择【交点】选项。在视图区选择步骤 6 创建的基准平面作为起始对象，然后选择左侧的样条曲线作为终点对象。在【平行于】选项区域中单击【YC】按钮YC，然后在视图区单击并将光标向上拖动一定距离，完成基本曲线的创建，结果如图 3-245 所示。

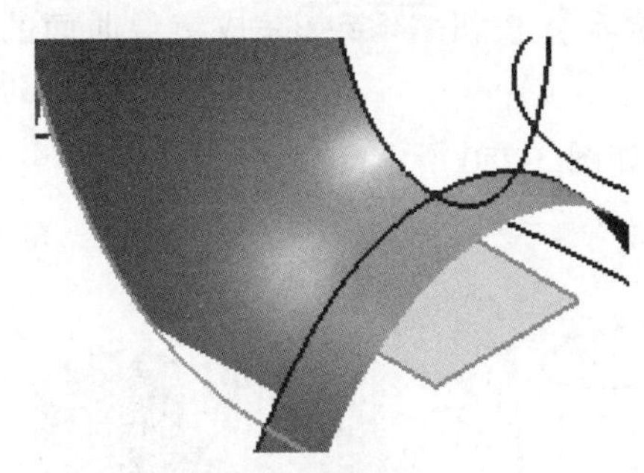

图 3-244　修剪片体结果

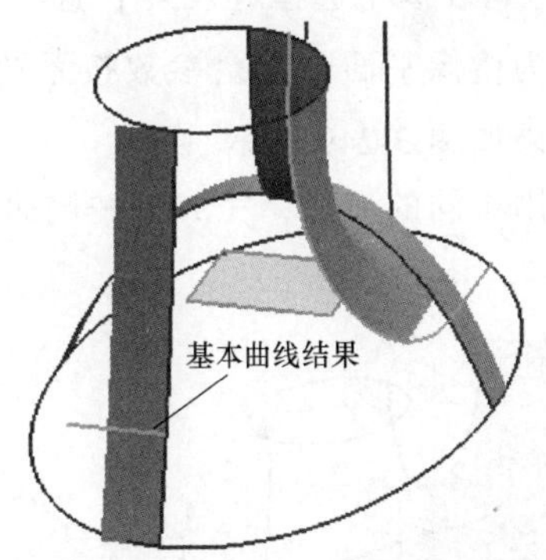

图 3-245　基本曲线创建结果

步骤 9：创建桥接曲线。在菜单栏中选择【插入】|【来自曲线集的曲线】|【桥接】命令或在【曲线】工具条中单击【桥接曲线】按钮，系统弹出【桥接曲线】对话框。

在视图区选择左侧的基本曲线作为起始对象，选择修剪的片体边界作为终止对象，其余参数按系统默认，单击【确定】按钮确定完成桥接曲线的创建，结果如图 3-246 所示。

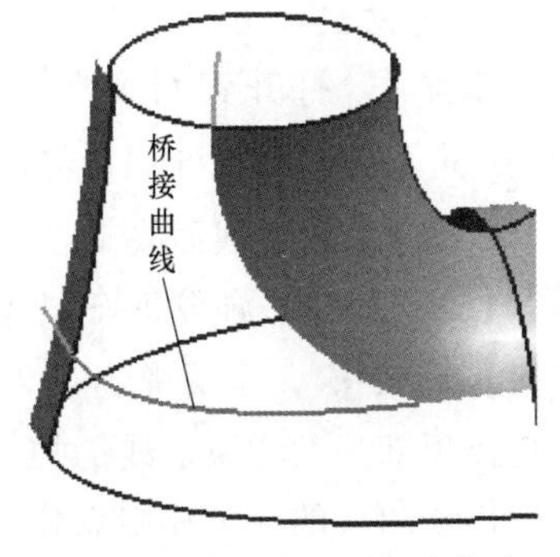

图 3-246　桥接曲线创建结果

步骤 10：创建曲面。在菜单栏中选择【插入】|【网格曲面】|【通过曲线网格】命令或在【曲面】工具条中单击【通过曲线网格】按钮，系统弹出【通过曲线网格】对话框。在视图区依序选择片体边界与另一侧的样条曲线作为主曲线，单击鼠标中键完成主曲线的选择。在【交叉曲线】选项区域中单击【添加新集】按钮，在视图区依序选择顶部的样条曲线与桥接曲线作为交叉曲线。在【连续性】选

项区域的【第一主线串】与【最后主线串】列表框中选择【G1（相切）】选项，然后选择片体作为约束对象，其余参数按系统默认，单击【确定】按钮 确定 完成创建曲面的操作，结果如图 3-247 所示。

利用相同的方法，完成剩余曲面的创建，结果如图 3-248 所示。

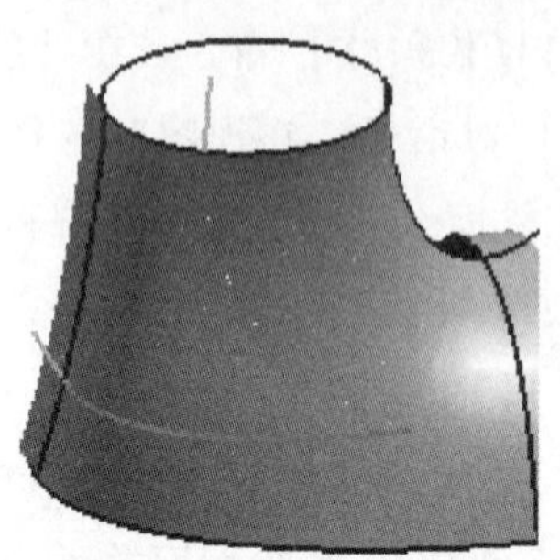

图 3-247　曲面创建结果

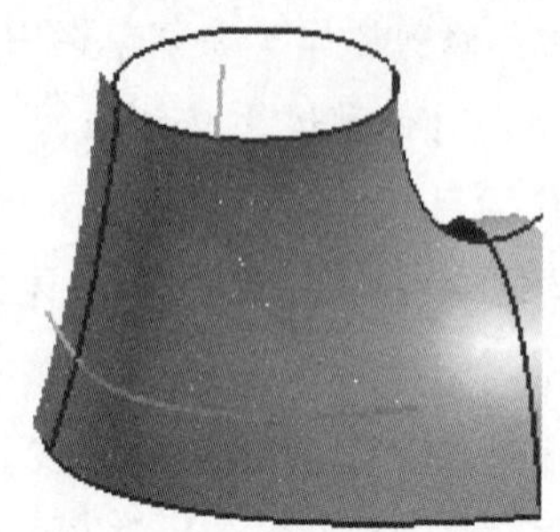

图 3-248　一侧曲面最终创建结果

步骤 11：镜像片体对象。在菜单栏中选择【插入】|【关联复制】|【引用几何体】命令或在【特征】工具条中单击【引用几何体】按钮，系统弹出【引用几何体】对话框。在【类型】列表框中选择【反射】选项，在视图区选择片体对象作为要镜像的对象，选择 Y-Z 平面作为镜像平面，其余参数按系统默认，单击【确定】按钮 确定 完成镜像曲面的操作，结果如图 3-249 所示。

利用相同的方法，完成另一侧曲面的创建，结果如图 3-250 所示。

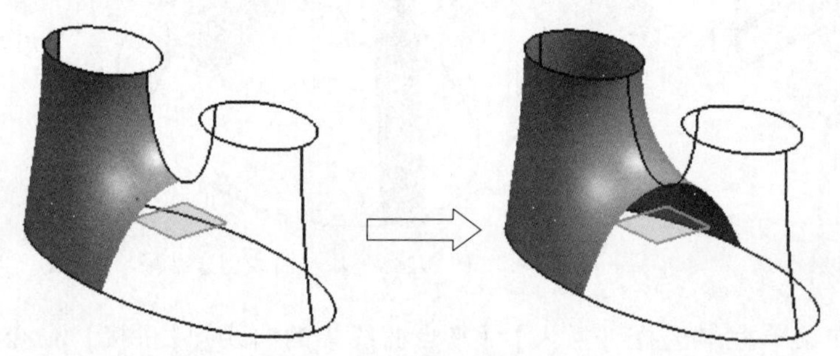

图 3-249　镜像片体结果

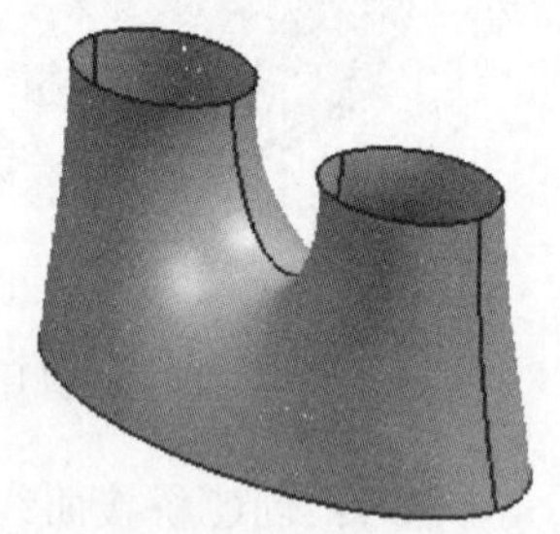

图 3-250　拆面实例二方法一最终创建结果

2. 方法二

步骤 1：打开素材文件 cm2. prt，单击【OK】按钮 OK，进入 UG NX8. 5 用户界面。

步骤 2：创建截面线 1。在菜单栏中选择【插入】|【曲线】|【基本曲线】命令或在【曲线】工具条中单击【基本曲线】按钮，系统弹出【基本曲线】对话框。在视图区选择顶部一条样条曲线的控制点作为起始对象，选择底部的样条曲线的一个控制点作为终点对象，截面线创建结果如图 3-251 所示。

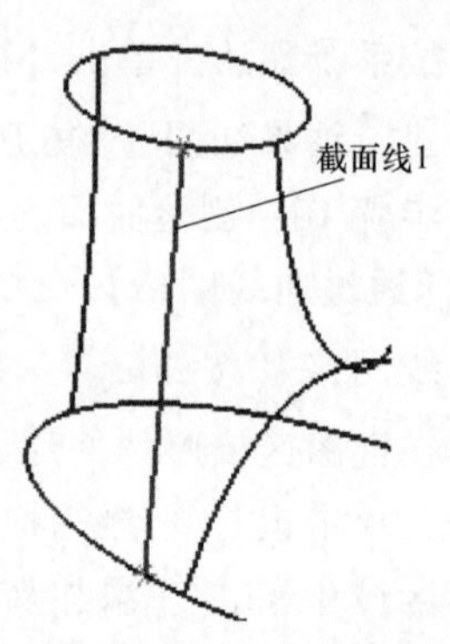

图 3-251　截面线 1 创建结果

步骤 3：拉伸曲面。在菜单栏中选择【插入】|【设计特征】|【拉伸】命令或在【特征】工具条中单击【拉伸】按钮，系统弹出【拉伸】对话框。在视图区选择两侧的样条曲线作为拉伸截面，在【距离】文本框中输入 10，其余参数按系统默认，单击【确定】按钮 确定 完成拉伸曲面的操作，结果如图 3-252 所示。

利用相同的方法，完成另一侧曲面的拉伸，结果如图 3-253 所示。

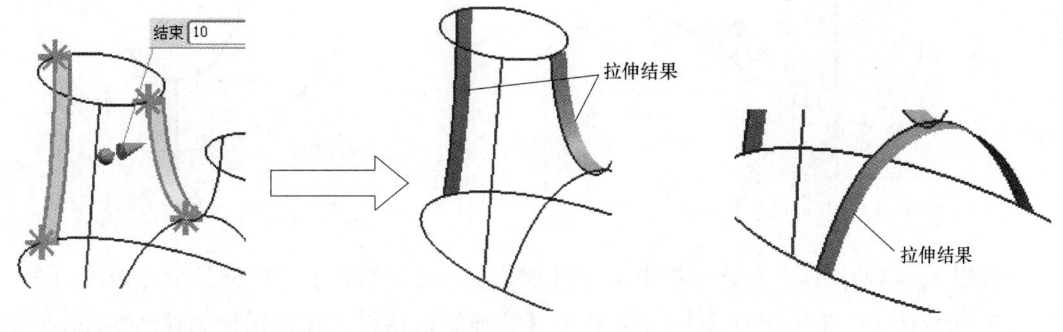

图 3-252　拉伸一侧曲面结果

图 3-253　曲面拉伸结果

步骤 4：创建曲面。在菜单栏中选择【插入】|【网格曲面】|【通过曲线网格】命令或在【曲面】工具条中单击【通过曲线网格】按钮，系统弹出【通过曲线网格】对话框。在视图区依序选择片体一侧的样条曲线与基本曲线作为主曲线，单击鼠标中键完成主曲线的选择。在【交叉曲线】选项区域中单击【添加新集】按钮，在视图区依序选择顶部的样条曲线与底部曲线作为交叉曲线。在【连续性】选项区域的【第一主线串】列表框中选择【G1（相切）】选项，然后选择片体作为约束对象，其余参数按系统默认，单击【确定】按钮 确定 完成曲面的创建，结果如图 3-254 所示。

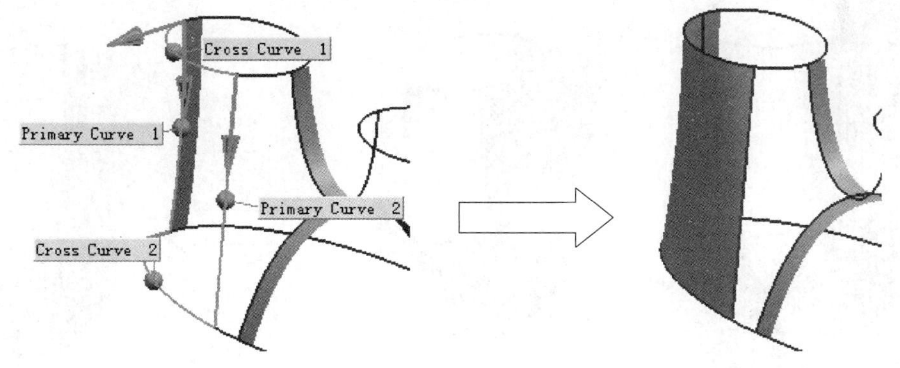

图 3-254　曲面创建结果

步骤 5：创建截面线 2。在菜单栏中选择【插入】|【曲线】|【基本曲线】命令或在【曲线】工具条中单击【基本曲线】按钮，系统弹出【基本曲线】对话框。在视图区选择中间样条曲线的一个控制点作为起始对象，在【平行于】选项区域中单击【XC】按钮 XC，然后在视图区单击并将光标向右拖动一定距离，完成基本曲线的创建，结果如图 3-255 所

示。在菜单栏中选择【插入】|【曲线】|【艺术样条】命令或在【曲线】工具条中单击【艺术样条】按钮，系统弹出【艺术样条】对话框。在视图区创建图3-256所示的样条曲线，完成截面线2的创建。

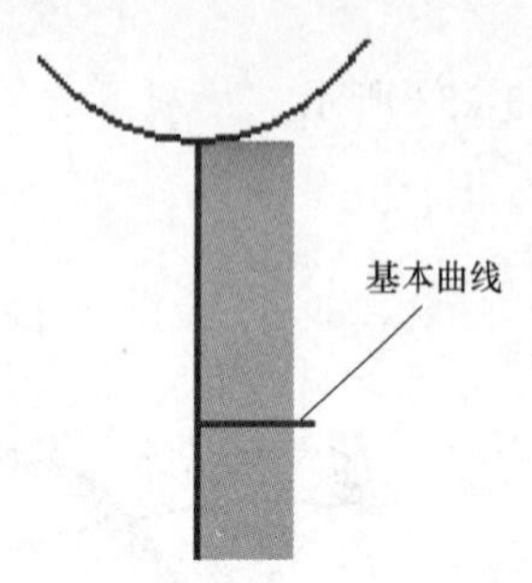

图3-255　截面线2创建结果

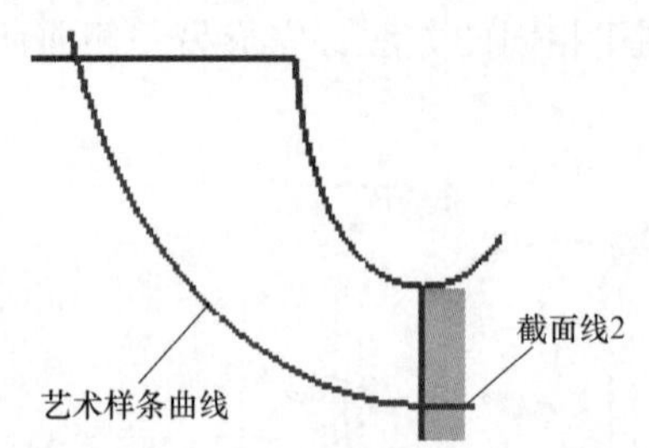

图3-256　艺术样条曲线创建结果

步骤6：拉伸片体。在菜单栏中选择【插入】|【设计特征】|【拉伸】命令或在【特征】工具条中单击【拉伸】按钮，系统弹出【拉伸】对话框。在视图区选择图3-256所示的艺术样条曲线作为拉伸截面，在【结束】列表框中选择【对称值】选项，在结束【距离】文本框中输入20，其余参数按系统默认，单击【确定】按钮确定完成拉伸片体的操作，结果如图3-257所示。

步骤7：修剪片体。在菜单工具栏中选择【插入】|【修剪】|【修剪的片体】命令或在【曲面】工具条中单击【修剪的片体】按钮，系统弹出【修剪的片体】对话框。在视图区选择步骤2创建的曲面作为要修剪的片体，选择拉伸的片体作为工具对象，其余参数按系统默认，单击【确定】按钮确定完成修剪片体的操作，结果如图3-258所示。

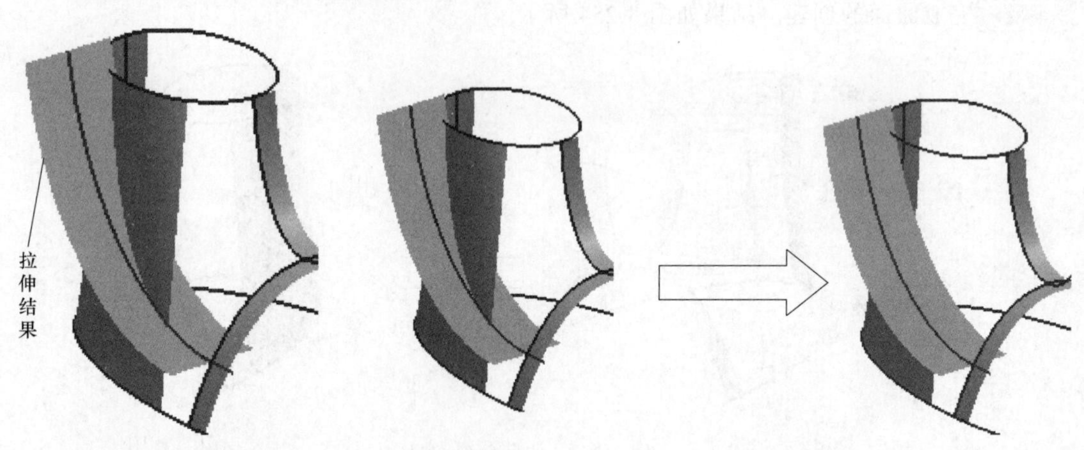

图3-257　拉伸片体结果　　图3-258　修剪片体结果

步骤8：创建桥接曲线。在菜单栏中选择【插入】|【来自曲线集的曲线】|【桥接】命令或在【曲线】工具条中单击【桥接曲线】按钮，系统弹出【桥接曲线】对话框。在视图区选择片体边界作为起始对象，选择右侧的基本曲线作为终止对象，其余参数按系统默认，单击【确定】按钮确定完成桥接曲线的创建，结果如图3-259所示。

步骤 9：创建曲面。在菜单栏中选择【插入】|【网格曲面】|【通过曲线网格】命令或在【曲面】工具条中单击【通过曲线网格】按钮，系统弹出【通过曲线网格】对话框。在视图区依序选择片体一侧的样条曲线作为主曲线，单击鼠标中键完成主曲线的选择。在【交叉曲线】选项区域中单击【添加新集】按钮，在视图区依序选择底部的样条曲线与桥接曲线作为交叉曲线。在【连续性】选项区域的【第一主线串】与【最后主线串】列表框中选择【G1（相切）】选项，然后选择片体作为约束对象，其余参数按系统默认，单击【确定】按钮 确定 完成创建曲面的操作，结果如图 3-260 所示。

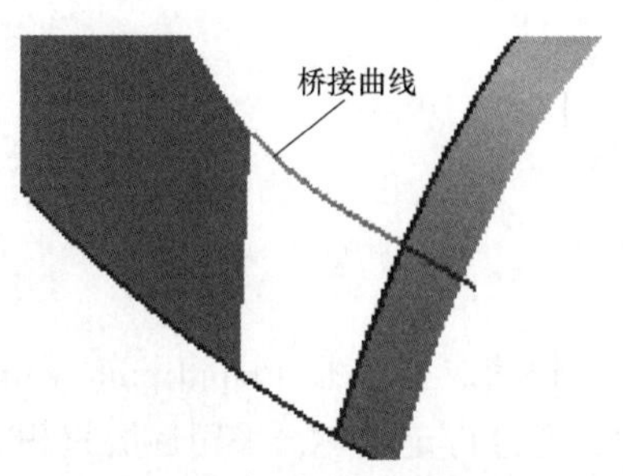

图 3-259 桥接曲线创建结果

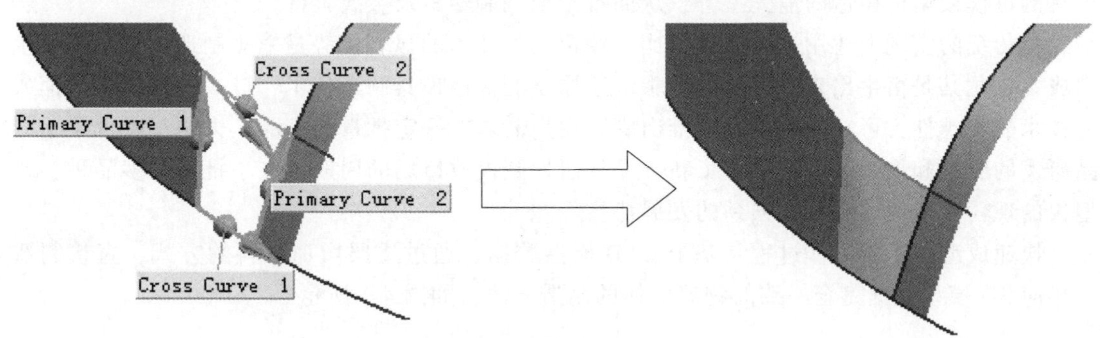

图 3-260 曲面创建结果

利用相同的方法，完成另一侧的曲面创建，结果如图 3-261 所示。

利用镜像命令，完成曲面镜像的创建，结果如图 3-262 所示。

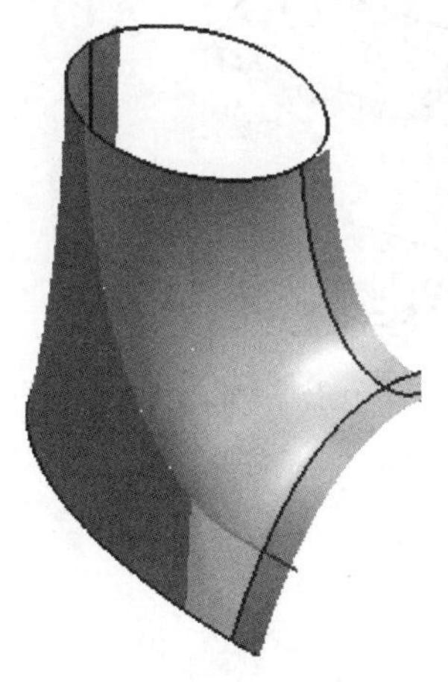

图 3-261 一侧曲面最终创建结果

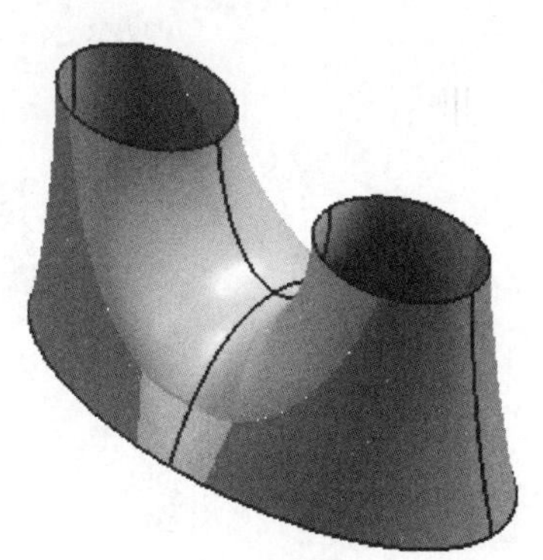

图 3-262 拆面实例二方法二创建结果

第 4 章　快速成型技术概述

快速成型技术（rapid prototyping，RP）又称 3D 打印技术，是一种由 CAD 数字模型驱动的，通过特定材料，采用逐层累积方式制作三维物理模型的先进制造技术。快速成型技术属于机械工程学科特种加工工艺范围，是一项多学科（机械制造工程、材料科学与工程、生物医学工程等）交叉、多技术（计算机、CAD、激光、数控、材料等）集成的先进制造技术。

快速成型技术制作的原型（模型）可用于新产品的外观评估、装配检验及功能检验等，作为样件可直接替代机械加工或其他成型工艺制造的单件或小批量的产品，也可用于硅橡胶模具的母模或熔模铸造的消失型等，从而批量地翻制塑料及金属零件。

与传统的实现上述用途的方法相比，快速成型技术的显著优势是缩短制造周期，降低生产成本。尤其是衍生出来的后续的基于快速原型的快速模具制造技术，进一步发挥了快速成型技术的优越性，可在短期内迅速推出满足用户需求的一定批量的产品，大幅度降低了新产品研发的成本和投资风险，缩短了新产品从研发到投放市场的周期，在小批量、多品种、改型快的现代制造模式下具有强劲的发展势头。

快速成型技术的制作过程是基于 CAD 模型数据，通过逐层增加材料的方式，直接制造与相应 3D 模型数据完全一致的物理实体的制造方法，如图 4-1 所示。

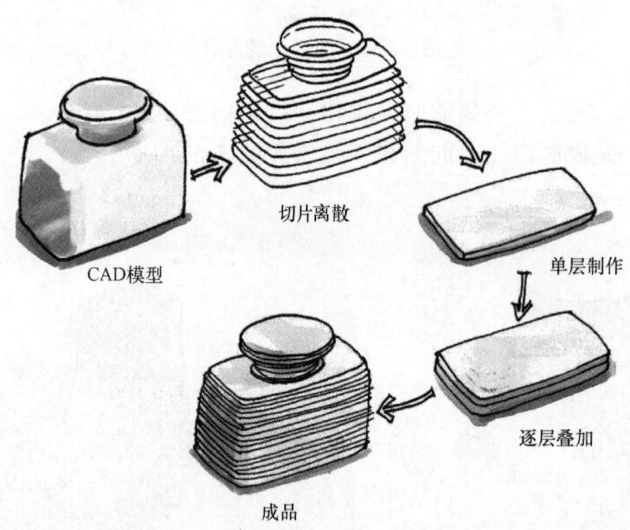

图 4-1　快速成型技术的制作过程

4.1　快速成型技术的分类

快速成型技术从广义上讲可以分成两类：材料累积和材料去除。但目前人们谈及的快速成型技术方法通常指的是累积式的成型方法，而累积式的快速原型制造方法通常是依据原型使用的材料及其构建技术进行分类的，如图 4-2 所示。

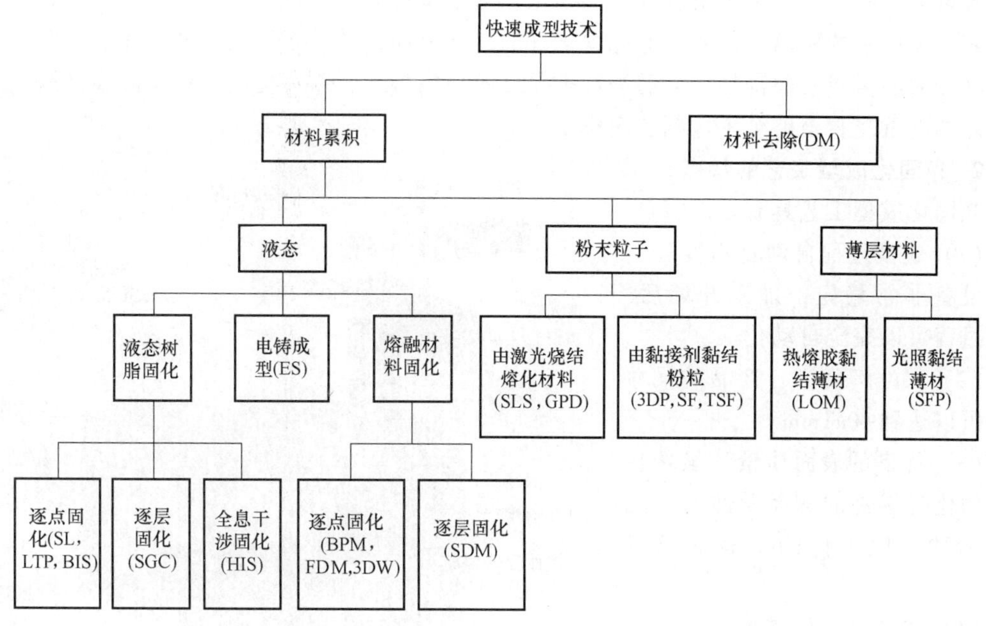

图 4-2　快速成型技术的分类

4.2　常见快速成型技术

根据所使用的材料和制造技术的不同，目前应用比较广泛的快速成型方法有如下四种：

1. 光固化成型法（stereo lithography apparatus，SLA）

光固化成型法是最早发展起来的快速成型技术，是采用光敏树脂材料通过紫外光或其他光源照射逐层固化而成型的方法。

2. 叠层实体制造法（laminated object manufacturing，LOM）

叠层实体制造法是几种最成熟的快速成型制造技术之一，是采用纸材等薄层材料通过逐层黏结和激光切割而成型的方法。

3. 选择性激光烧结成型法（selective laser sintering，SLS）

选择性激光烧结成型法是采用粉末材料（金属粉末或非金属粉末）通过激光照射选择性烧结逐层堆积而成型的方法。SLS 的快速成型原理与 SLA 十分相似，主要区别在于使用的材料不同。SLA 所用的材料是液态的紫外光敏可凝固树脂，而 SLS 使用的是粉末状材料。

4. 熔融沉积成型法（fused deposition manufacturing，FDM）

熔融沉积成型法是继光固化成型法和叠层实体制造法之后的又一种应用比较广泛的快速成型方法。它是采用热熔性材料通过加热熔化并挤压喷射冷却而成型的方法。

4.2.1　光固化成型工艺

1. 光固化成型工艺的基本原理

光固化成型工艺的成型原理如图 4-3 所示。液槽中盛满液态光敏树脂，紫外激光器发出的激光束在控制系统的控制下按零件的各分层截面信息在光敏树脂表面进行逐点扫描，使被扫描区域的树脂薄层产生光聚合反应而固化，形成零件的一个薄层。一层固化完毕后，工作台下移一个层厚的距离，以便在原先固化好的树脂表面再敷上一层新的液态光敏树脂，刮板将黏度较大的树脂液面刮平，然后进行下一层的扫描加工，新固化的一层牢固地黏结在前一层上。如此重复直至整个零件制造完毕。

2. 光固化成型工艺的特点

光固化成型工艺具有如下特点

（1）成型过程自动化程度高　SLA 设备非常稳定，加工开始后，成型过程可以完全自动化。

（2）尺寸精度高　产品的尺寸精度可以达到±0.1mm。

（3）优良的表面质量　虽然在每层固化时零件的侧面及曲面可能出现台阶，但零件的上表面仍然光滑。

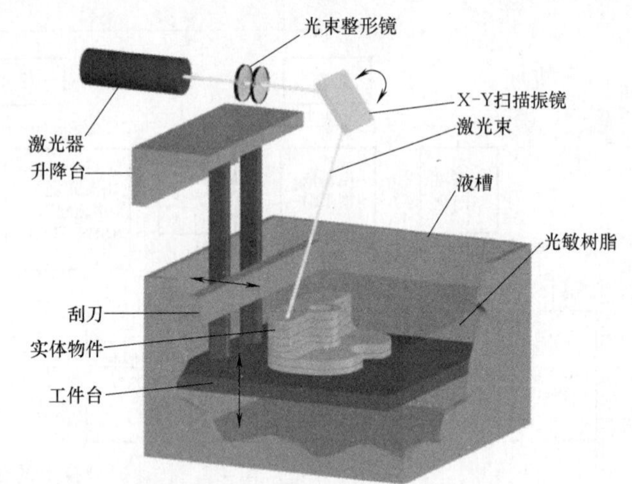

图 4-3　光固化成型工艺的成型原理

（4）能直接制作模型　使用光固化成型工艺可以制作结构十分复杂、尺寸精度要求较高的模型，也可以直接制作面向熔模精密铸造的具有中空结构的消失型。使用该工艺制作的原型可以在一定程度上替代塑料件。

（5）制件易裂和产生变形　成型过程中材料发生物理和化学变化，塑件较脆，易断裂性能尚不如常用的工业塑料。

（6）设备运转及维护成本较高　液态光敏树脂材料和激光器的价格较高。

（7）使用的材料较少，有局限性　目前可使用的材料主要为液态光敏树脂，该材料需要避光保存，以防止提前发生聚合反应，在使用时具有局限性。

（8）需要二次固化　经快速成型系统光固化后的原型树脂并未完全被激光固化，需要二次固化。

3. 光固化快速成型的工艺过程

光固化快速成型工艺的工艺过程一般可以分为前处理、原型制作和后处理三个阶段。

（1）前处理　前处理阶段主要是对原型的 CAD 模型进行数据转换、摆放方位确定、施加支撑和切片分层，实际上就是为原型的制作准备数据，如图 4-4 所示。

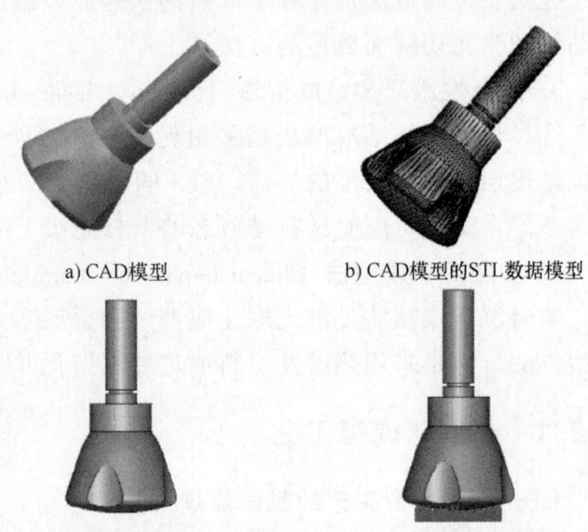
a) CAD模型　b) CAD模型的STL数据模型

c) 模型的摆放方位　d) 给模型施加支撑

图 4-4　光固化快速成型工艺原型前处理

（2）原型制作　光固化成型过程是在专用的光固化快速成型设备上进行。

在制作原型之前，需要提前启动光固化快速成型设备，使树脂材料的温度达到预设的合理温度。激光器在被点燃后也需要一定的稳定时间。设备运转正常后，打开原型制作软件，读取前处理生成的层片数据文件。

在制作原型前，要注意调整工作台网板的零位与树脂液面的位置，以确保支撑与工作台网板的稳固连接。一切准备就绪后，就可以进行叠层制作。整个叠层的光固化过程都是在软件系统的控制下自动完成的，所有叠层制作完毕后，系统自动停止。

（3）后处理　在快速成型系统中原型叠层制作完毕后，需要清洗原型，去除多余的液态树脂，去除并修整原型的支撑，去除逐层硬化形成的台阶，然后后固化处理。

4.2.2　叠层实体制造工艺

1. 叠层实体制造工艺的基本原理

叠层实体制造成型系统由控制计算机、原材料存储及送进机构、热压装置、激光切割系统、可升降工作台和数控系统等组成。叠层实体制造工艺（LOM）的成型原理如图 4-5 所示，LOM 工艺采用薄片材料，如纸、塑料薄膜等，在成型片材下，表面预先涂覆一层热熔胶。加工时，热压辊热压片材，使之与下面已成型的工件粘接，用 CO_2 激光束在刚粘接的新层上切割出零件截面轮廓和工件外框。激光切割完成后，工作台带动已成型的工件下降，与带状片材分离。供料机构转动收料轴和供料轴，带动料带移动，使新层移到加工区域。工作台上升到加工平面，热压辊热压，工件的层数增加一层，高度增加一个料厚。如此反复直至零件的所有截面粘接、切割完毕。最后，去除切碎的多余部分，得到分层制造的实体零件。叠层实体制造技术多用于产品概念设计可视化、造型设计评估、装配检验、熔模铸造型芯、砂型铸造木模、快速制模母模以及直接制模等方面。

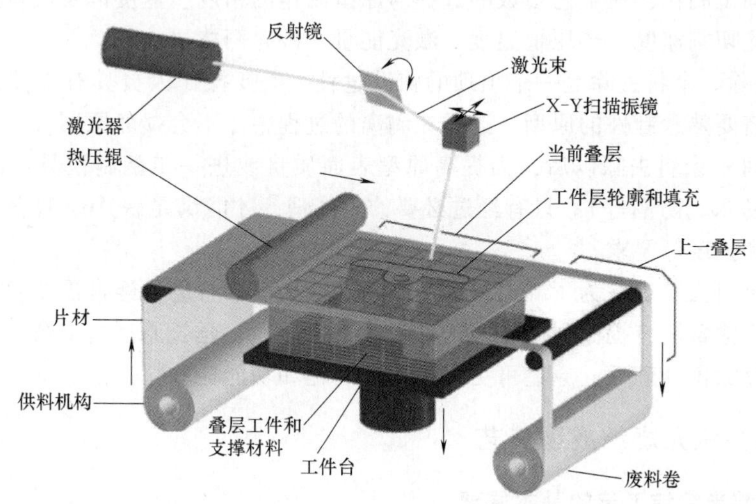

图 4-5　叠层实体制造工艺成型原理

2. 叠层实体制造技术的特点

叠层实体制造技术具有如下特点：

1）只需要使用激光束沿着物体的轮廓进行切割，无须扫描整个断面，成型速度快。常用于加工内部结构简单的大型零件及实体件。

2）无须后固化处理、无须设计和制作支撑结构。

3）设备可靠性好、寿命长，废料易剥离，原型精度高。

4）操作方便，原型性能好，可实现切削加工。

5）不能直接制作塑料原型。

6）原型的抗拉强度和弹性不够好。

7）原型表面有台阶纹理，需要进行打磨。

叠层实体制造技术与其他快速原型制造技术相比，具有制作效率高、速度快、成本低等优点，在我国具有广阔的应用前景。

3. 叠层实体制造技术的工艺过程

叠层实体制造技术的工艺过程可以归纳为前处理、分层叠加成型、后处理三个主要步骤。

（1）前处理　制造一个产品，首先可通过三维造型软件（如 UG NX、SolidWorks、Pro/E、CATIA、中望 3D 等）进行产品的三维模型构造，然后将得到的三维模型转换成 STL 格式的文档，接着将文档导入到专用的切片软件（例如 Ultimaker 公司的 Cura 软件）中进行切片。

（2）分层叠加成型

1）基底制作。由于工作台的频繁起降，因此必须将 LOM 原型的叠件与工作台牢固连接，这就需要制作基底。通常设置 3~5 层的叠层为基底。为了使基底更牢固，可以在制作基底前将工作台预热。

2）原型制作。制作完基底后，快速成型设备就可以根据预先设定好的加工工艺参数自动完成原型的加工制作，而工艺参数的选择与原型制作的精度、速度以及质量有关，其中重要的参数有激光切割速度、热压辊温度、激光能量、破碎网格尺寸等。

3）余料去除。余料去除是一个烦琐的辅助过程，需要操作人员具有细致、认真的态度和耐心，并且需要熟悉制件的原型，这样在剥离的过程中才不会损坏原型。

（3）后处理　余料去除以后，为提高原型表面质量或进一步翻制模具，需要对原型进行后处理（如防水、防潮等）。只有经过必要的后处理，才能满足快速原型表面质量、尺寸稳定性、精度和强度等要求。

原型经过余料去除后，为了提高原型的性能和便于表面打磨，经常需要对原型进行表面涂覆处理。表面涂覆具有提高强度、耐热性、改进抗湿性、延长原型的寿命、易于表面打磨处理等优点。经涂覆处理后，原型可更好地用于装配和功能检验。

4.2.3　选择性激光烧结成型工艺

1. 选择性激光烧结工艺的基本原理

选择性激光烧结工艺的成型原理如图 4-6 所示，在加工过程中，铺料辊将一层粉末材料平铺在已成型零件的上表面，并加热至恰好低于该粉末烧结点的某一温度，控制系统控制激光束按照该层的截面轮廓在粉末层上扫描，使粉末的温度升至熔化点后进行烧结并与下面已成型的部分实现粘接。当一层截面烧结完毕后，工作台下降一个层的厚度，铺料辊又在上面铺上一层均匀密实的粉末，进行新一层截面的烧结，如此反复，直至完成整个模

型的成型加工。在成型过程中，未经烧结的粉末对模型的空腔和悬臂部分起着支撑作用，因此选择性激光烧结工艺不必像 SLA 工艺和 FDM 工艺需要生成支撑工艺结构。

图 4-6　选择性激光烧结工艺成型原理

2. 选择性激光烧结工艺的特点

选择性激光烧结工艺具有如下特点：

1）制造工艺比较简单，可直接制作形状复杂的原型。

2）可采用多种材料，生产效率较高，材料利用率高。

3）无须设计和制造复杂的支撑结构。

4）烧结过程有异味，原型表面粗糙。

5）有时需要比较复杂的辅助工艺。

3. 选择性激光烧结成型的工艺过程

选择性激光烧结成型工艺使用的材料一般有石蜡、高分子、金属、陶瓷粉末和它们的复合粉末材料。使用的材料不同，其具体的烧结工艺也有所不同，具体工艺流程如图 4-7 所示。

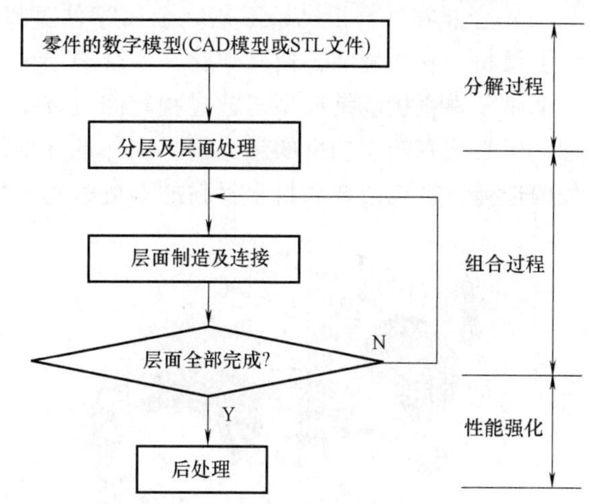

图 4-7　选择性激光烧结成型工艺流程图

（1）高分子粉末材料烧结工艺

1）前处理。前处理阶段主要完成模型的三维造型，并经 STL（Standard Template Library）数据转换后输入到粉末激光烧结快速成型系统中。

2）烧结成型。在开始扫描前，成型缸先下降一个层厚，供粉缸上升一个高度（略大于成型缸下降的距离），铺料辊从左边把供粉缸上面的一层粉末推到成型缸上面并铺平，多余的粉末落入粉末回收槽。激光束按照第一层的截面及轮廓信息进行扫描，当扫描到粉末时，粉末在高温的状态下瞬间熔化，并相互粘接在一起，没有扫描的地方依然是松散的粉末。当完成第一层烧结后，工作台再下降一个层厚，供粉缸上升一个高度，铺料辊进行铺粉，激光进行第二层扫描，直到整个零件模型烧结完成。

3）后处理。当零件烧结完成后，升起成型缸取出零件，用气枪清理零件表面的残余粉末。一般情况下，通过激光烧结后的零件强度比较低，而且是疏松多孔的，可以根据不同的使用需要进行不同的后处理，常用的后处理有加热固化、渗蜡等。

（2）金属零件间接烧结工艺　在广泛应用的几种快速原型技术方法中，只有 SLS 工艺可以直接或间接地烧结金属粉末制作金属材质的原型或零件。金属零件间接烧结工艺使用的材料为混有树脂材料的金属粉末材料，SLS 工艺主要实现包裹在金属粉粒表面树脂材料的粘接。其工艺过程如图 4-8 所示。

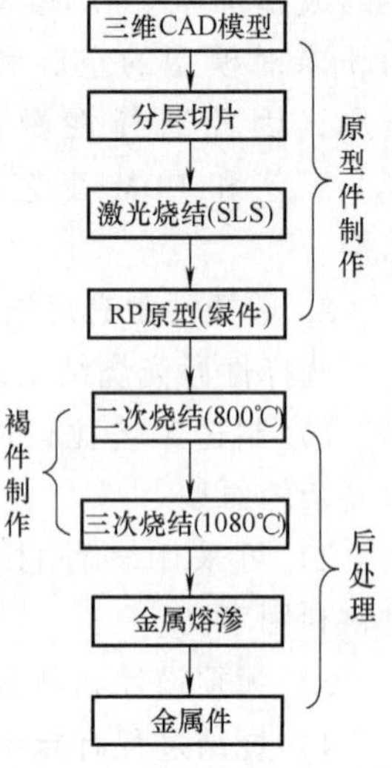

图 4-8　SLS 工艺金属零件间接烧结工艺流程

在金属零件间接烧结工艺过程中，会使用如下关键技术：

1）原型件制作关键技术：选用合理的粉末配比。环氧树脂与金属粉末的比例一般控制在 1∶5~1∶3 范围之内。加工工艺参数要与粉末材料的性质、扫描间隔、扫描层厚、激光功率及扫描速度等相匹配。

2）褐件制作关键技术：烧结温度和时间。烧结温度应控制在合理范围内，而且烧结时间应适宜。

3）金属熔渗阶段关键技术：选用合适的熔渗材料及工艺。渗入金属必须比“褐件”中的金属的熔点低。

例如采用金属铁粉末（67%）、环氧树脂粉末（16%）、固化剂粉末（17%）混合材料，当激光功率为 40W，扫描速度为 170mm/s，扫描间隔约为 0.2mm，扫描层厚为 0.25mm 时进行烧结。后处理二次烧结时，控制温度在 800℃，保温 1h；三次烧结时温度为 1080℃，保温 40min；熔渗铜时温度为 1120℃，熔渗时间为 40min，所成型的金属齿轮零件如图 4-9 所示。

（3）金属零件直接烧结工艺　金属零件直接烧结工艺采用的材料是金属粉末，利用激光对金属粉末直接烧结，使其熔化，实现叠层的堆积。其工艺流程如图 4-10 所示。

金属零件直接烧结成型工艺过程较间接烧结成型工艺过程明显缩短，无须进行复杂的后处理，但必须有较大功率的激光器，以保证在烧结过程中金属粉末的直接熔化。因此，激光参数的选择、被烧结金属粉末材料的熔凝过程及控制是直接烧结成型工艺中的关键。

图 4-9　间接烧结成型金属齿轮零件

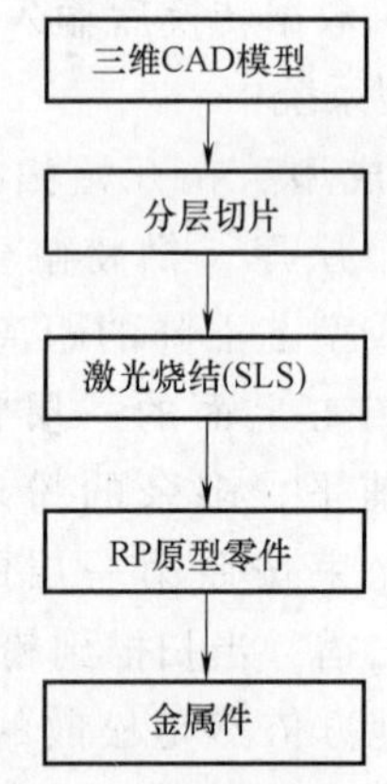

图 4-10　SLS 工艺金属零件直接烧结工艺流程

（4）陶瓷粉末烧结工艺　陶瓷粉末材料的选择性激光烧结工艺需要在粉末中加入黏结剂。目前所用的纯陶瓷粉末原料主要有 Al_2O_3 和 SiC，而黏结剂有无机黏结剂、有机黏结剂和金属黏结剂等三种类型。当材料是陶瓷粉末时，可以直接烧结铸造用的壳形来生产各类铸件，甚至是复杂的金属零件。

陶瓷粉末烧结制件的精度由激光烧结时的精度和后处理时的精度决定。在激光烧结过程

中，粉末烧结收缩率、烧结时间、光强、扫描点间距和扫描线行间距对陶瓷制件坯体的精度有很大影响。另外，光斑的大小和粉末粒径直接影响陶瓷制件的精度和表面粗糙度，后处理（焙烧）时产生的收缩和变形也会影响陶瓷制件的精度。

4.2.4　熔融沉积快速成型工艺

1. 熔融沉积快速成型工艺基本原理

熔融沉积快速成型工艺的基本原理如图 4-11 所示。将丝状的热熔性材料送进液化器加热熔化后，通过微细喷嘴挤喷出来，如果热熔性材料的温度始终稍高于固化温度，而成型部分的温度稍低于固化温度，就能保证热熔性材料挤喷出喷嘴后，随即与前一层面熔结在一起。一个层面沉积完成后，工作台按预定的增量下降一个层的厚度，再继续熔喷沉积，直至完成整个实体造型。

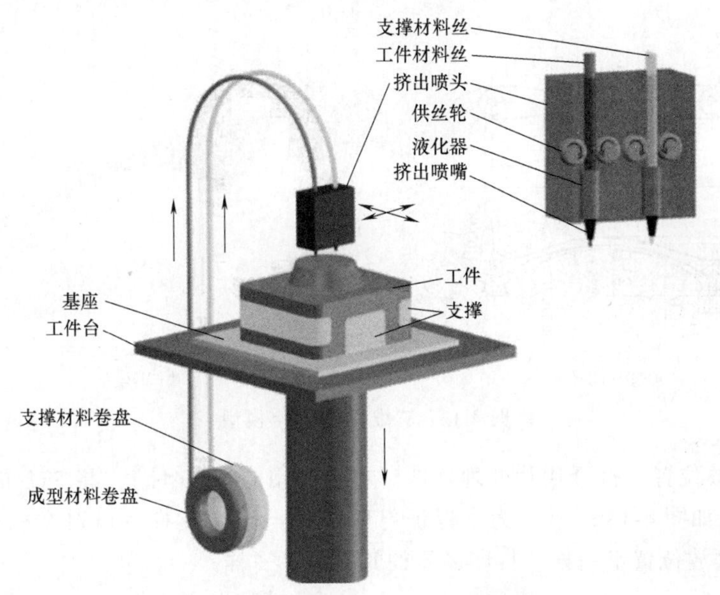

图 4-11　熔融沉积快速成型工艺的基本原理

熔融沉积快速成型工艺在原型制作时需要同时制作支撑，为了节省材料成本和提高沉积效率，新型 FDM 设备采用了双喷嘴，如图 4-11 所示。一个喷嘴用于沉积模型材料，另一个喷嘴用于沉积支撑材料。双喷嘴的优点除了在沉积过程中具有较高的沉积效率和降低模型制作成本以外，还可以灵活地选择具有特殊性能的支撑材料（例如水溶材料、低于模型材料熔点的热熔材料等），以便于后处理过程中支撑材料的去除。

2. 熔融沉积快速成型工艺的特点

1）熔融沉积快速成型工艺系统构造和原理简单，运行维护费用低（无激光器），原材料无毒，适宜在办公环境安装使用。

2）使用蜡成型的零件原型，可以直接用于熔模铸造，也可以成型任意复杂程度的零件。

3）无化学变化，制件的翘曲变形小、原材料利用率高，且材料寿命长。

4）支撑材料去除简单，无须化学清洗，分离容易，可直接制作彩色原型。

5）熔融沉积快速成型的原材料价格昂贵，且原型表面有较明显条纹。

6）沿成型轴垂直方向的强度比较弱，需要设计与制作支撑结构。

7）需要对整个截面进行扫描涂覆，成型时间较长。

3. 熔融沉积快速成型工艺流程

熔融沉积快速成型工艺流程和其他几种快速成型工艺过程类似，熔融沉积快速成型的工艺过程也可以分为前处理、成型及后处理三个阶段。

（1）前处理　此阶段主要完成模型的三维造型，并经数据转换后输入到打印设备系统中。

1）CAD 数据模型创建与转档。三维 CAD 数字模型图样如图 4-12a 所示，通过三维软件进行模型创建（本书利用 UG NX 软件建模），结果如图 4-12b 所示。接着利用软件的导出功能进行图形格式的转换，最终将模型保存为 STL 格式的文档。

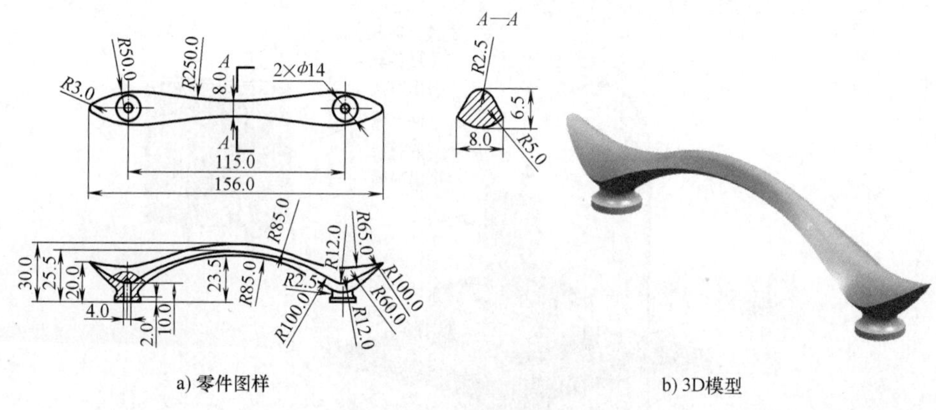

a) 零件图样　　b) 3D模型

图 4-12　三维 CAD 数字模型

2）确定摆放位置。打开切片处理软件（本节使用 Cura 软件），将 STL 格式的文档导入 Cura 软件，结果如图 4-13 所示。为了保证打印效率与减少支撑，可对文档进行位置摆放。图 4-14 所示的摆放位置不一样，打印需要的时间也不一样。

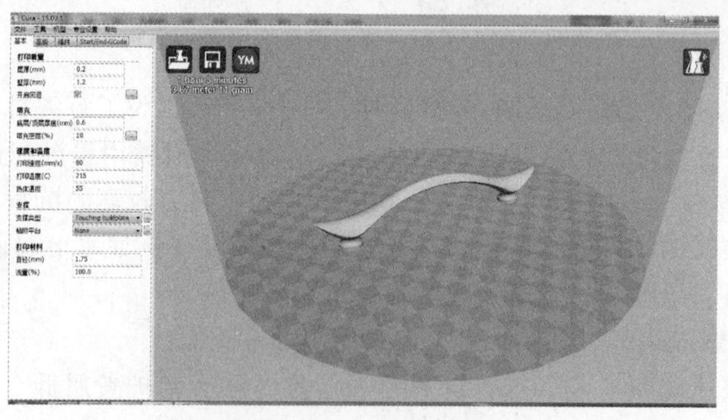

图 4-13　导入模型结果

确定模型的摆放位置，也要根据零件表面的质量、精度要求等因素综合考虑。按照图 4-14a 所示的位置摆放时，零件底部的圆形成型时要比图 4-14b 所示位置圆形的成型要好，因为零件是逐层切片叠加成型的，如果切片层的厚度比较大，会形成台阶，如图 4-15 所示。

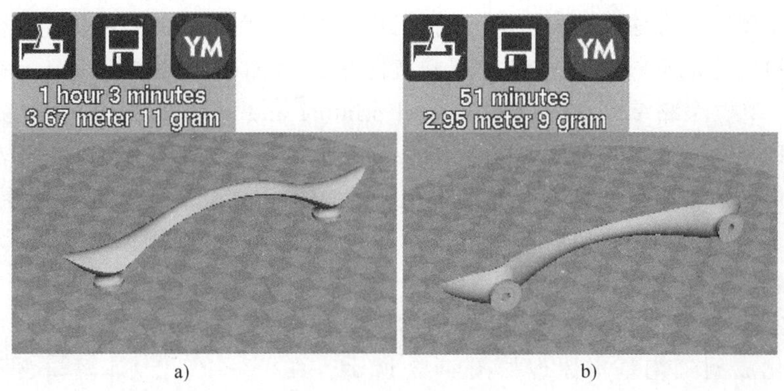

图 4-14　确定摆放位置

3）参数设置。根据成型零件的要求，确定打印参数。在 Cura 软件中设置基本参数，如图 4-16 所示。

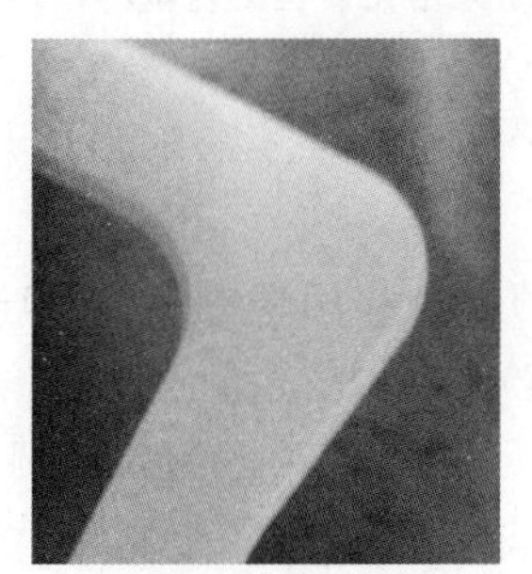

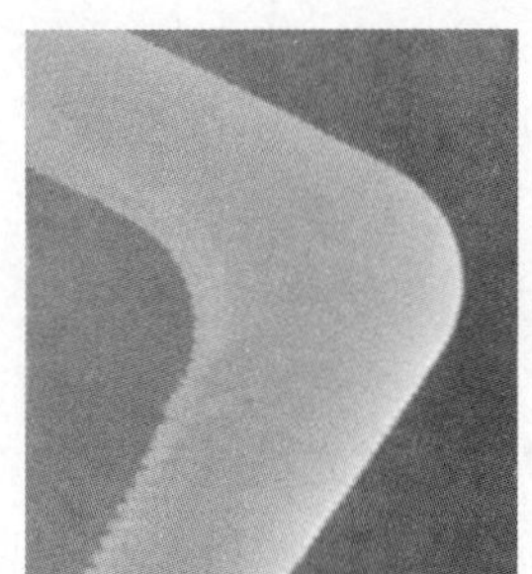

a) 圆弧面在水平方向　　b) 圆弧面在垂直方向

图 4-15　圆弧面的摆放影响

基本 | 高级 | 插件 | Start/End-GCode

打印质量	
层厚(mm)	0.2
壁厚(mm)	1.2
开启回退	☑
填充	
底层/顶层厚度(mm)	0.6
填充密度(%)	10
速度和温度	
打印速度(mm/s)	80
打印温度(C)	215
热床温度	55
支撑	
支撑类型	Touching buildplate
粘附平台	None
打印材料	
直径(mm)	1.75
流量(%)	100.0

图 4-16　基本参数设置

4）保存切片文件。利用 Cura 软件保存切片文件（文件格式为 .gcode），然后发送到打印设备。

（2）成型　启动快速成型设备，清理打印工作台面的障碍物或拆卸台面上的零件，接着进行机器归零，先进行 Z 方向归零，接着 X、Y 方向归零。然后对成型设备进行相关操作，例如底板是否需要涂不黏胶、相关参数是否正确，检查各运动机构是否可靠、吐丝是否正常，最后打印成型零件。

（3）后处理　将成型零件从工作台上拆卸下来，去除支撑材料，对难以去除的支撑材料可用钳子或刮刀进行去除，最后对零件进行抛光打磨。如有特殊要求，则按特殊要求的条件进行后处理。

4.3　电子束熔化成型工艺

快速成型技术作为基于离散/堆积原理的一种崭新的加工方式，自出现以来得到了广泛

的关注，对其成型工艺方法的研究一直十分活跃，除了前面介绍的四种快速成型方法比较成熟之外，其他的快速成型技术也已经应用到实际中，例如电子束熔化（electron beam melting，EBM）、三维喷涂黏结（three dimensional printing and gluing，3DPG，常被称为 3DP）、聚合物喷射（PolyJet）、三维焊接（three dimensional welding，TDW）、直接烧结技术等。

电子束熔化是一种增材制作工艺，通过电子束扫描、熔化粉末材料，逐层沉积制作 3D 金属零件。由于电子束功率大、材料对电子束能量吸收率高，电子束熔化技术具有效率高，热应力小等特点，适用于钛合金、钛铝基合金等高性能金属材料的成型制造。

1. 电子束熔化成型工艺基本原理

电子束熔化成型工艺基本原理如图 4-17 所示，在真空室的成型平台上预先铺开一层金属粉末，电子束在粉末层上进行扫描，选择性熔化粉末材料，当完成第一层烧结后，成型平台往下降一个粉末层厚的距离，然后再在成型平台铺上一层金属粉末，再扫描和选择性熔化。如此反复直到完成 3D 实体零件模型的成型加工。

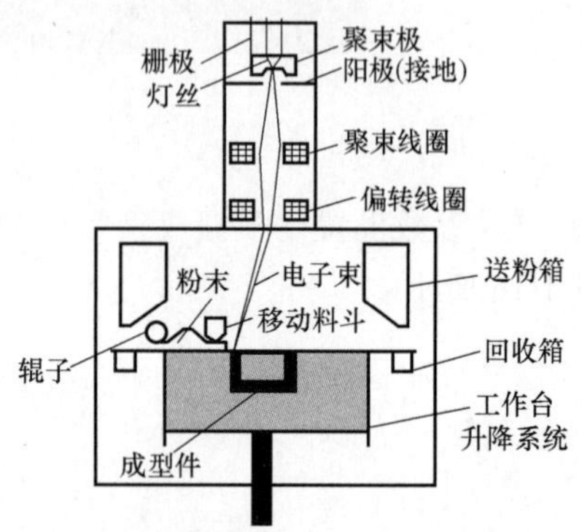

图 4-17　电子束熔化成型工艺基本原理

2. 电子束熔化成型工艺的特点

激光和电子束属于高能量密度热源，其能量密度在同一数量级，远高于其他热源。相比激光热源，电子束具有以下优点：

（1）功率高　电子束加工的功率可以达到激光束的数倍。电子束可以很容易地输出几千瓦的功率，而大部分激光器的输出功率范围为 200~400W。

（2）能量利用率高　激光的能量利用率约为 15%，而电子束的能量利用率可以达 90% 以上。

（3）无反射，对焦方便　众多金属材料对激光的反射率很高，且具有很高的熔化潜热，容易熔化，一旦形成熔池，由于反射率大幅降低，使得熔池温度急剧升高，导致材料汽化，而电子束不受材料反射的影响，可用于激光难加工材料的制造。

激光对焦时，由于其透镜的焦距是定值，所以只能通过移动工作台实现聚焦。而电子束通过聚束透镜的电流来对焦，因此可实现任意位置的对焦。

（4）成型速度快、无污染　电子束可以进行二维扫描，扫描频率可达 20kHz，相比激光，电子束移动无机械惯性，束流易控，可实现快速扫描，成型速度快。

电子束熔化成型在高真空环境下制作零件，可以保护材料不受污染，甚至有去除杂质的提纯作用。

由于电子束加工必须在真空环境中进行，使得工件尺寸受到一定限制，而且真空系统在一定程度上增加了电子束加工设备的复杂性和实现难度。

4.4　快速成型技术的应用

目前，快速成型技术已在工业造型、机械制造（汽车、摩托车）、航空航天、军事、建筑、影视、家电、轻工、医学、考古、文化艺术、雕刻、首饰制作等领域得到了广泛应用，并且随着这一技术本身的发展，其应用将不断拓展。

1. 在新产品研发中的应用

快速成型技术为工业产品的设计开发人员建立了一种崭新的产品开发模式。运用快速成型技术能够快速、直接、精确地将设计思想模型转化为具有一定功能的实物模型（样件），这不仅缩短了开发周期，而且降低了开发费用，也使企业在激烈的市场竞争中占有先机。

在新产品设计制造过程中，可用快速成型技术快速制出产品样品的实物模型，供设计者进行性能测试、直观评估和验证分析。在进行新产品的市场调研时，用快速成型技术制造出样品的替代品，在潜在的用户中进行调研和宣传，了解用户的意见和需求量，从而快速、经济地验证设计人员的设计思想、产品结构的合理性、可制造性，找出设计缺陷，并进行反复修改、制造，完善产品设计。

2. 在机械制造领域中的应用

由于快速成型技术自身的特点，使得其在机械制造领域内，多用于制造单件、小批量金属零件。有些特殊复杂制件只需单件或少于 50 件的小批量，这样的产品通过制模再生产，成本高，周期长。一般可用快速成型技术直接进行成型加工，具有制造成本低，制作周期短的特点。例如某单位需要试制两个发动机涡轮，采用传统工艺方法，先制模具再生产需要 4 个月。北京隆源自动成型系统有限公司采用快速成型、熔模铸造方法仅用了两天时间就制造完成了用于熔模铸造的蜡型，如图 4-18 所示。

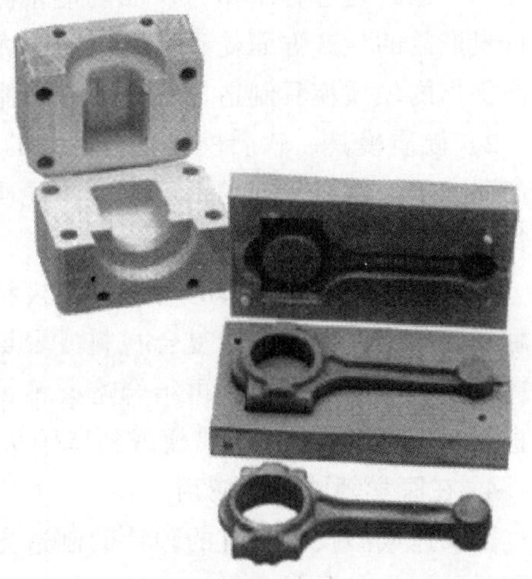

图 4-18　快速成型技术在机械制造领域中的应用

3. 在模具制造领域中的应用

应用快速成型方法快速制作模具的技术称为快速模具制造技术（rapid tooling，RT）。快速成型制造技术的出现，为快速模具制造技术的发展创造了条件。

快速成型模具制造分为直接法和间接法两大类，可应用于金属模和非金属模的制造。

（1）直接制模

1）SLA 工艺直接制模。利用 SLA 工艺制造的树脂件韧性较好，可作为小批量塑料零件的制造模具，已在实际生产中得到应用。杜邦（DuPont）公司开发出一种可在高温下工作的光固化树脂，使用 SLA 工艺可直接成型模具，用于注塑成型但使用寿命较短。

2）LOM 工艺直接制模。利用 LOM 工艺方法可直接制造出纸质模具。LOM 模具有与铸造中普通木模同等水平的强度，甚至有更优的耐磨能力，可与普通木模一样进行钻孔等机械加工，也可以进行刮腻子等修饰加工。因此，以此代替木模，不仅仅适用于单件铸造生产，而且也适用于小批量铸造生产。在实践中已有使用 300 次仍可继续使用的实例（例如用于铸造机枪子弹）。此外，因具有优越的强度和造型精度，还可以用作大型木模。例如大型货车驱动机构外壳零件的铸型。

3）SLS 工艺直接制模。SLS 工艺可以采用树脂、陶瓷和金属粉末等多种材料直接制造模具和铸件，这也是 SLS 技术的一大优势。DTM 公司提供了较宽的材料选择范围，其中 Ny-

lon 成型材料可以被用来制造树脂模。利用高功率激光（1000W 以上）对金属粉末进行扫描烧结，逐层叠加成型，成型件经过表面处理（打磨、精加工）即完成模具制作。制作的模具可作为压铸型、锻模使用。用这种方法制造的钢铜合金注塑模，寿命可达 5 万件以上，但此法在烧结过程中会使材料发生较大收缩且不易控制，故难以快速得到高精度的模具。

（2）间接制模　目前，基于 RP 技术快速制造模具的方法多为间接制模。间接制模是先制出快速成型零件，再由零件复制得到所需要的模具。依据材质不同，一般将间接制模法生产出来的模具分为软质模具（soft tooling）和硬质模具（hard tooling）两大类。

1）间接制作软模。软质模具因其所使用的软质材料（例如硅橡胶环氧树脂、低熔点合金、锌合金、铝等）有别于传统的钢质材料而得名，由于其制造成本低和制作周期短，因而在新产品开发过程中作为产品功能检测、投入市场试运行以及国防、航空等领域的单件、小批量产品的生产方面受到高度重视，尤其适合批量小、品种多、改型快的现代制造模式。目前提出的软质模具制造方法主要有树脂浇注法、金属喷涂法、电铸法、硅橡胶浇注法等。

2）硬质模具。软质模具生产制品的数量一般为 50~5000 件，对于上万件乃至几十万件的产品，仍然需要传统的钢质模具，硬质模具指的就是钢质模具，利用 RPM 原型制作钢质模具的主要方法有熔模铸造法。

在批量生产金属模具时可采用熔模精密铸造法。其工艺过程为先制作 RP 原型，根据原型翻制硅橡胶、金属树脂复合材料或聚氨酯制成蜡模或树脂模的压型，然后利用该压型批量制造蜡模和树脂消失模，再结合熔模精铸工艺制成钢模具。另外在复杂模具单件生产时，也可直接利用 RP 原型代替蜡模或树脂消失模直接制造金属模具。

4. 在医学领域中的应用

因快速成型技术具有的独特的制造方法和个性化定制等特性，使其在医学上有很大的发挥空间，例如各种植入物（假体）的定制。用假体置换病骨或关节组织，是矫形、整形、口腔、颅颌、五官科等领域现代先进外科手术的标志，具体制作流程如图 4-19 所示。

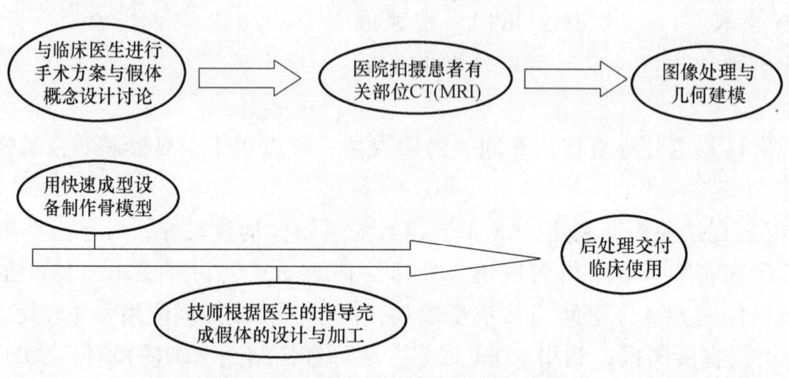

图 4-19　医学应用的快速制作流程

（1）手术导板与模拟　采用 3D 技术打印患者仿真骨盆模型，并在模型上进行钢板、螺钉数据测量，钢板预弯、螺钉进入途径设计等一系列论证，可使钢板的弯曲幅度与患者骨盆的实际高度相契合，每枚钢钉植入的深度也刚好符合固定和生物力学的要求，如图 4-20 所示。

（2）假肢/康复治疗辅助器械　3D Systems 公司与 EksoBionics 公司合作，使用 SLS 技术 3D 打印的骨骼康复机器人，具有舒适、灵活和耐用等优点。例如用 3D 打印技术为残疾女

孩打造“魔法手臂”，可以借助松紧带和人工支撑关节的帮助，抬起患者的四肢，如图 4-21 所示。

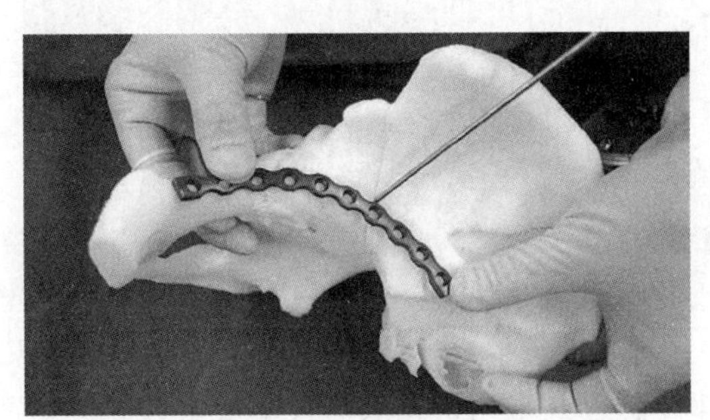

图 4-20　手术导板与模拟

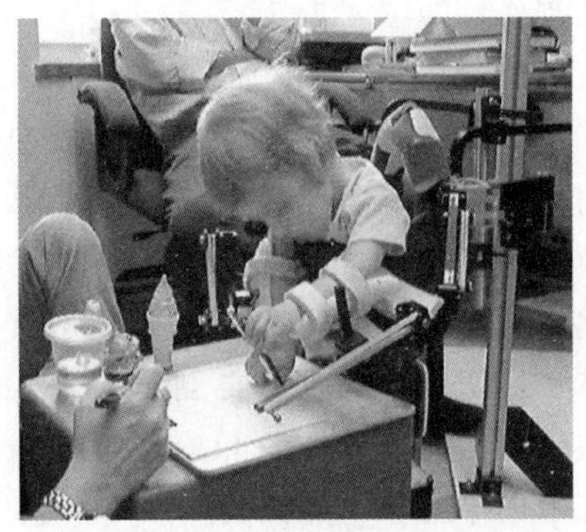

图 4-21　假肢/康复治疗辅助器械

（3）手术辅助　在日常生活中，医生会面对各种各样的手术，那么如何有效提高手术的成功率呢？目前可借助 3D 打印技术，将患者需要手术的部位进行 CT 扫描，并将扫描数据进行 3D 模型重建，然后利用 3D 打印机将模型按比例放大的形式打印出来，这样医生就可以清楚地看到手术对象的内部结构，方便制订合理的手术方案。

例如 Lian Cung Bawi 出生时被诊断患有心脏疾病：心脏上有个孔，以及主动脉和肺动脉错位。美国肯塔基州 Louisville 的 Kosair 儿童医院心脏外科医生 Erle Austin 协同 Louisville 大学 3D 打印中心的管理者 Tim Gorne，将 CT 扫描的 2D 数据转换成 3D 模型，然后将模型数据发送到一台 Makerbot 3D 打印机上。大约 20h 后，利用柔性聚合物制作的患者心脏模型被打印出来，如图 4-22 所示。该模型被做成了实际心脏大小的两倍，这样医生可以清楚地看到它的结构，以便在主动脉瓣和心室之间制造一条通路，从而避免了更多的切割和多次手术。

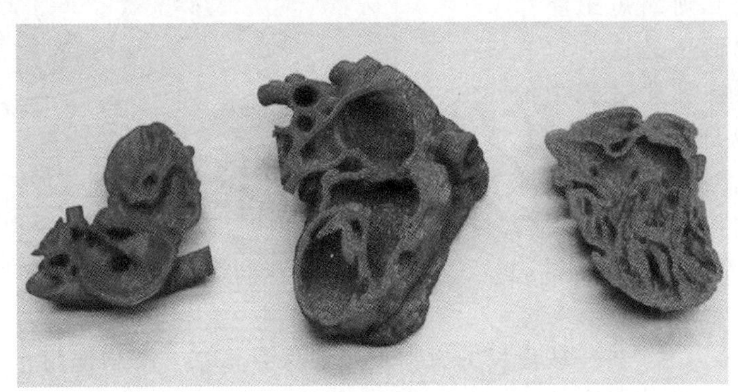

图 4-22　3D 打印用于手术辅助

根据统计，国内每 1500~2000 个新生婴儿中会有一位小耳症患童。如果采用传统人工硅胶义耳，则整个制作过程复杂且耗时耗力，并且传统软骨义耳手术通常要经过 3~4 次手术。采用快速成型技术，可以大大缩短时间和手术次数，如图 4-23 所示。下面以人工义耳为例简单介绍制作流程。

首先我们可以利用 CT 进行取样，接着撷取外形轮廓对象，然后利用计算机辅助技术进行数据模型的重构，最后将模型进行快速成型制作，打印出义耳模型。完成模型制作后，可

以将打印的模型进行硅胶模的翻制，形成模芯，最后利用真空浇注技术完成义耳成品制作，如图 4-24 所示。

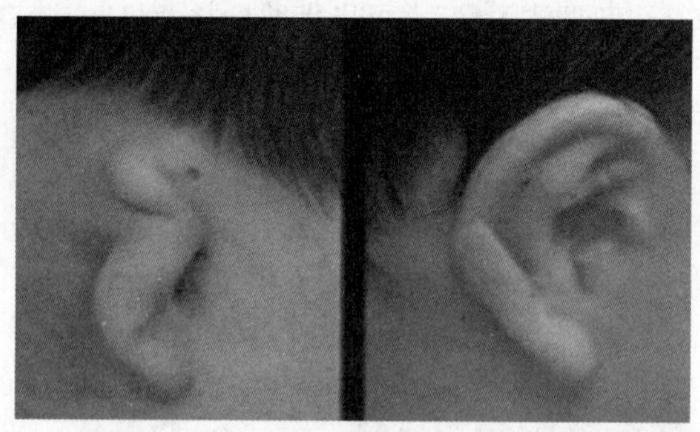

图 4-23　义耳修复

5. 在文化艺术领域中的应用

在文化艺术领域中，快速成型技术多用于艺术创作、文物复制、数字雕塑等方面。RPM 技术可使艺术创作、制造一体化，可将设计者的思想迅速表达成三维实体，便于设计修改和再创作，为艺术家提供了最佳的设计环境和成型条件，且简化艺术创作过程，降低创作成本。例如首饰的设计和制造，采用快速成型技术可极大地简化产品制造过程，降低生产成本，更快地推出新产品。文物复制可使失传文物得以再现，并使文物的保护工作进入一个新阶段。

曲面建模后的正常耳模型　镜像后的义耳模型　快速成型结果

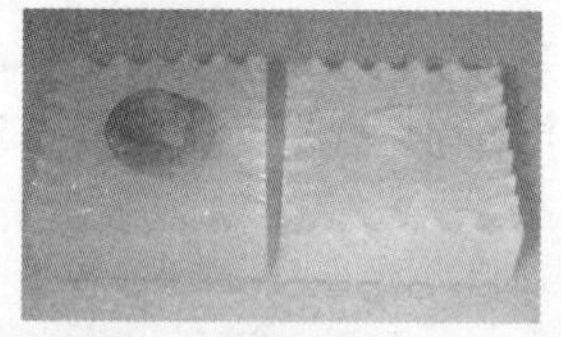

翻制硅胶模

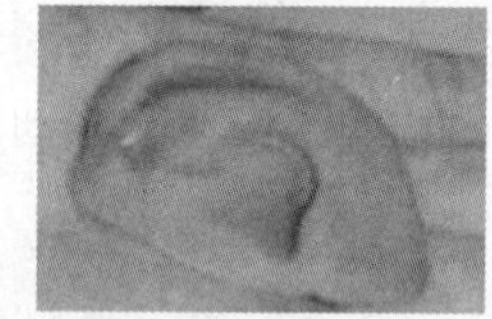

真空浇注的硅胶耳产品

图 4-24　义耳制作流程

（1）艺术创作　艺术家在进行艺术创作时，从创作灵感到产品的成型需要花费很长的一段时间，短则几个月，长则几年。其中绝大多数时间用于将创作思想的物件转化为成型作品的过程，例如一个新产品在被制作出来之前，需要设计制作者反复进行手工修正，避免各种失误造成作品残缺而返工。而 3D 打印技术的出现，则缩短了将思想物件转化为成型作品这一过程的周期。艺术家将创建灵感中的产品通过计算机进行 CAD 造型，然后通过快速成型制造系统快速制作出三维物化作品，以判断构思的合理性和作品表达思想的准确性，从而减少了中间手工修正的时间，缩短了艺术创作的周期。

（2）文物复制　为了将一些珍贵的文物更好地保存下来，文物部门相关人员往往需要对文物进行复制。传统的文物复制方法是利用文物本体进行翻模，利用翻出的模具再进行复制品制作，但这样做容易使文物表面受到污染，对文物自身的美学价值造成损失。另外，传统的翻模精度不是很高，对一些较精细的文物复制的效果不是很理想。

随着科学技术的进步，我们可以借助逆向工程技术与快速成型技术对文物进行复制。首先对原艺术品的材料与造型进行全面分析，接着利用激光扫描设备对文物进行扫描，再借助逆向软件对原艺术品的色彩、结构进行重构，最后利用快速成型技术打印文物物件。利用快速成型技术制作文物复制品，缩短了文物复制工作的周期。

6. 在航空航天领域中的应用

在航空航天领域中，空气动力学地面模拟实验（即风洞实验）是设计性能先进的天地往返系统（即航天飞机）必不可少的重要环节。该实验中所用的模型由国家统一制订，模型形状复杂，精度要求高，又具有流线型特性。因此采用 RP 技术完成模型制造，能够很好地保证模型质量。

（1）在航空领域中的应用　2015~2016 年通用航空投放市场的新型发动机 LEAP 系列中，相关的发动机喷油器将采用 3D 打印生产，每一台发动机有 19 个喷油器，采用钴铬合金直接打印而成。利用 3D 打印的喷油器和传统的相比，整体重量减轻 25%，使用寿命延长 5 倍。

空中客车 A320 客机的发动机舱铰链支架，目前采用钛合金材料制作，利用德国 EOS 公司生产的 EOSINT M 280 设备进行 3D 打印生产，既减少了材料的使用（75%），同时也减轻了每架飞机的重量（每个支架可减重 10kg），如图 4-25 所示。

图 4-25　发动机舱铰链支架与安全扣的拓普优化 3D 打印

台风战斗机（Eurofighter Typhoon）的氧气供应系统管路部件采用 3D 打印技术进行打印。氧气供应系统管路部件需承受 20MPa 的高压，该部件常规的制作方法是两端采用计算机数控技术加工，然后再进行焊接而成。采用 3D 打印技术，可以直接一体成型，部件的转角处可以设计成圆弧过渡，也可减少因焊接不当而产生的缝隙，使产品结构更加完善，如图 4-26 所示。

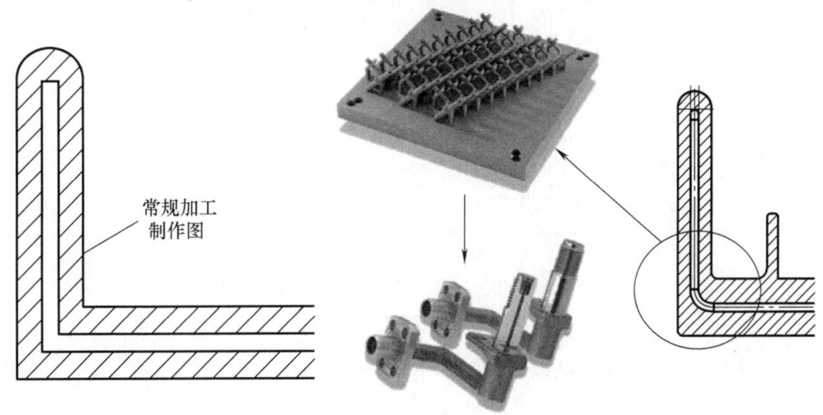

图 4-26　氧气供应系统管路部件打印结果

我国大型客机C919、舰载战斗机歼-15、多用途战斗机歼-16、隐形战斗机歼-20及第五代隐形战斗机歼-31的部分零件的制造采用了3D打印技术。C919民用飞机的风窗玻璃在高速飞行时要承受巨大动压，其窗框采用钛合金材料由3D打印技术打印制成，如图4-27所示。

图4-27 C919窗框采用钛合金材料由3D打印技术打印制成

（2）在航天领域中的应用 欧洲航天太空总署利用3D Systems公司生产的DMP打印机进行空间卫星发动机注入器的打印，如图4-28所示。卫星发动机燃料器支架由五个部件焊接组装而成，其生产过程较复杂且易造成零件裂损，又耗费人力和时间。结合3D打印技术的特殊性，在设计支架结构时进行拓普优化，将其设计成网状结构，这样不但降低了材料的成本，同时缩短了制造的时间，增强了零件强度，如图4-29和图4-30所示。

图4-28 卫星发动机注入器

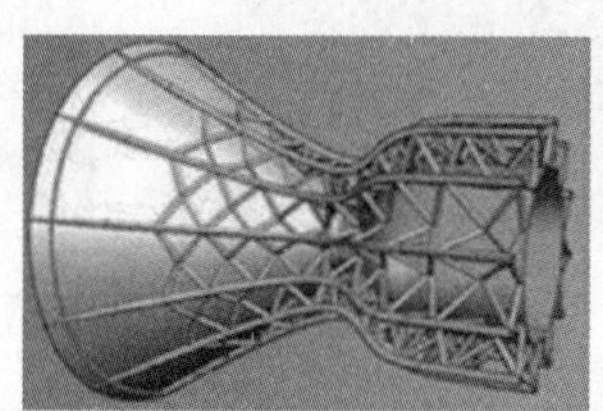
图4-29 燃料器支架

图4-30 优化后的燃料器支架

第 5 章　快速成型操作与后处理

5.1　FDM 快速成型设备简介

本节介绍的 FDM 快速成型设备为北京太尔时代科技有限公司生产的 UP BOX+3D 打印设备，本设备功能强大，操作简单，具有无线连接、材料检测机制、自动平台校准和断电续打等功能。UP BOX+3D 设备采用全封闭设计，内部装有 HEPA 空气过滤器，能保持打印室恒温，降低了 ABS 材料在打印时会发生翘曲的风险，同时也可防止将超微粒子（UFP）和挥发性有机化合物（VOC）排放到室内，设备结构如图 5-1 所示。

图 5-1　UP BOX+3D 打印设备结构

5.1.1　认识设备

1. 设备基本构成

UP BOX+3D 打印设备基本构成可分为两大部分，一部分为机器外壳、相关操作按钮、材料丝盘及电源开关等，即外部结构，如图 5-2 所示；另一部分为内部结构，主要包括打印机的三个轴、喷头、打印平台、空气过滤器等，如图 5-3 所示。

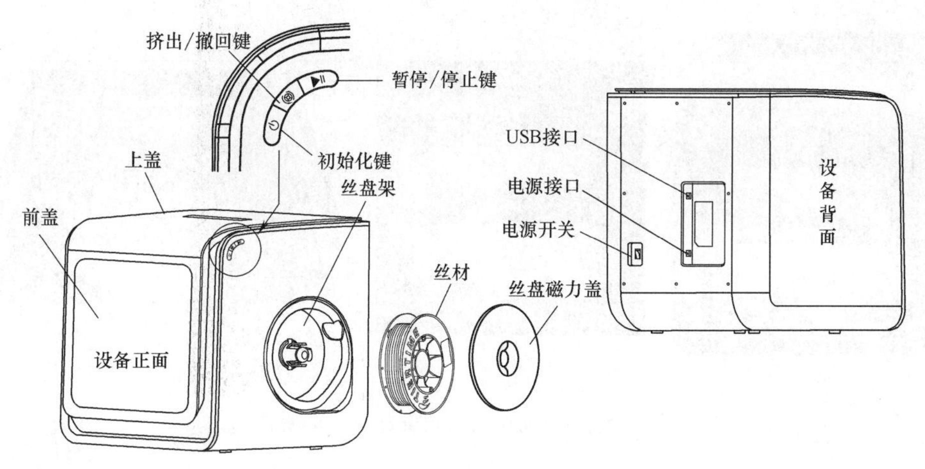

图 5-2　UP BOX+3D 打印设备外部结构

2. 拆封设备与安装多孔板

设备拆封后的结果如图 5-4 所示，里面会有几块用于支撑打印平台的泡沫和固定设备部件的尼龙扎带。首先要取出泡沫块和剪断扎带，具体操作方法如下：

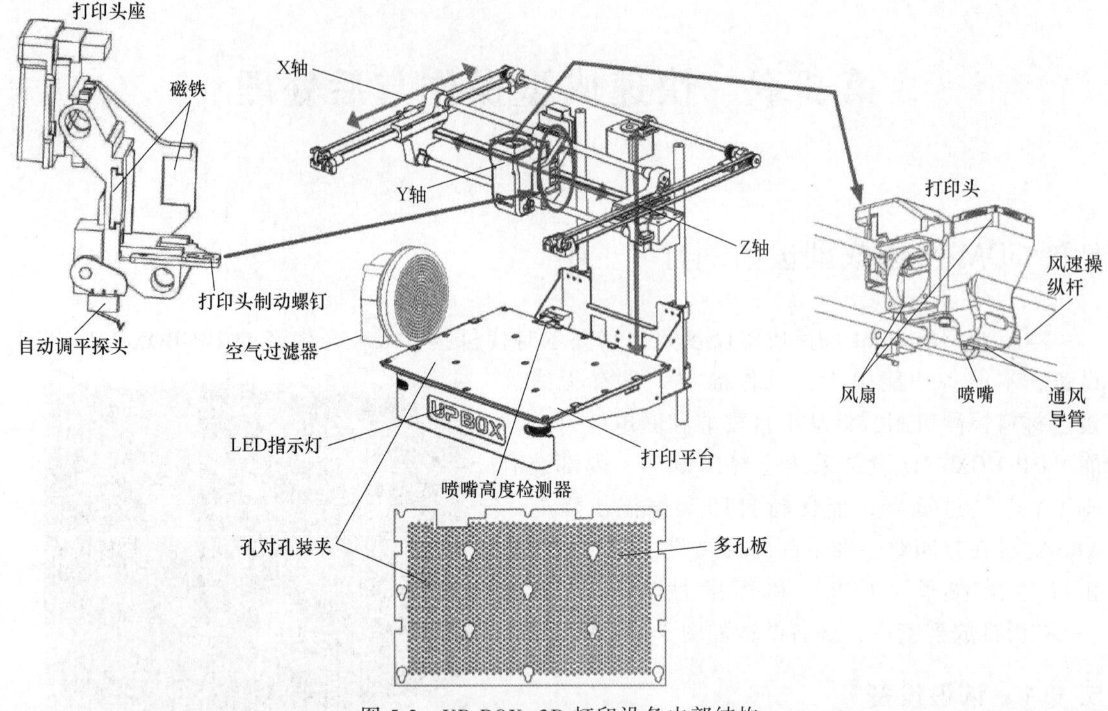

图 5-3 UP BOX+3D 打印设备内部结构

1）打开设备的上盖和前盖，无须移动打印平台，先取出顶部泡沫块，接着在侧面把泡沫块向外拉并放倒，然后将泡沫块水平向右旋转 90°并取出。

2）利用随机配送的尖嘴钳剪断尼龙扎带，需要注意的是，在操作过程中不要碰到设备的同步带和电气控制部分。

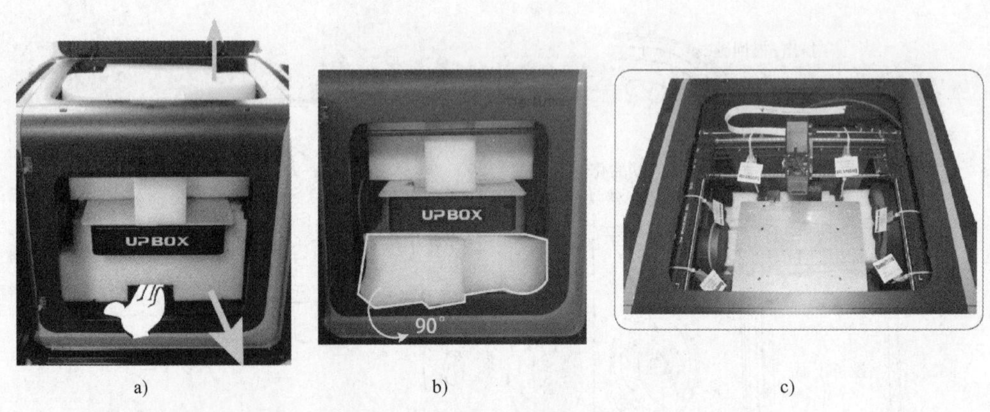

a) b) c)

图 5-4 设备拆封与尼龙扎带的剪断

完成泡沫块的拆卸后需要将多孔板安装到打印平台上，首先把多孔板放在打印平台上，确保加热板上的螺钉已经进入多孔板的孔洞中，接着在右下角和左下角用手把加热板和多孔板压紧，然后将多孔板向前推，使其锁紧在加热板上，如图 5-5 所示。

3. 安装打印丝材

在打印之前，需要先将打印丝材装入打印设备，UP BOX+3D 打印设备安装丝材的操作

很方便。首先将打印机右侧的丝盘磁力盖打开，接着在设备右侧按<挤出/撤回>键，打印头开始加热，在打印机将发出蜂鸣后，打印头开始挤出，然后将丝材插入丝盘架的导管中，当丝材达到打印头内的挤压机齿轮时，会被自动带入打印头，至此打印丝材安装完成毕，挤丝结果如图 5-6 所示。

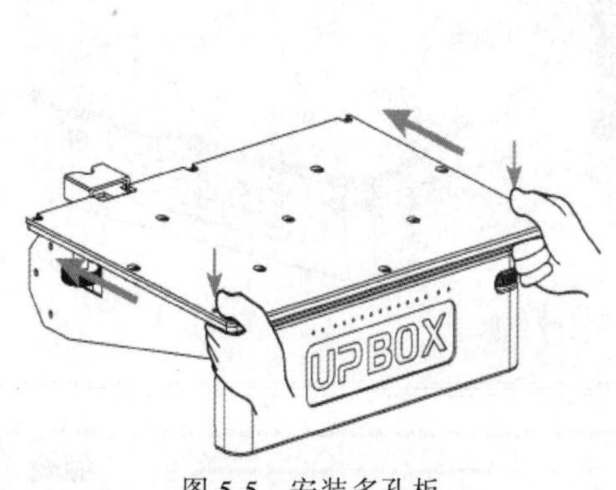

图 5-5　安装多孔板

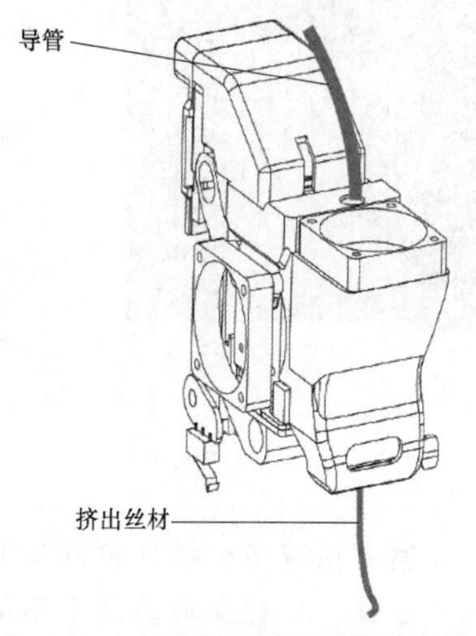

图 5-6　丝材安装完成后的挤丝结果

4. 设备初始化操作

UP BOX+3D 打印设备在开机后都需要进行初始化。初始化的方式有两种，一种通过打印设备自带的切片软件进行“初始化”，另一种是直接在设备上按<初始化>键进行初始化。在初始化期间，打印头和打印平台缓慢移动，并触碰到 X、Y、Z 三个方向坐标轴的限位开关，此时打印机就找到了各轴的起点，同时软件中的其他选项才会亮起供选择使用。

5.1.2　平台校准与喷嘴对高

平台校准是成功打印的重要步骤之一，理想状态下，喷嘴和打印平台之间的距离是恒定的，但在实际操作中，由于诸多原因（例如平台略微倾斜）导致喷嘴和打印平台之间的距离会发生变化，这可能造成作品翘边，甚至打印失败。但是，UP BOX+3D 打印设备具有自动平台校准和自动喷嘴对高功能，通过使用这两个功能，校准过程可以快速方便地完成。具体操作流程如下：

1）双击桌面快捷 UP 图标，进入 UP Studio 用户界面，接着在菜单栏中单击【平台校准】按钮，弹出【平台校准】对话框，系统将校准探头放下并开始探测打印平台上的 9 个位置，探测完成之后，软件上的调平数据参数将被更新，单击【保存】按钮，将数据储存在设备内，同时调平探头也将自动缩回。

2）当自动调平完成并确认后，喷嘴对高操作将会自动开始。打印头会移至喷嘴对高装置上方，喷嘴将接触并挤压金属薄片以完成高度测量，如图 5-7 所示。

> 提示：请在喷嘴未被加热时进行校准，同时在校准之前清除喷嘴上残留的塑料。在校准前，请把多孔板安装在平台上，同时平台自动校准和喷头对高操作只能在喷嘴温度低于 80℃ 的状态下进行。

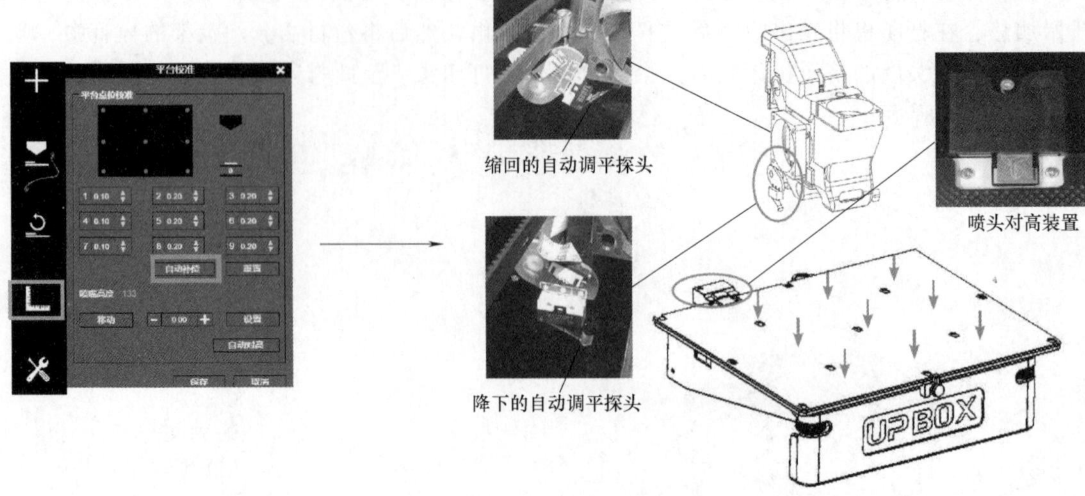

图 5-7　自动平台校准与自动对高

通常情况下，手动校准为非必要的操作步骤，只有在自动调平不能有效校准打印平台时才需要进行手动校准。UP BOX+3D 打印设备的打印平台之下有 4 个微调螺母，如图 5-8 所示，可以通过旋紧或旋松微调螺母来调节打印平台的水平度。

图 5-8　微调螺母

5.1.3　UP Studio 切片软件用户界面

北京太尔时代科技有限公司生产的 UP BOX+3D 打印设备的切片软件 UP Studio 是该公司自主开发的用于设备的切片与参数调试等操作，UP Studio 用户界面如图 5-9 所示。

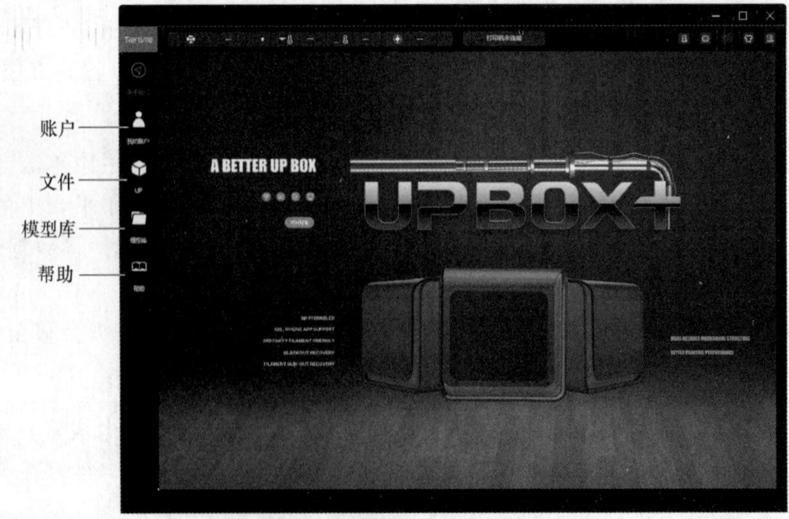

图 5-9　UP Studio 用户界面

在 UP Studio 软件界面中单击【文件】按钮，系统弹出图 5-10 所示的界面，此界面包括了打印机参数设置、打印机类型、连机情况、模型调整等内容。

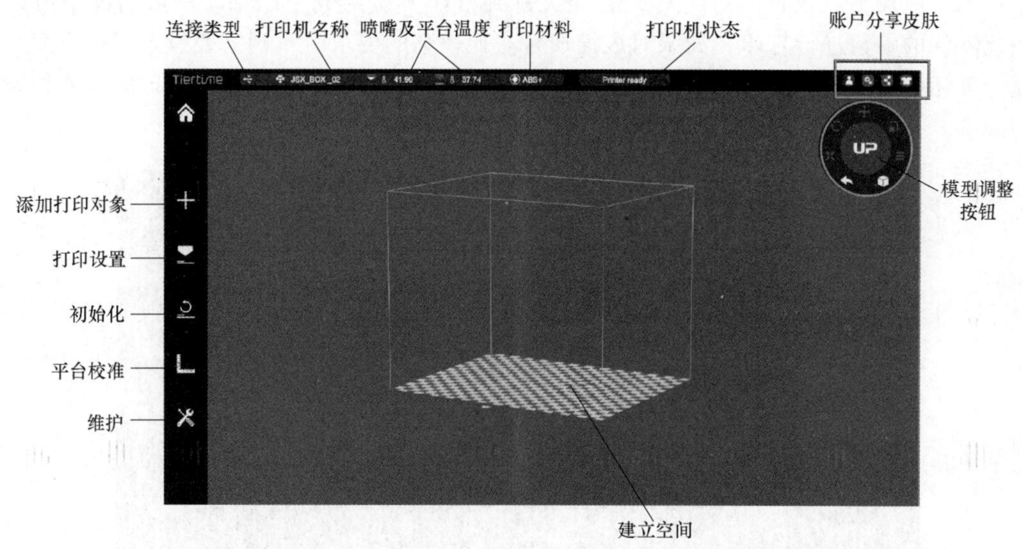

图 5-10 【文件】界面

在模型调整按钮中包括移动、旋转、自动放置、比例缩放等操作，如图 5-11 所示。

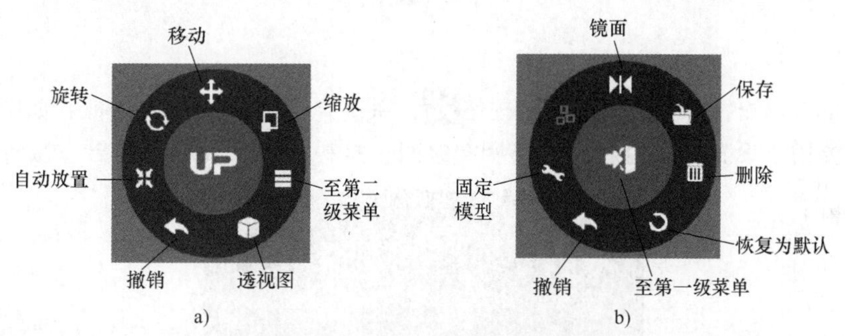

图 5-11　模型调整按钮

1. 添加打印对象

在 UP Studio 软件中单击【添加打印对象】按钮，系统弹出【添加】对话框，如图 5-12 所示。该对话框用于添加打印实物或直接在打印软件中建立基本体素，例如长方体、圆柱体、球体等。

在【添加】对话框中可添加 STL、JPEG、PNG、BMP 格式的文件，选中【自动摆放】复选框后，软件会将用户添加的对象进行自动摆正。

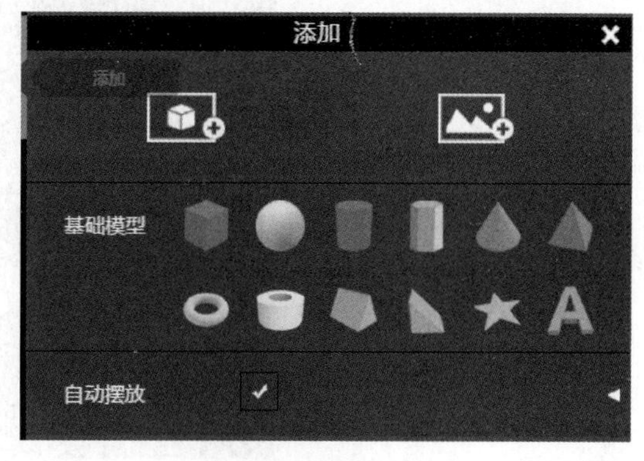

图 5-12 【添加】对话框

2. 打印设置

在 UP Studio 软件中单击【打印设置】按钮，系统弹出【打印设置】对话框，如图 5-13 所示。打印参数设置的好与坏，直接关系到打印质量与成型结果。一般情况下可以按照系统默认的参数进行打印，如果对表面质量有比较高的要求时，则需要设置层片厚度、打印质量等相关参数。产品表面质量设置越高，打印时间就会越久，因此在打印时需要权衡质量与效率。

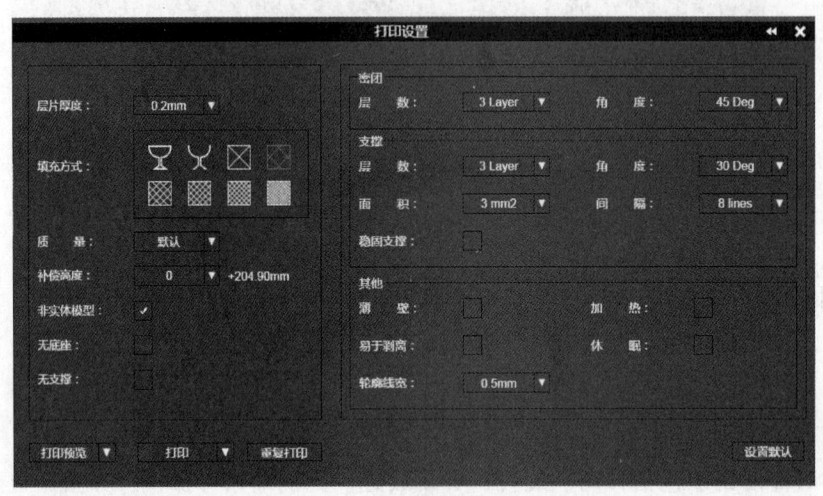

图 5-13 【打印设置】对话框

3. 维护

在 UP Studio 软件中单击【维护】按钮，系统弹出【维护】对话框，如图 5-14 所示。该对话框主要用于设置打印材料、加热所需时间、材料的更改（例如挤出、撤回）等。

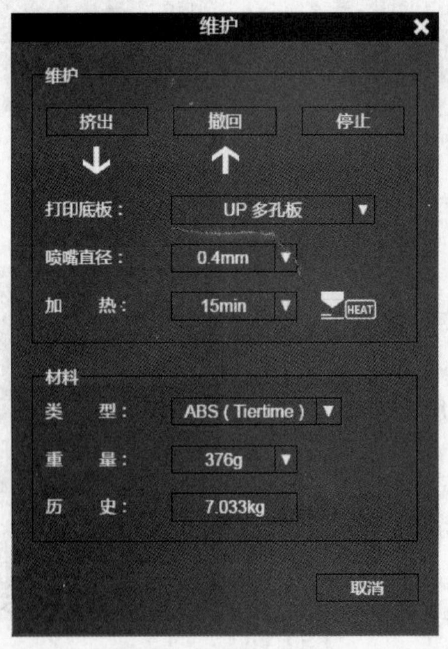

图 5-14 维护对话框

5.2　FDM 快速成型制作与后处理

5.2.1　单色模型的打印

1. 模型切片与打印参数设置

步骤 1：启动软件。双击桌面快捷图标，进入 UP Studio 用户界面，如图 5-15 所示，单击【文件】按钮，系统进入打印界面，如图 5-16 所示。

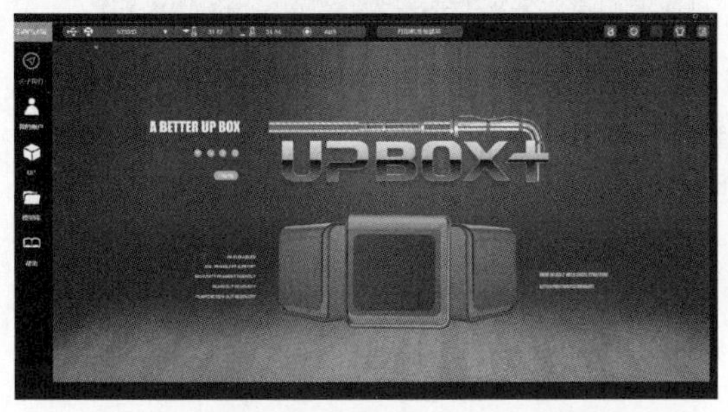

图 5-15　UP Studio 用户界面

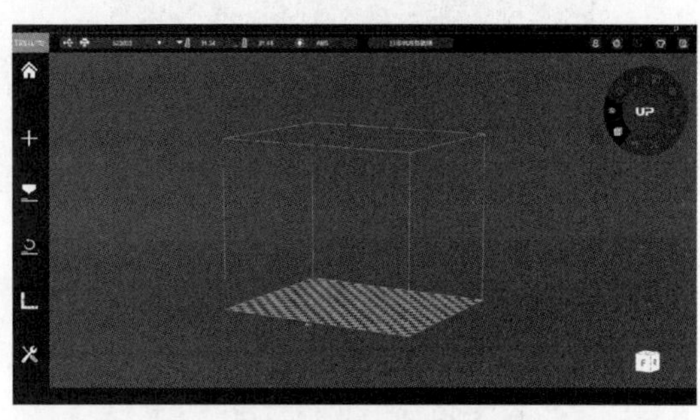

图 5-16　打印界面

步骤 2：添加模型。在 UP Studio 软件中单击【添加】按钮，系统弹出【添加】对话框，如图 5-17 所示，在对话框中单击【添加模型】按钮，系统弹出【打开】对话框，然后找到素材文件 RP_ 1. stl 文档，单击【打开】按钮，系统返回打印界面，结果如图 5-18 所示。为了保证零件的真圆度和减少支撑，我们需要将模型旋转 180°，结果如图 5-19 所示。

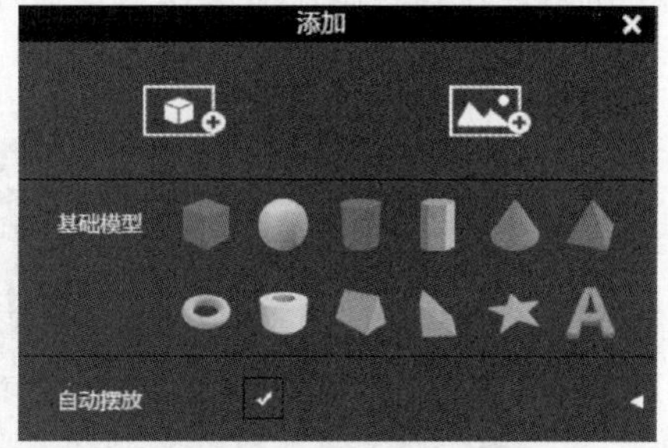

图 5-17　【添加】对话框

图 5-18　添加模型结果

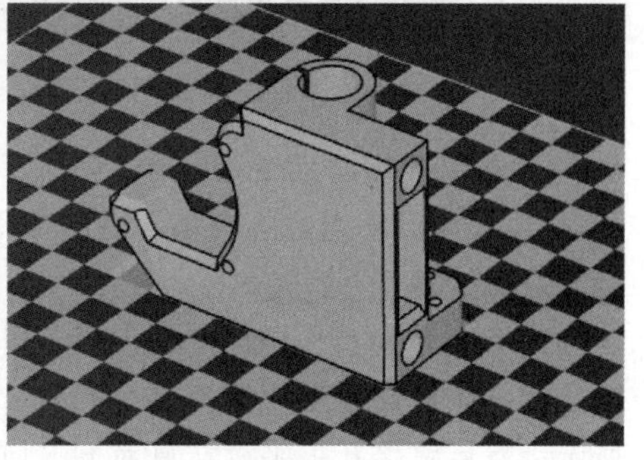

图 5-19　模型摆放结果

步骤 3：在 UP Studio 软件中单击【打印设置】按钮，系统弹出【打印设置】对话框，如图 5-20 所示。设置层片厚度为 0.2mm，填充方式为（20%），质量为默认，其余参数按系统默认，单击【打印】按钮，系统开始计算切片层，并开始将打印数据传输至打印设备，传输完成后会显示打印时间，如图 5-21 所示。

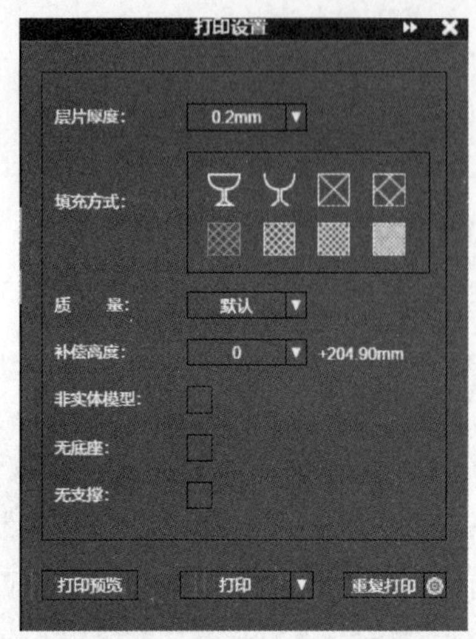

图 5-20 【打印设置】对话框

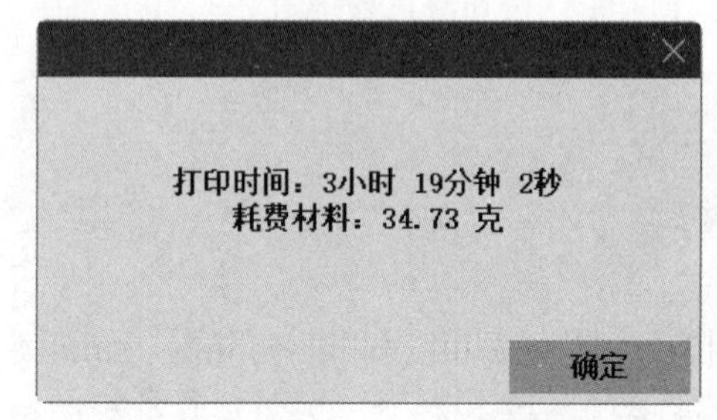

图 5-21 打印时间及耗费材料

步骤 4：完成数据传输后，打印设备将开始打印。首先打印底座，然后打印产品，如图 5-22 所示，在此不做任何操作，直至打印结束，打印结果如图 5-23 所示。

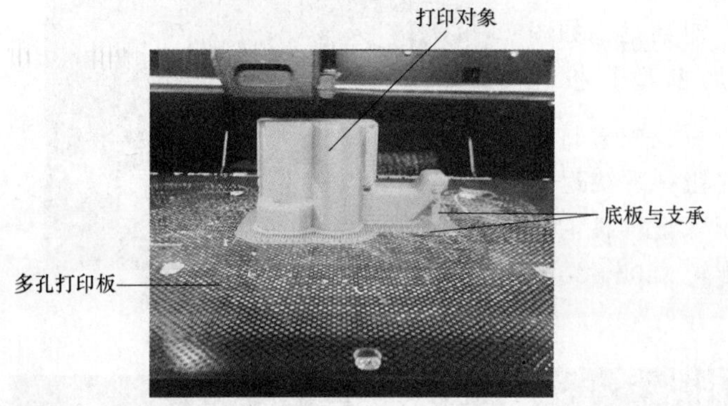

图 5-22 产品打印过程

图 5-23 打印结果

2. 拆卸模型与后处理

3D 打印设备通过 3 个多小时的工作，完成了模型的打印操作，接下来应该对模型进行拆卸及后处理。

(1) 拆卸模型 3D 打印机完成模型打印之后会进行设备初始化，当设备完成初始化后，就可以拆卸模型。在拆卸模型前，先打开设备前盖，将多孔板拆下并取出，如图 5-24 所示。然后将多孔板平放在桌面上，使用小铲刀挤压多孔板上的模型底座，使模型底座与多孔板分离，如图 5-25 所示。

当模型与多孔板分离后，接下来要将打印的模型底座与打印的产品进行分离。一般情况下可以直接用手慢慢剥离底座与产品，如果这两个部分贴合比较紧密，则可以利用铲尖对周边进行挤压，使其分离，如图 5-26 所示。

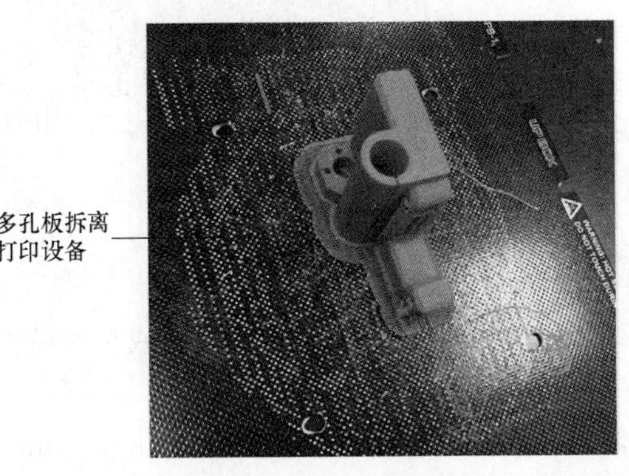

图 5-24　取出多孔板

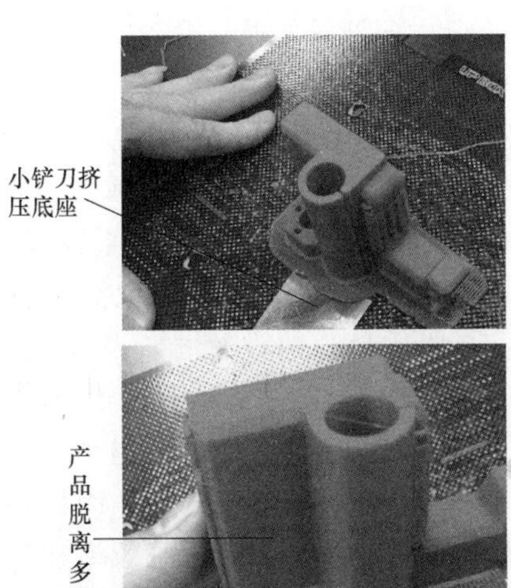

图 5-25　产品脱离多孔板

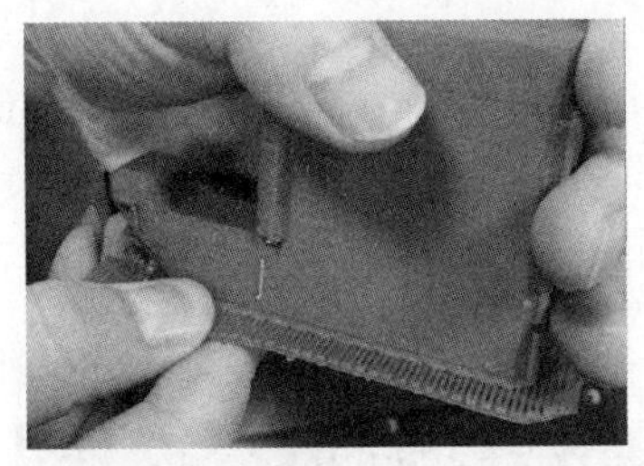

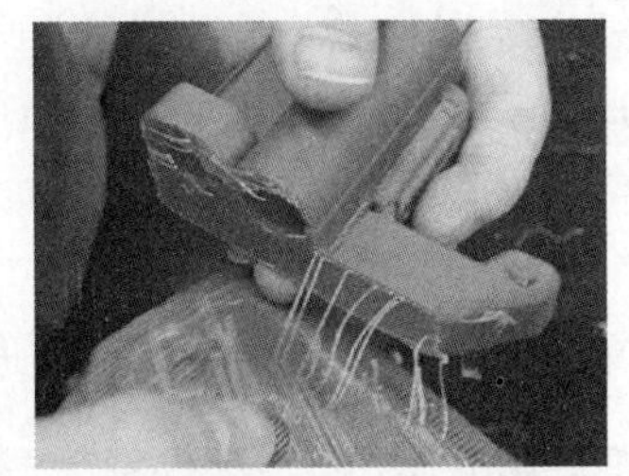

图 5-26　底座剥离过程

（2）去除支撑材料　完成底座剥离之后，开始去除支撑材料。支撑去除方便与否，与设置的打印参数有关。一般在 UP Studio 软件中，多数打印参数都是可以默认的，这样大大节省了参数设置的操作过程，同时也便于去除支撑材料。

对于露在外面的支撑材料，可以直接用手掰断支撑，如图 5-27 所示。对于藏于内部支撑，可以利用钳子或刮刀进行去除，如图 5-28 所示，最终去除结果如图 5-29 所示。

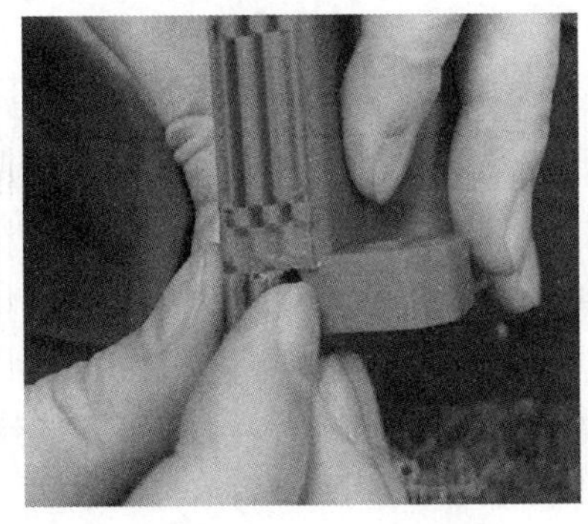

图 5-27　去除外部支撑

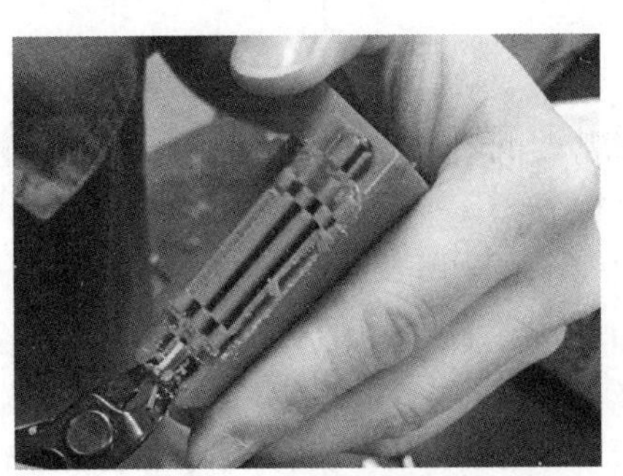

图 5-28　去除内部支撑

(3) 模型后处理　拆卸模型完成后，就是对模型表面进行处理。一般 3D 打印模型常见的表面处理方法有砂布打磨、喷丸处理、溶剂浸泡和溶剂熏蒸等。

图 5-29　支撑去除结果

由于 FDM（熔融堆积）成型技术是由喷头挤出加热材料后逐层堆积打印，因此会在模型表面会看到一层一层连接纹路，纹路的粗细取决于打印参数（打印层厚和打印质量）的设置。如果设置的打印层厚越小、打印质量越高，则纹路越不明显，反之则越明显。

同时，设置的打印层厚越小，打印的时间也会相应增加，会使打印效率降低。因此，在打印之前首先要确定是精度质量先行还是效率速度先行，一般情况下，没有装配要求或是单独零部件的打印建议效率速度优化，如果需要有装配或是有精度要求的，则要精度质量先行。

本节表面光滑处理采用砂布打磨方法，具体操作过程：

首先选用粗砂布进行粗磨（一般采用 240 目砂布），使得表面纹路快速细化。然后选择 300 目的砂布进行半精磨，使得表面的纹路基本削除。最后使用 400 目的砂布进行精磨，使模型表面光滑，达到喷漆上油的要求。

5.2.2　双色模型的打印

步骤 1：启动软件。双击桌面快捷图标，进入 UP Studio 用户界面，如图 5-30 所示，单击【文件】按钮，系统进入打印界面，如图 5-31 所示。

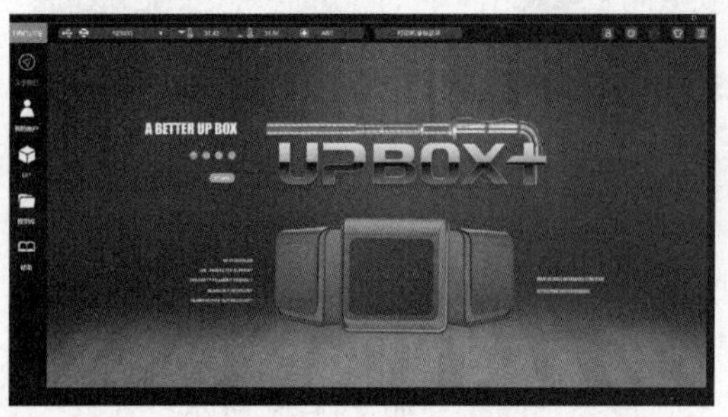

图 5-30　UP Studio 用户界面

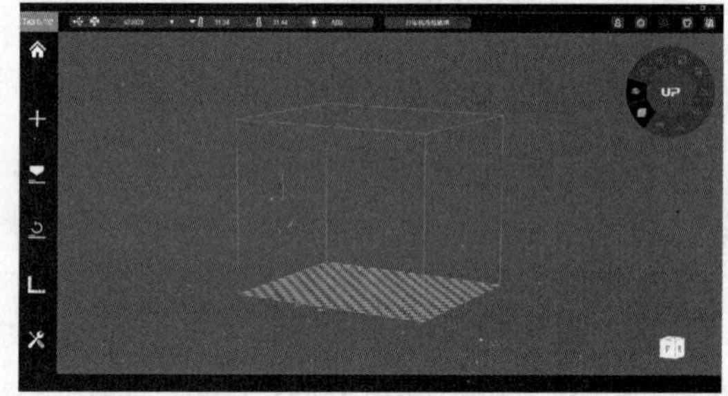
图 5-31　打印界面

步骤 2：添加模型。在 UP Studio 软件中单击【添加】按钮，系统弹出【添加】对话框，如图 5-32 所示，在对话框中单击【添加模型】按钮，系统弹出【打开】对话框，然后找到素材文件 RP_ 2. stl 文档，单击【打开】按钮，系统返回打印界面，结果如图 5-33 所示。

步骤 3：在 UP Studio 软件中单击【打印】按钮，系统弹出【打印设置】对话框，如图 5-34 所示。设置层片厚度为 0. 2mm，填充方式为（20%），在【质量】列表框中选择【较好】选项，选中【无支撑】复选框，其余参数按系统默认，单击【打印】按钮，系统开始计算切片层，并开始将打印数据传输至打印设备，传输完成后会显示打印时间，如图 5-35 所示。

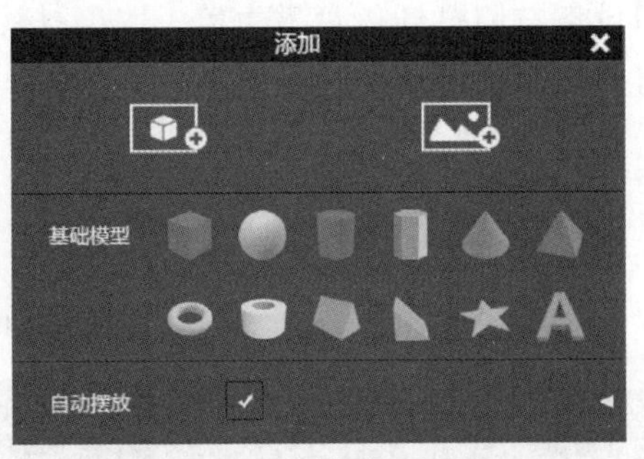

图 5-32 【添加】对话框

图 5-33　添加模型结果

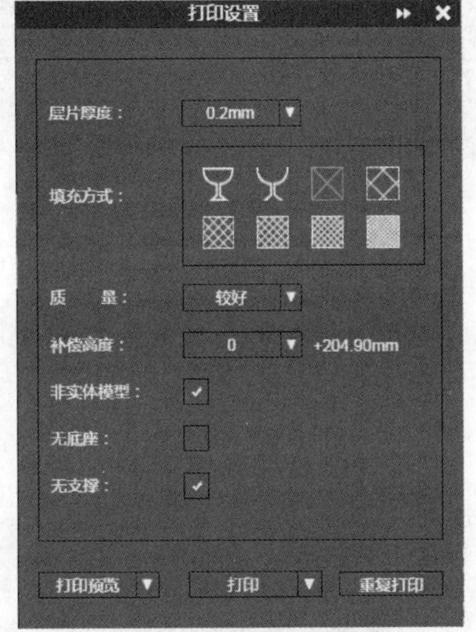

图 5-34 【打印设置】对话框

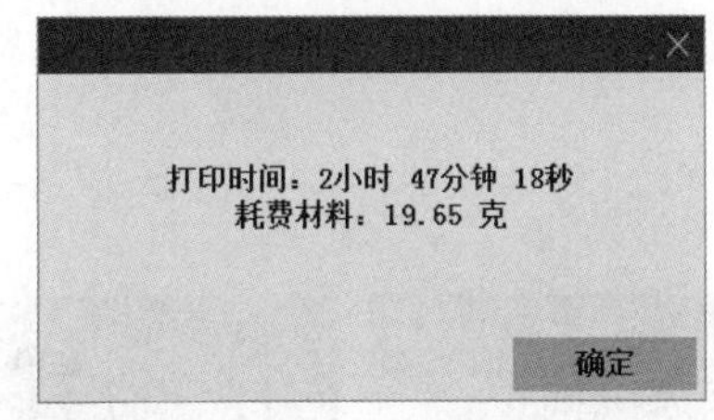

图 5-35　打印时间及耗费材料

步骤 4：完成数据传输后，打印设备将开始打印。首先打印底座，然后打印产品，如图 5-36 所示，在此不做任何操作，直至打印到高度为 20mm 时，在设备上按<暂停>键或在 UP Studio 软件中单击【暂停】按钮，设备停止打印，同时设备的工作台会向下移动至一定距离，如图 5-37 所示。

图 5-36　打印底座

图 5-37　打印至 20mm 高度

步骤 5：回撤材料。在设备上按<撤回>键，如图 5-38 所示，同时打印设备开始将白色材料往回撤出，结果如图 5-39 所示。接着在打印设备右侧打开丝盘磁力盖，取出材料盒，如图 5-40 所示，然后手动回抽材料，直到将所有材料全部抽出为止，如图 5-41 所示。

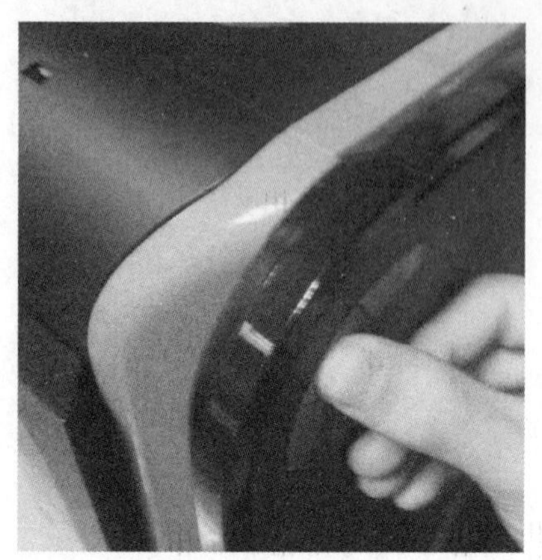

图 5-38　按<撤回>键

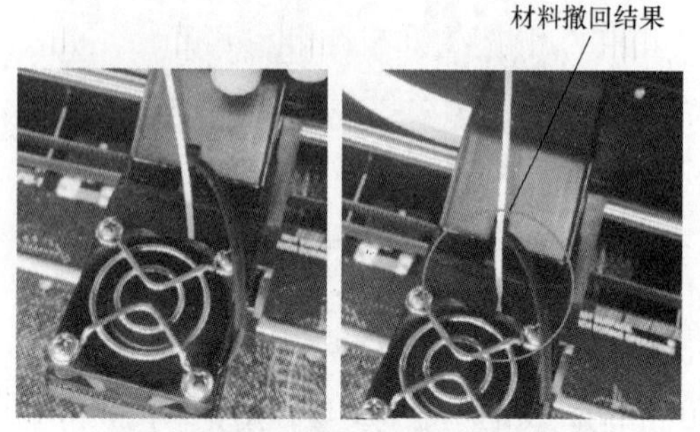

图 5-39　材料撤回结果

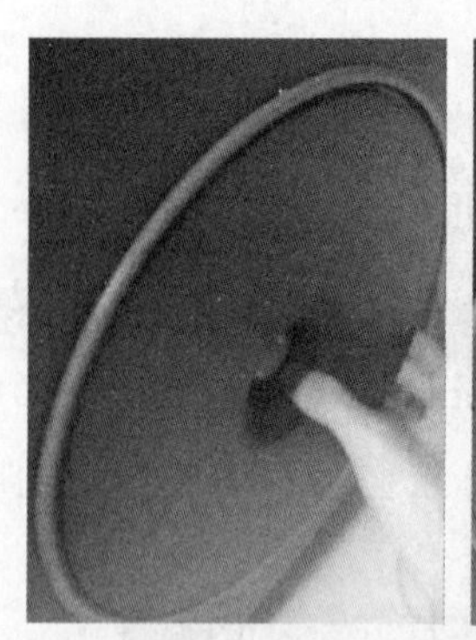

图 5-40　取出材料盒

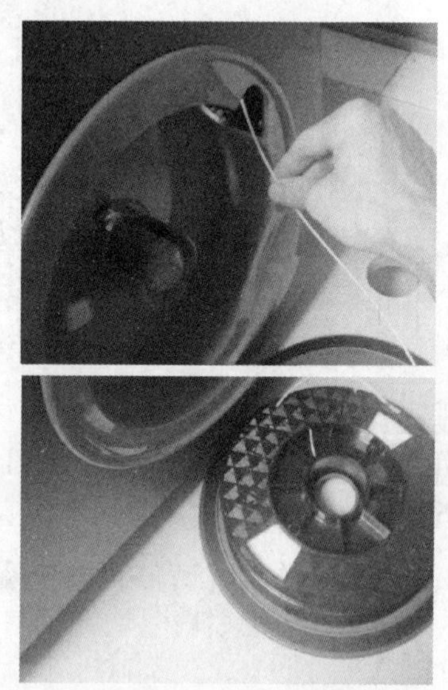

图 5-41　手动回抽材料结果

步骤 6：添加新材料。材料回抽完成后，将添加新材料。将材料放至合适位置，然后将丝材插入导管中导入设备，结果如图 5-42 所示。将丝材对准喷嘴孔并往下塞一点，在设备上按<挤出>键，设备开始自动送料，直到将前一种材料全部挤出，完成材料交替，如图 5-43 所示。

步骤 7：设备续打。完成丝材换料之后，在打印设备上按<暂停>键，如图 5-44 所示。打印设备的工作台将上升至喷嘴处，设备将进行续打工作，如图 5-45 所示。产品打印结果如图 5-46 所示。

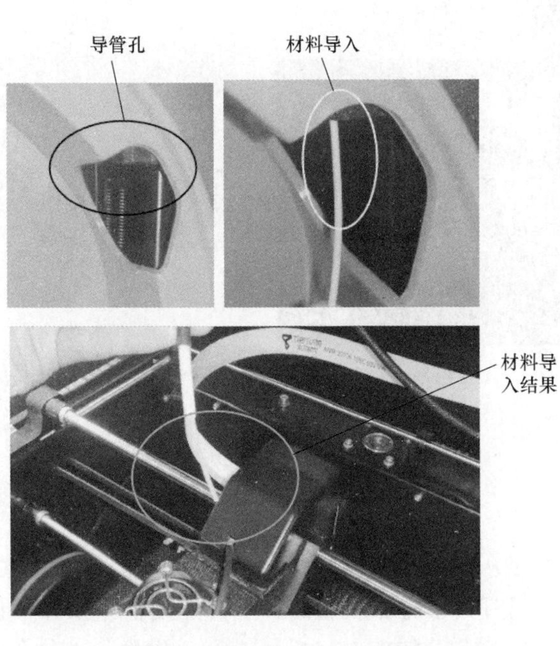

图 5-42 添加材料过程

图 5-43 更换材料结果

图 5-44 按<暂停>键

图 5-45 设备续打显示对象

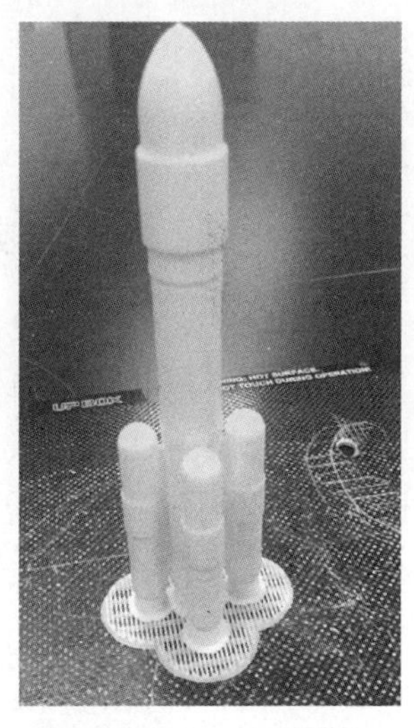

图 5-46 产品打印结果

步骤 8：拆除产品与去除支撑材料。由于此产品没有支撑材料，只需将底座拆除即可，拆除产品的方法与单色材料打印的方法一样。打印最终结果如图 5-47 所示。

> 提示：完成换料操作后，如果喷嘴存有余料，则可以采用小铲子进行刮除，以保证续打时没有多余材料。

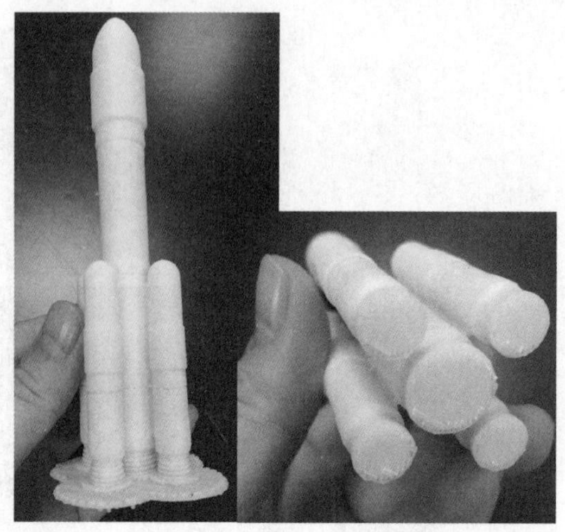

图 5-47　打印产品结果

5.3　ProJet 快速成型设备简介

本节介绍的 ProJet 快速成型设备为美国 3D Systems 有限公司生产的 ProJet MJP 2500 Plus，此设备是一款单喷头多喷嘴的打印机，同时具备打印质量高，生产速度快，操作简便的特点。使用 MJP 打印机时无须手动移除支撑材料，MJP EasyClean System 提供了一种全新的清除支撑材料的方式，操作简单快捷，可在 30min 内将支撑材料从 MJP 部件中全部移除。

利用 ProJet 设备可以赋予几何设计更多自由。某些打印机无法在狭小空间中移除支撑材料，因此设计的自由度受到限制，而 MJP 采用蜡质支撑材料，即使在狭小的空间中也可被熔化移除，并快速打印出高精度的部件。

5.3.1　ProJet MJP 系列设备成型原理与特点

1. ProJet MJP 系列设备成型原理

ProJet MJP 设备使用特殊的单喷头多喷嘴打印头，通过压电式喷嘴喷射出半固态的光敏树脂及蜡质材料，并经过 UV 灯照射固化成型，层层堆叠，形成立体的工件，其原理如图 5-48 所示。ProJet MJP 2500 系列设备的喷头上共有 888 个喷嘴，如图 5-49 所示，并且在打印过程中进行 UV 固化，平均打印一层只大约需要 10s，每小时的打印高度最高可达 6.6mm。

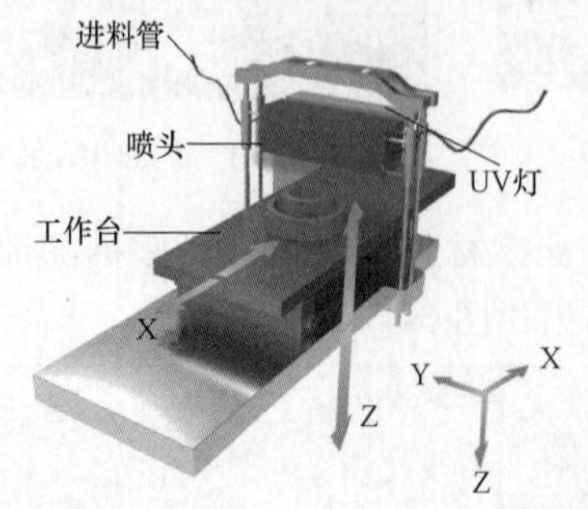

图 5-48　ProJet MJP 系列设备成型原理

图 5-49　ProJet MJP 2500 系列设备喷头

2. ProJet MJP 2500 Plus 设备特点

ProJet MJP 2500 Plus 设备打印出来的产品具有优质的外观质量，如图 5-50 所示。

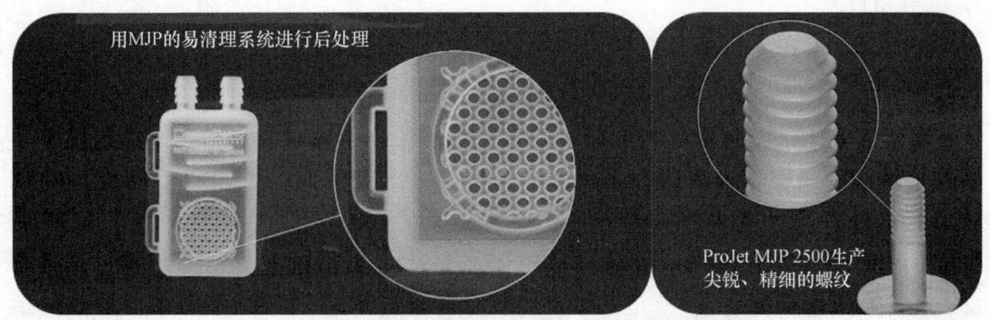

图 5-50　产品优质的外观质量

ProJet MJP 2500 Plus 设备生产能力出色，通过排版软件可优化工件的摆放，如图 5-51 所示。另外，ProJet MJP 2500 Plus 设备可不间断工作，打印中途材料用完时，打印不会终止，待添加材料后，设备可继续打印。

图 5-51　优化工件的摆放

ProJet MJP 2500 Plus 设备的打印头在每次打印之前会自动启动 HMS 程序对喷头进行清理。该设备有两组 UV 灯，打印时可以选择任何一组。UV 灯使用的是 LED 紫外线灯管，主要特点为使用寿命长，可防止因高功率导致灯管寿命衰减，既延长使用寿命，也降低了使用成本。

ProJet MJP 2500 Plus 设备的打印精度高，最小层厚为 0.032mm，且无须担心因移除支撑可能造成的不慎损坏产品的细部特征。样件能够长时间维持形状与质量，让产品在批量生产前可以进行细致的分析和判断，如图 5-52 所示。

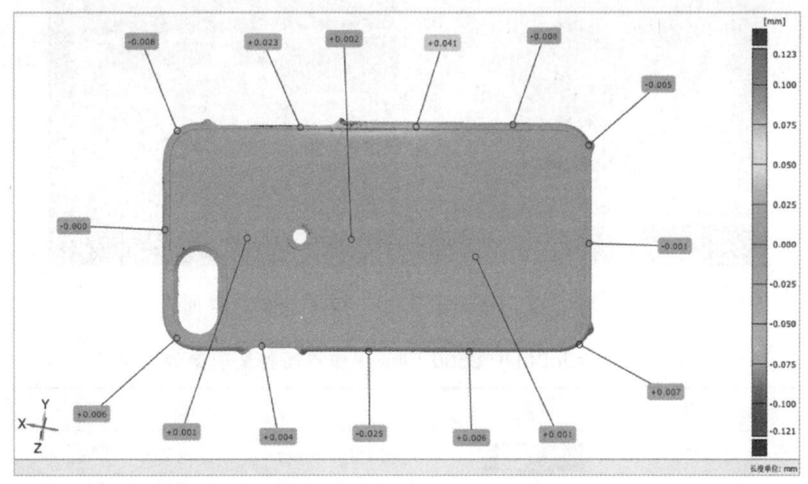

图 5-52　打印精度对比分析

5.3.2 认识设备

1. 机身组成

ProJet MJP 2500 Plus 是一款封密的打印设备，机身由控制面板、打印喷头、成型区等组成，如图 5-53 所示。

2. 控制面板介绍

ProJet MJP 2500 Plus 设备的操作是通过 UI 界面直接完成，可以在此界面上查看打印队列、打印信息、打印状态、废料袋使用情况等，如图 5-54 所示。各选项参数含义见表 5-1。

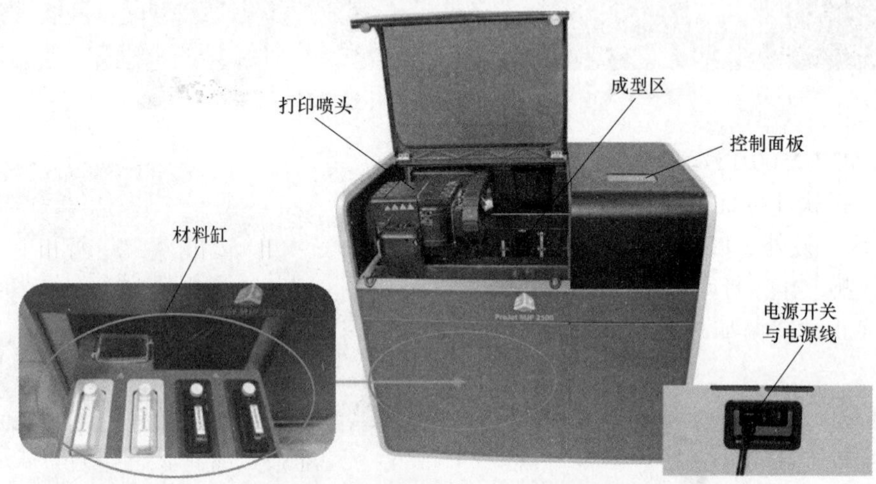

图 5-53　ProJet MJP 2500 设备机身组成

图 5-54　ProJet MJP 2500 Plus 设备操作界面

表 5-1　ProJet MJP 2500 Plus 操作界面各选项参数含义

主菜单	选　项	按钮	说　明
状态	访问平台	0 3	可访问打印平台
	启动打印作业		启动打印队列中的下一个作业

（续）

主菜单	选　项	按钮	说　明
状态	刷新打印队列	Access Platform	刷新包含最近作业的打印机队列
	当前信息		显示当前的层信息
	打印发送方		显示发送作业的人员的 ID
	打印状态		此区域可在任意给定时间确定打印机所处状态
	废料袋使用情况		指示废料袋的使用程度
打印	打印顺序		在此区域会显示打印顺序，可以任意选择其中一个作为打印对象
材质	材料状态		此区域会显示打印的支撑材料与成型材料的状态
工具	打印机信息		显示打印机和版本信息
	诊断菜单		可通过【诊断】按钮运行许多诊断程序
	材料更换助手		当更换材料类型时，必须执行冲刷操作，以确保在新材料送入之前，彻底清除打印机中的原有材料
	打印机使用情况		显示打印机和材料使用情况
	废料袋		废料袋装满时需进行更换
	操作人员维护		显示维护调度程序。完成清洁后，要确保【单击维护项目】选项并重置计数器，否则将显示维护已过期的消息。在执行任何例行维护程序之前，打印机必须处于准备就绪状态，且必须安装清洁的打印平台
	保存日志		提供访问打印机日志的服务
	关机		重启打印机或进入待机模式，如果要关闭打印机，建议始终通过 UI 界面关闭打印机
设置	网络设置		验证网络相关设置
	电子邮件通知		接收有关打印机事项的通知
	日期与时间设置		更改日期或时间
	语言设置		设置设备 UI 界面的操作语言
	应用程序设置		控制 UI 亮度级别并包含关于 UI 本身的信息
	保存作业设置		保存打印作业的相关信息

5.3.3　3D Sprint 切片软件

3D Sprint 软件由美国 3D Systems 公司开发，主要用于 3D System 公司旗下的各类 3D 打印切片操作与数据传输。3D Sprint 软件可对导入的图形进行再编辑（例如拉伸、切割、偏

移、布尔运算等)，其用户界面如图 5-55 所示。

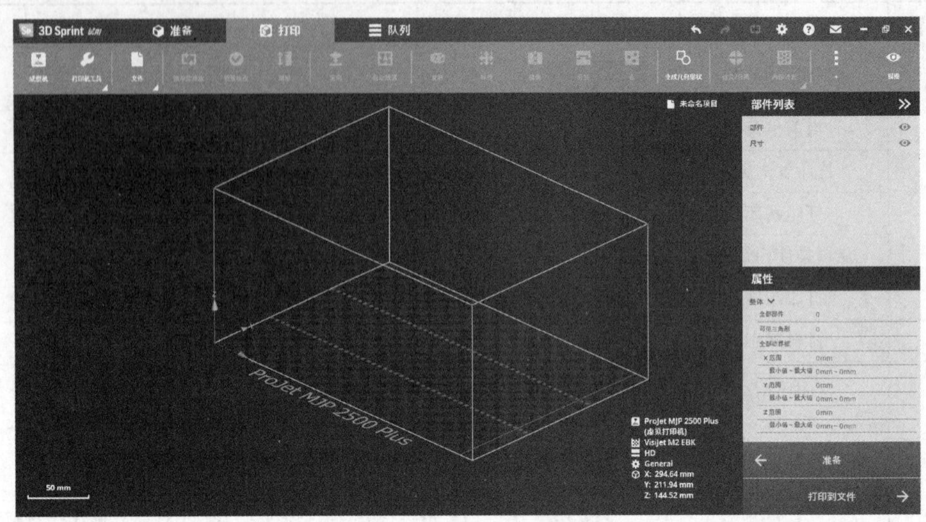

图 5-55　3D Sprint 软件用户界面

1. 【准备】菜单工具条

【准备】菜单工具条包括【文件】【固定】【拉伸】等命令，如图 5-56 所示。

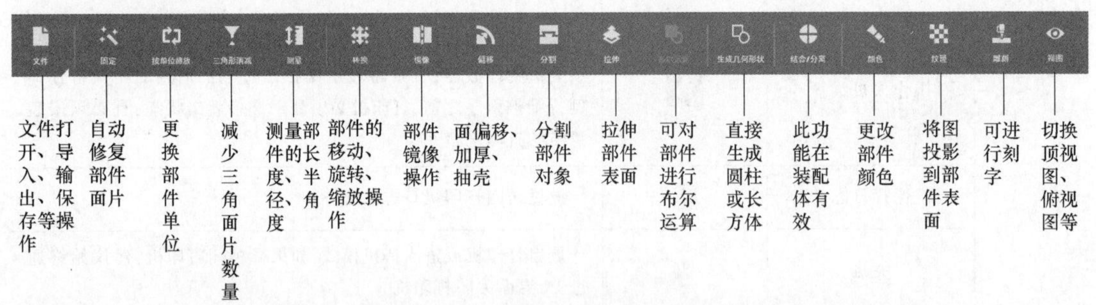

图 5-56　【准备】菜单工具条

2. 【打印】菜单工具条

【打印】菜单工具条用于设置打印部件的摆放、检查打印质量、添加打印机等内容，如图 5-57 所示。

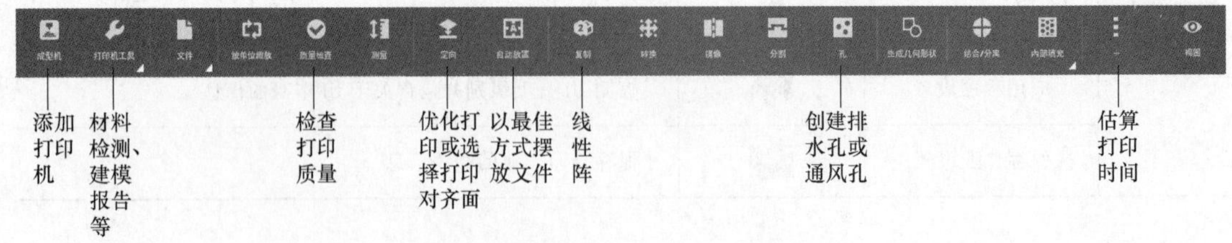

图 5-57　【打印】菜单工具条

3. 【队列】菜单工具条

【队列】菜单工具条是在软件与打印设备联机之后才能显示相关选项，如图 5-58 所示。

图 5-58 【队列】菜单工具条

4. 设备选择与参数设置

步骤 1：双击桌面快捷图标，进入 3D Sprint 用户界面，如图 5-55 所示。

步骤 2：选择成型设备与材料。在 3D Sprint 软件中单击【成型机】按钮，系统弹出【成型机】对话框，如图 5-59 所示，选择【ProJet MPJ 2500 Plus】设备选项，同时单击【下一步】按钮，系统弹出【材质】对话框，如图 5-60 所示。

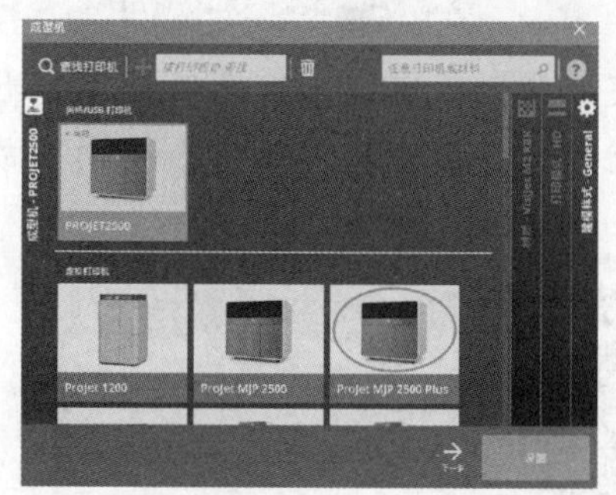

图 5-59　选择成型机

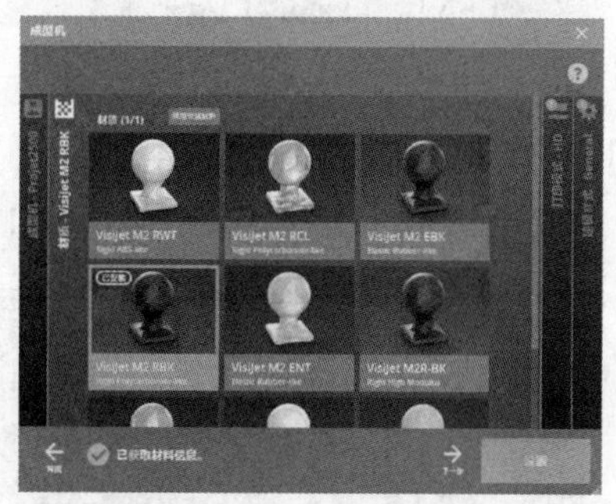

图 5-60　选择成型材料

步骤 3：选择打印模式与建模样式。在【材质】对话框中单击【下一步】按钮，系统弹出【打印模式】对话框，如图 5-61 所示，选择【HD】选项，再单击【下一步】按钮，系统弹出【建模样式】对话框，如图 5-62 所示，选择【General】选项，最后单击【设置】按钮完成设置。

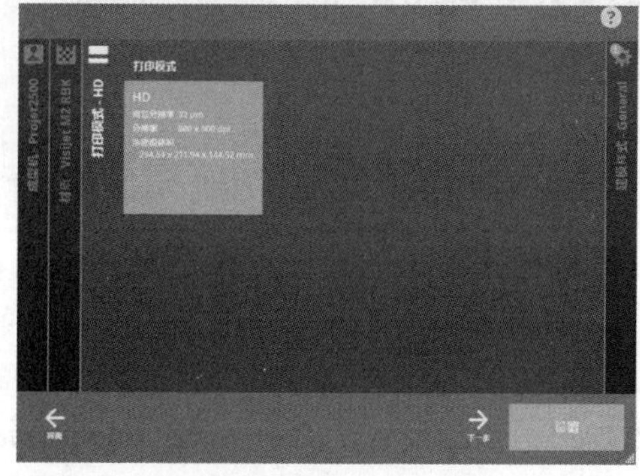

图 5-61　选择打印模式

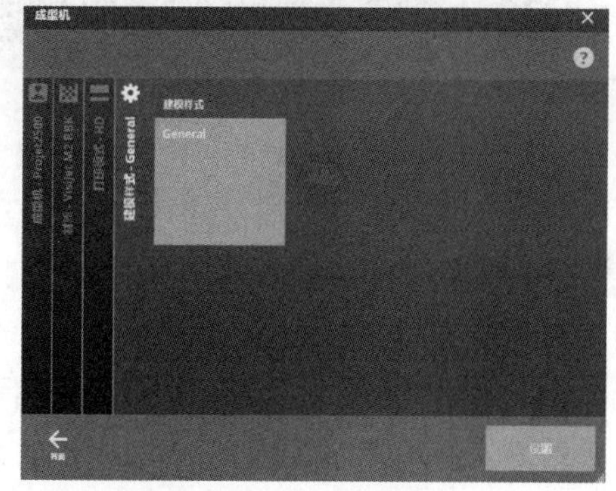

图 5-62　选择建模样式

5. 3D Sprint 软件操作

步骤 1：在【打印】菜单工具条中选择【文件】|【导入】命令，系统弹出【导入】对话框，如图 5-63 所示，选择相关的打印文件（本文选择文档是一部玩具车），然后单击【打开】按钮，将文件导入 3D Sprint 软件中，如图 5-64 所示。

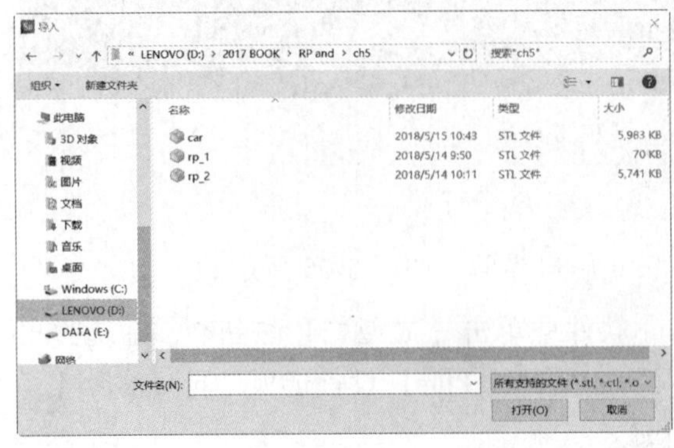

图 5-63 【导入】对话框

图 5-64 文件导入结果

步骤 2：摆放图档。如果导入的模型没有打印尺寸范围，可以通过布局摆正模型。在【打印】菜单工具条中单击【自动放置】按钮，系统弹出【设置】对话框，在此不做任何更改，单击【设置】按钮，图档将会自动摆放，结果如图 5-65 所示。

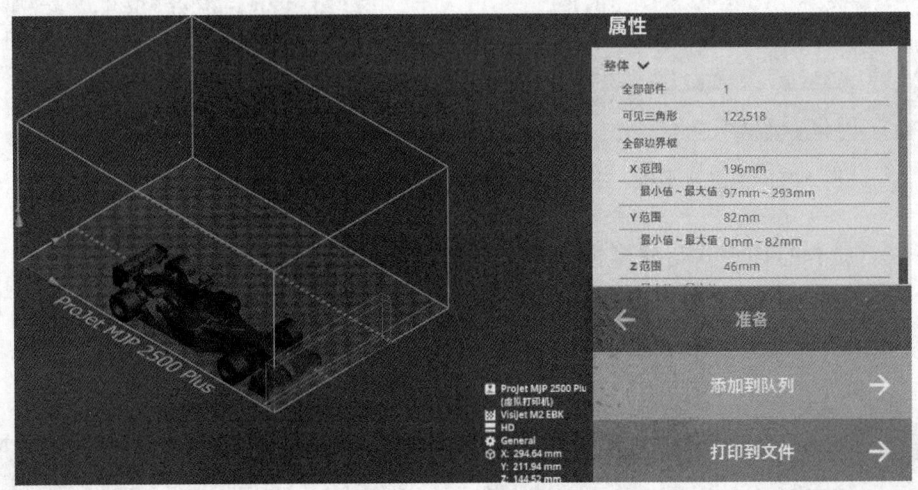

图 5-65 图档摆放结果

步骤 3：将图档添加到打印队列。在 3D Print 软件的右下角单击【添加到队列】按钮，系统弹出【添加到队列】对话框，如图 5-66 所示，在此不做任何更改，单击【添加到队列】按钮完成图档的发布。

步骤 4：打印产品。完成图档的发布后，此时在 ProJet MJP 2500 Plus 设备的 UI 界面上就会看到刚发布的图档，如图 5-67 所示，选择添加的图档，然后在 ProJet MJP 2500 Plus 设备的 UI 界面上单击【Access Platform】按钮，打开设备的防护门，将打印的平板放入指定位置，同时关闭防护门，最后单击【打印】按钮开始打印。

6. 常用命令说明

（1）【质量检查】命令　该命令用于检查打印参数的设置是否影响打印的可行性，在【打印】菜单工具条中单击【质量检查】按钮，系统弹出【质量检查】对话框，如图

5-68 所示。接着可以在打印区域内选择要检查的文件，然后在对话框中单击【检查】按钮检查，系统弹出图 5-69 所示的检查结果。

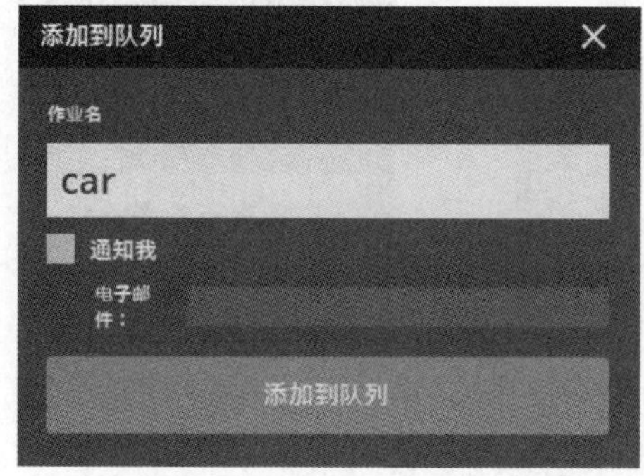

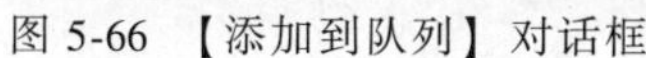

图 5-66 【添加到队列】对话框

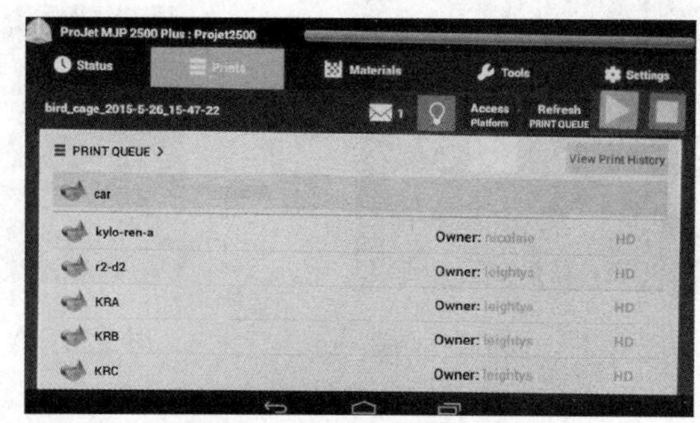

图 5-67　打印机上的队列

（2）【定向】命令　该命令用于选择打印平台的对齐面或手工定向打印对齐面。在【打印】菜单工具条中单击【定向】按钮定向，系统弹出【定向】对话框，如图 5-70 所示。在【定向】对话框单击【手动】按钮手动，然后在绘图区选择图 5-71 所示的面作为定向面，结果如图 5-72 所示。

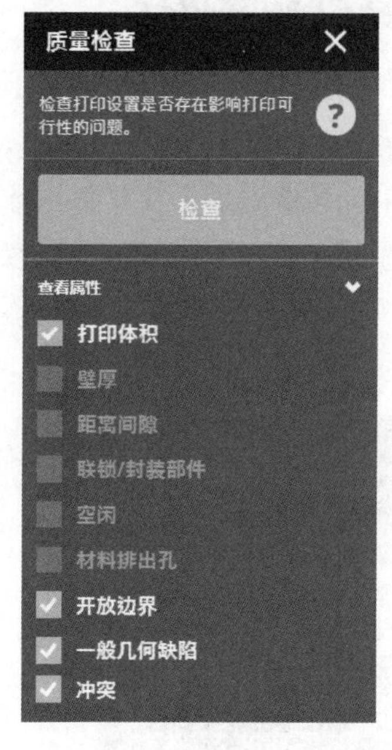

图 5-68 【质量检查】对话框

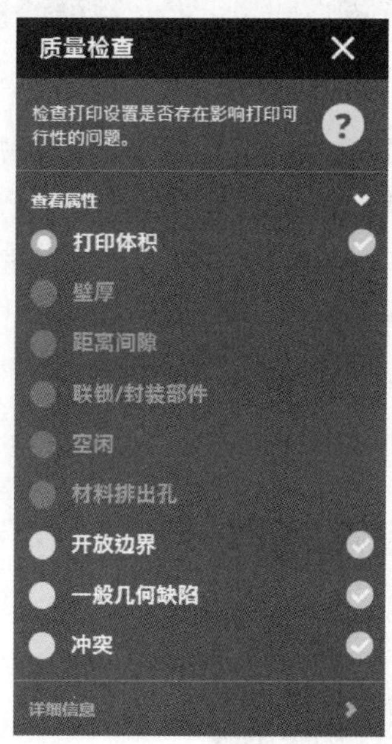

图 5-69　质量检查结果

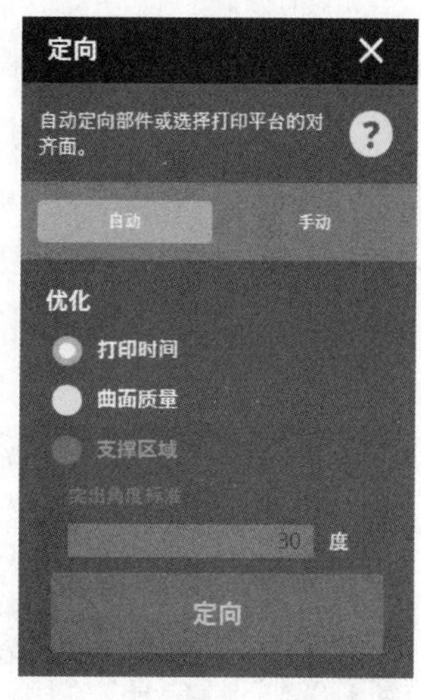

图 5-70 【定向】对话框

（3）【自动放置】命令　该命令可用于优化打印时间、打印区域等。在【打印】菜单工具条中单击【自动放置】按钮自动放置，系统弹出【自动放置】对话框，如图 5-73 所示。在绘图区选择需要自动放置的对象，如图 5-74 所示，在【自动放置】对话框中不做任何更改，单击【设置】按钮设置完成自动布局操作，结果如图 5-75 所示。（图 5-75 中的标记 A 的放置对象需要用【定向】命令完成布局优化，优化后的放置结果如图 5-76 所示。）

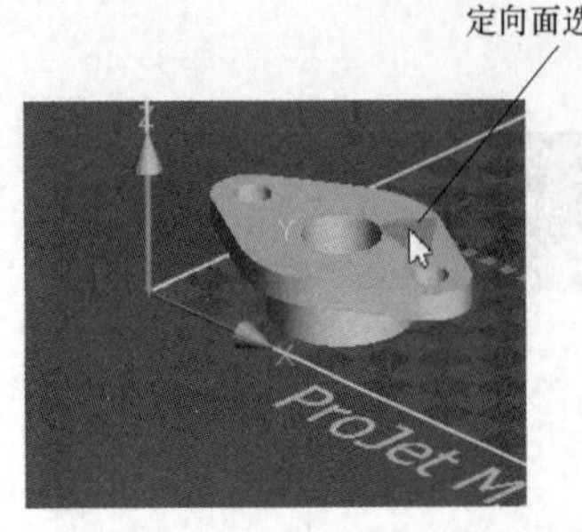

图 5-71　选择定向面

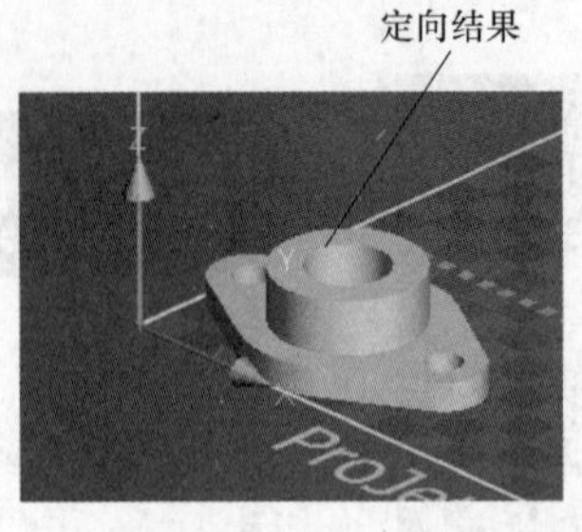

图 5-72　定向操作结果

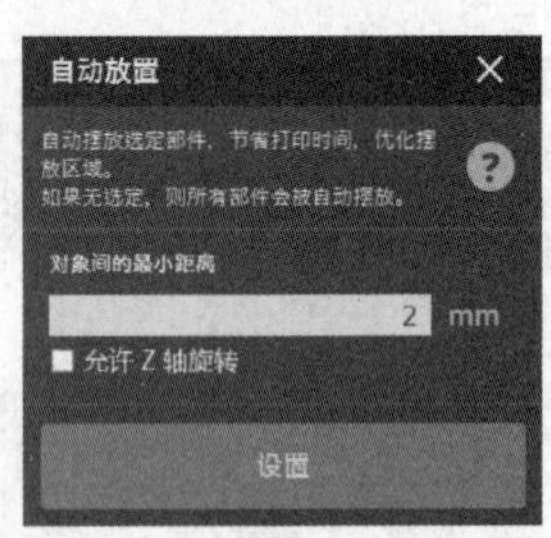

图 5-73　【自动放置】对话框

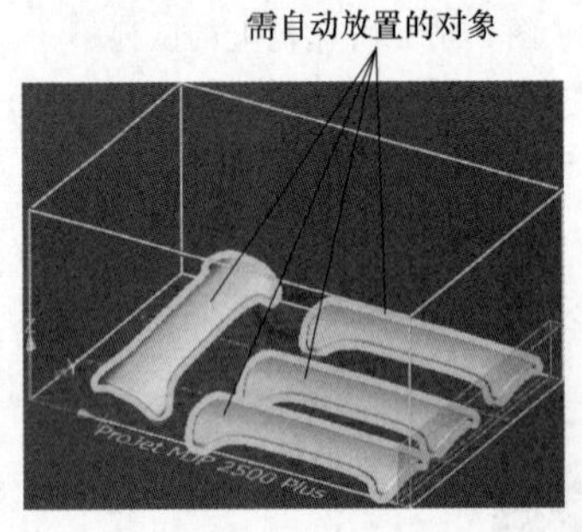

图 5-74　选择放置对象

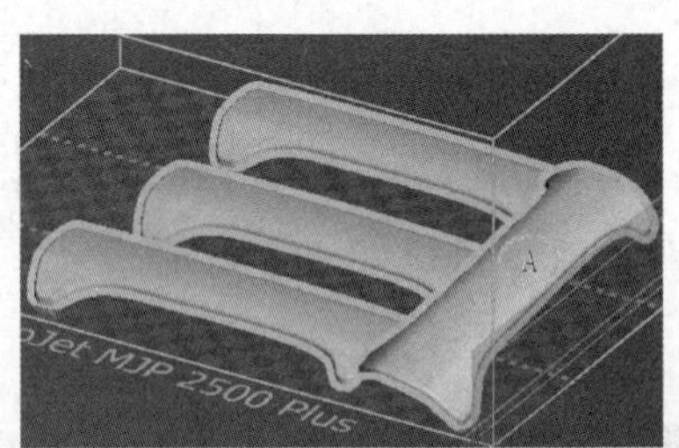

图 5-75　自动放置结果

（4）【复制】命令和【转换】命令　【复制】命令可以用于线性阵列或直接复制对象；【转换】命令用于缩放、平移和旋转打印对象。在【打印】菜单工具条中单击【复制】按钮，系统弹出【复制】对话框，如图 5-77 所示。在绘图区选择需要复制的对象，如图 5-78 所示，然后在【复制】对话框中的【数量】文本框中输入 3，其余参数按系统默认，单击【设置】按钮完成复制操作，结果如图 5-79 所示。

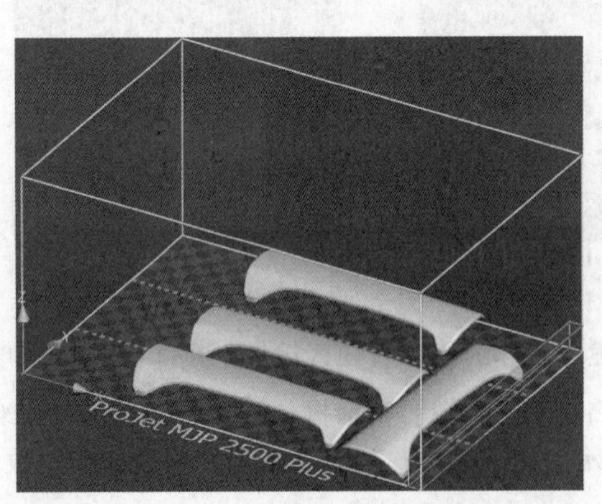

图 5-76　定向及自动放置结果

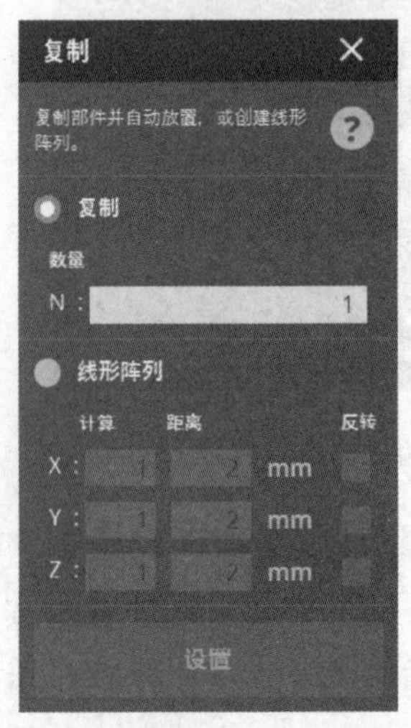

图 5-77　【复制】对话框

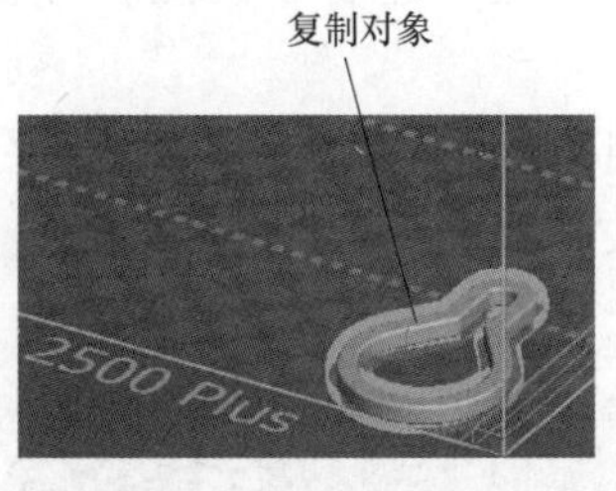

图 5-78　选择复制对象

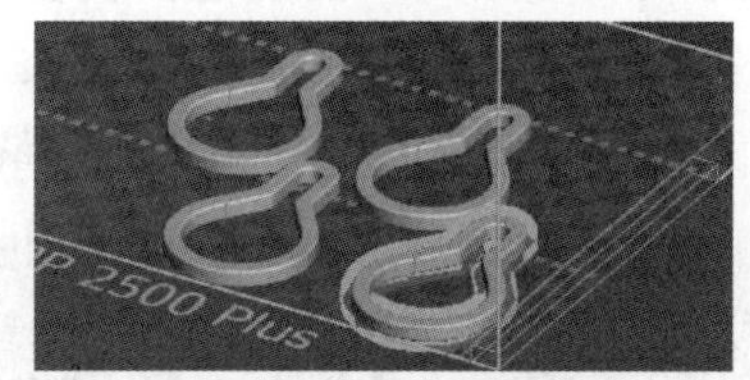

图 5-79　复制结果

在【打印】菜单工具条中单击【转换】按钮，系统弹出【转换】对话框，如图 5-80 所示。在绘图区选择需要转换的对象，如图 5-81 所示。在【转换】对话框中单击【旋转】按钮，然后在【相对旋转】中的【Z】文本框中输入 90 并按<Enter>键，结果如图 5-82 所示。

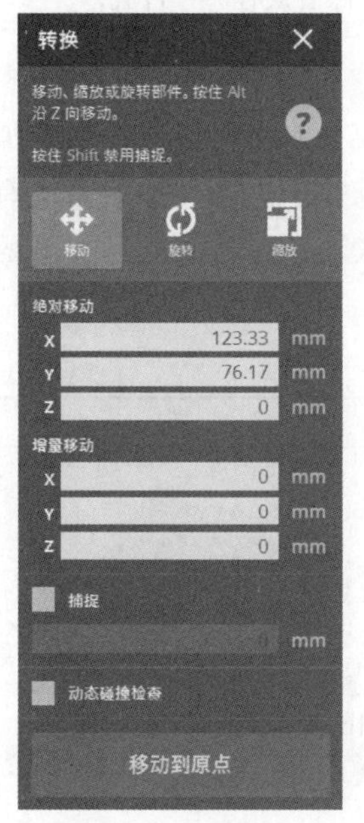

图 5-80　【转换】对话框

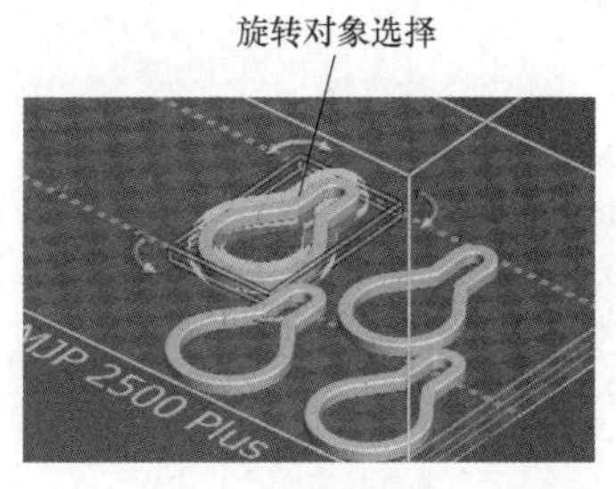

图 5-81　选择旋转对象

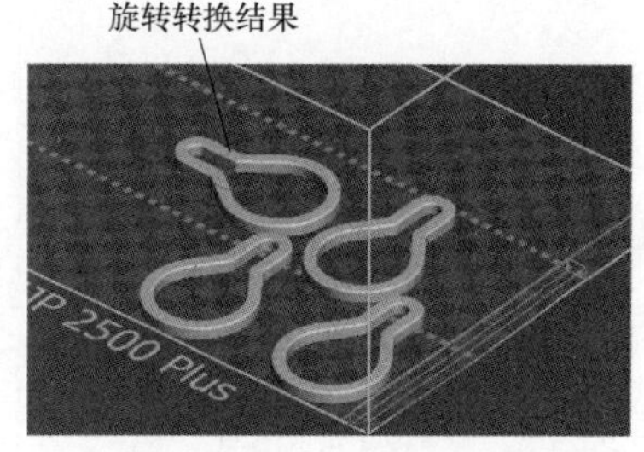

图 5-82　旋转结果

5.3.4　后处理

后处理是快速成型工艺中的必备流程，而使用 ProJet MJP 2500 Plus 设备进行 3D 打印的后处理操作很方便。具体操作方法如下：

1. 从打印平台上取出部件

完成产品打印后，将附有模型的打印平台从打印机内拿出，如图 5-83 所示。将打印平台置于冷冻柜中，如图

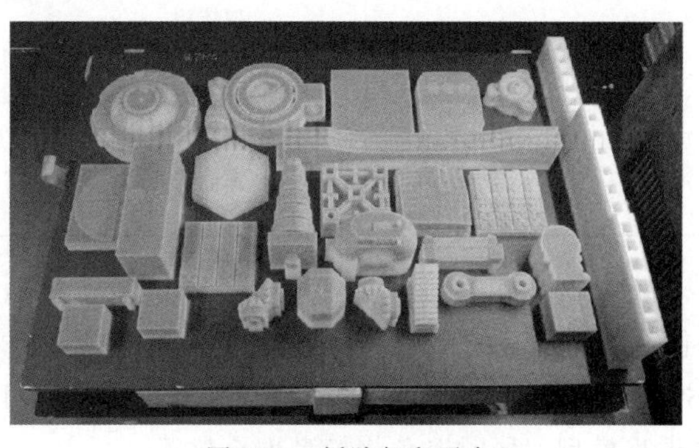

图 5-83　拆除打印平台

5-84 所示，通过模型的冷却实现模型与打印平台的分离（一般只需要 3~5min，但对于某些几何形状较复杂的产品可能需要更长的时间）。

待打印平台上的模型充分冷却后，可将模型取下。大部分模型可以轻松与打印平台实现分离，其余部件取下时需稍稍用力，最终只留下极少量的支撑材料，如图 5-85 所示。

图 5-84　将打印平台放置于冷冻柜

图 5-85　模型冷冻后从打印平台脱落

2. 从模型上去除大块支撑

从打印平台上取下模型后，模型的内部结构有很多支撑材料需要去除，可以使用对流加热烘箱（如 ProJet® Finisher）或使用 MJP EasyClean System 完成此操作。这两种加热系统有相似的用途，但在功能上又各具特色，可根据用户需求进行选择。表 5-2 为两种加热类型的对比。

表 5-2　去除支撑设备比对

类　　型	功能说明	简　　图
ProJet® EasyClean System	1. 能快速去除支撑 2. 针对 ProJet® MJP 2500 部件尺寸优化，变形小 3. ProJet® EasyClean 蒸汽系统的结构紧凑，是通用的去除支撑的方法 4. 能去除大块支撑与精细支撑材料	
ProJet® Finisher 烘箱	1. ProJet® Finisher 烘箱提供大型物理体积 2. 因其具有超大建模空间，因此适合大批量产品的支撑去除 3. ProJet® Finisher 最适合用于处理弹性与工程系列材料	

将模型放在金属篮内，然后放入烘箱或 EasyClean 大块蜡质室内，如图 5-86 所示（ProJet® EasyClean System 运作原理与蔬菜蒸笼类似，运行温度为 100℃，而烘箱温度应设置为 65℃）。为保证最佳的部件质量，当大块蜡质材料从所有模型上熔化脱落时，应立即从系统中取出模型，同时避免将模型堆叠放置。

从烘箱中取出模型后，先用纸巾擦去残留的支撑材料，如图 5-87 所示。如果在烘箱中加热或使用 ProJet® EasyClean System 时，也可以将模型放在吸湿纸巾上几分钟。

图 5-86　将模型放入烘箱

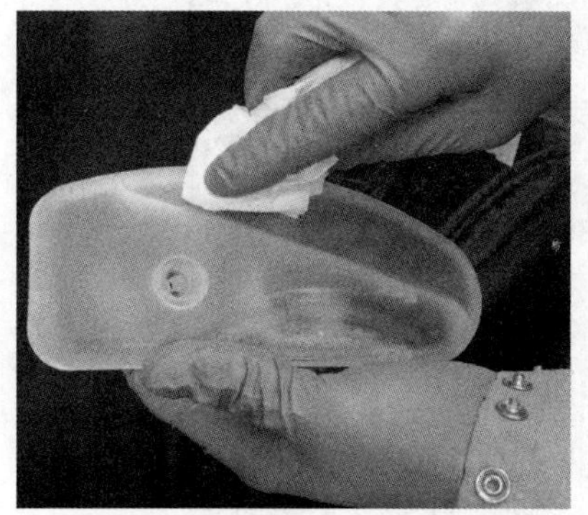

图 5-87　纸巾擦去残留蜡

3. 从模型上去除精细蜡

通过大支撑材料的去除操作后，模型上剩余的支撑蜡质可以轻松使用免手动工艺溶解掉。可使用轻质矿物油用于 EasyClean System 或超声波清洗器。

5.4　ProJet MJP 2500 Plus 设备模型打印与后处理

5.4.1　模型打印

步骤 1：添加打印模型。双击桌面快捷图标，进入 3D Sprint 用户界面，在【打印】菜单工具条中选择【文件】|【导入】命令，系统弹出【导入】对话框，如图 5-88 所示，在此找到素材文件 RP_ 3. stl，单击【打开】按钮 打开(O) 完成模型的导入操作，结果如图 5-89 所示。

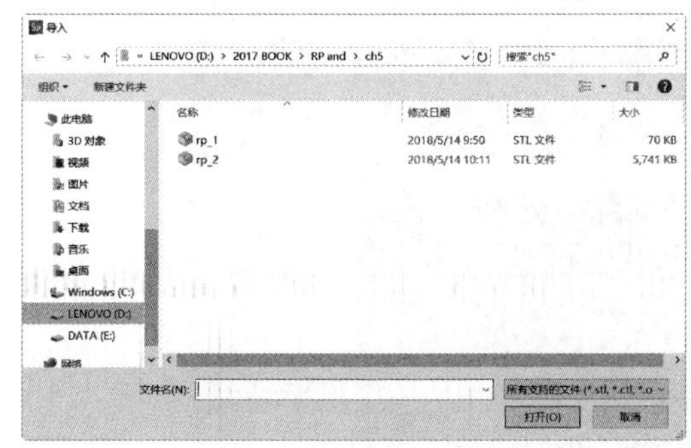

图 5-88　【导入】对话框

图 5-89　模型导入结果

步骤 2：模型的布局。由于需要打印两个模型，因此可以利用【复制】命令复制模型。在【打印】菜单工具条中单击【复制】按钮，系统弹出【复制】对话框，如图 5-90

所示，在此不做任何更改，单击【设置】按钮 完成复制操作，结果如图 5-91 所示。

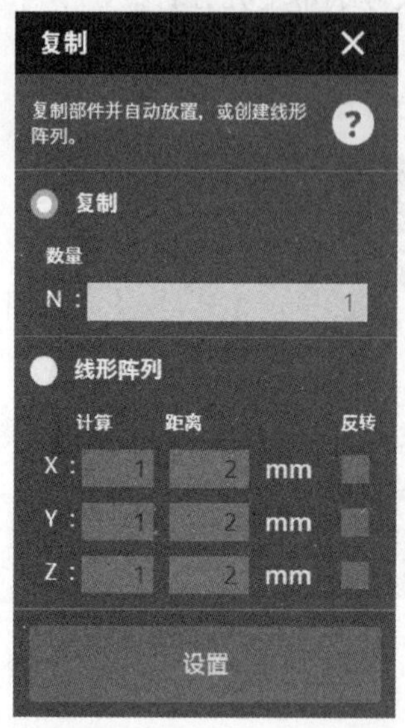

图 5-90 【复制】对话框

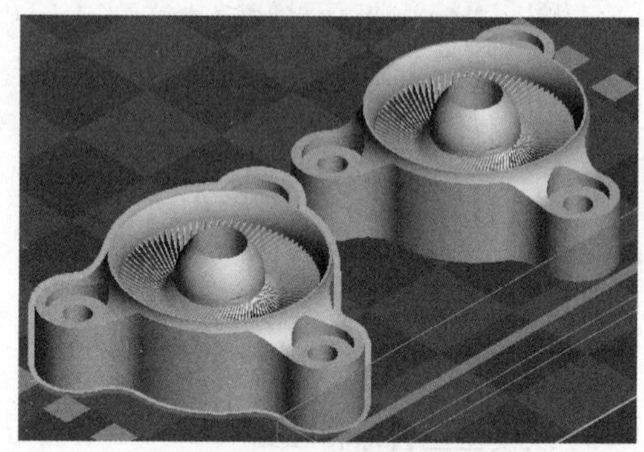
图 5-91 复制结果

步骤 3：添加到打印队列。单击【添加到队列】按钮 ，系统弹出【添加到队列】对话框，如图 5-92 所示，在此不做任何更改，单击【添加到队列】按钮 完成图档的发布。最后可以在【队列】菜单工具条中看到完成发布的图档，如图 5-93 所示。

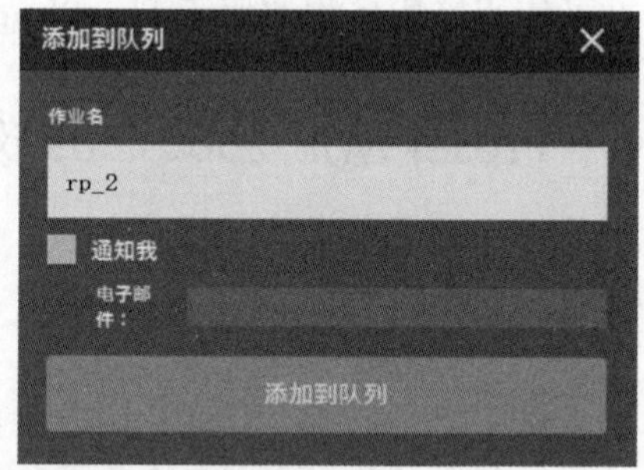

图 5-92 【添加到队列】对话框

步骤 4：打印产品。完成图档发布后，此时在 ProJet MJP 2500 Plus 设备的 UI 界面上会看到刚发布的图档，如图 5-94 所示。在 ProJet MJP 2500 Plus 设备的 UI 界面上单击【Access Platform】按钮 ，打开设备的防护门，将打印的平板放入指定位置，同时关闭防护门，最后单击【打印】按钮 开始打印，结果如图 5-95 所示。

图 5-93 完成图稿的发布

图 5-94　图档显示

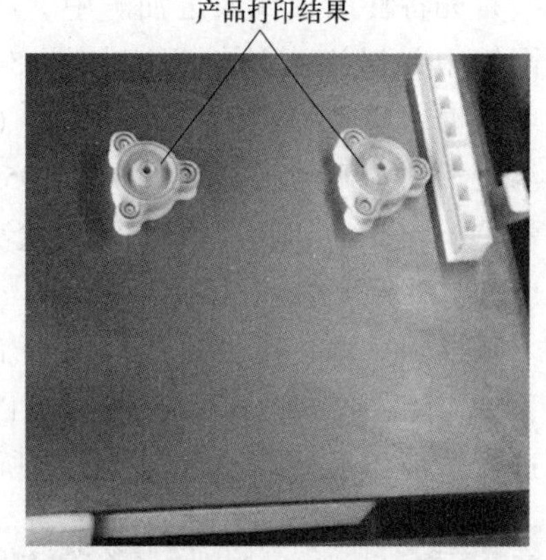

图 5-95　产品打印结果

5.4.2　产品后处理

当产品打印完成后，产品会贴附在打印平板上，需要将打印平板整块拆卸，然后将整块平板进行降温处理（一般 2~5min 即可），如图 5-96 所示，降温冷却后的产品会从打印平板上分离，如图 5-97 所示。

图 5-96　产品置于冰箱内

图 5-97　产品从打印平板上分离

将脱落的产品放入烘箱中，如图 5-98 所示。同时设置烤箱的温度（最高为 55℃），关好门开始进行加热，如图 5-99 所示。通过加热产品去除其内部支撑蜡，如图 5-100 所示。加热一段时间后，已去除大部分支撑蜡，中间会有一小部分残余支撑蜡未被去除，这时可以通过油浴的方法去除。

图 5-98　将产品置于烘箱中

图 5-99　关门加热产品

图 5-100　去除支撑蜡

首先将食用油倒入进油炉中，将产品放入滤网筐中并浸泡在油炉里，如图 5-101 所示。然后将温度设为 55℃并开始加热（达到设置油温之后油炉不再加热），产品在 55℃的油温中浸泡约 5min。最后取出滤网筐中的产品，如图 5-102 所示。

图 5-101　熔蜡油炉

从油炉里取出工件后用纸巾将工件擦干即可，如果工件结构比较复杂时，可以使用肥皂水进行清洗，最终产品如图 5-103 所示。

图 5-102　取出产品

图 5-103　产品制作结果

参 考 文 献

[1] 王广春，赵国群. 快速成型与快速模具制造技术及其应用 [M]. 北京：机械工业出版社，2013.

[2] 刘光富，李爱平. 快速成型与快速制模技术 [M]. 上海：同济大学出版社，2004.

[3] 莫健华. 快速成形及快速制模 [M]. 北京：电子工业出版社，2006.

[4] 王学让，杨占尧. 快速成形与快速模具制造技术 [M]. 北京：清华大学出版社，2006.

[5] 杨小玲，周天瑞. 逆向工程中的数据处理技术 [J]. 南方金属，2009 (12)：4-6.